人工智能技术丛书

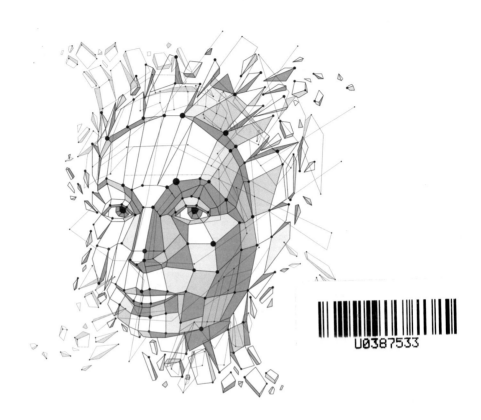

U0387533

Python深度学习从零开始学

宋立桓 著

清华大学出版社
北京

内 容 简 介

本书立足实践，以通俗易懂的方式详细介绍深度学习的基础理论以及相关的必要知识，同时以实际动手操作的方式来引导读者入门人工智能深度学习。本书的读者只需具备Python语言基础知识，不需要有数学基础或者AI基础，按照本书的内容循序渐进地学习，即可快速上手深度学习。本书配套示例源码、PPT课件、数据集、开发环境与答疑服务。

本书共分13章，主要内容包括人工智能、机器学习和深度学习之间的关系、深度学习的环境搭建、深度学习的原理、深度学习框架TensorFlow和Keras、卷积神经网络相关知识、图像识别、情感分析、迁移学习、人脸识别、图像风格迁移、生成对抗网络等内容。本书从最简单的常识出发来切入AI领域，打造平滑和兴奋的学习体验。

本书作为零基础入门书，既适合希望了解深度学习、使用深度学习框架快速上手的初学者和技术人员阅读，也适合作为高等院校和培训学校人工智能及相关专业的师生的实训教材。

图书在版编目（CIP）数据

Python深度学习从零开始学/宋立桓著. —北京：清华大学出版社，2022.4(2022.12重印)
（人工智能技术丛书）
ISBN 978-7-302-60336-8

Ⅰ. ①P… Ⅱ. ①宋… Ⅲ. ①软件工具－程序设计 Ⅳ. ①TP311.561

中国版本图书馆CIP数据核字（2022）第043583号

责任编辑： 夏毓彦
封面设计： 王　翔
责任校对： 闫秀华
责任印制： 朱雨萌
出版发行： 清华大学出版社
　　　　　　网　　址：http://www.tup.com.cn，http://www.wqbook.com
　　　　　　地　　址：北京清华大学学研大厦A座　　　　邮　　编：100084
　　　　　　社 总 机：010-83470000　　　　　　　邮　　购：010-62786544
　　　　　　投稿与读者服务：010-62776969，c-service@tup.tsinghua.edu.cn
　　　　　　质量反馈：010-62772015，zhiliang@tup.tsinghua.edu.cn
印 装 者： 三河市铭诚印务有限公司
经　　销： 全国新华书店
开　　本： 190mm×260mm　　　　**印　　张：** 14.5　　　　**字　　数：** 391千字
版　　次： 2022年5月第1版　　　　**印　　次：** 2022年12月第2次印刷
定　　价： 79.00元

产品编号：088927-01

前　言

马克·库班（NBA 小牛队老板，亿万富翁）说过，"人工智能、深度学习和机器学习，不论你现在是否能够理解这些概念，你都应该学习。否则三年内，你就会像被灭绝的恐龙一样被社会淘汰。"

马克·库班的这番话可能听起来挺吓人的，但道理是没毛病的！我们正经历一场大革命，这场革命就是由大数据和强大的电脑计算能力发起的。2016 年 3 月，震惊世界的 AlphaGo 以 4:1 的成绩战胜李世石，让越来越多的人了解到人工智能的魅力，也让更多的人加入深度学习的研究。

然而普通的程序员想要快速入门深度学习，就需要使用简单易懂的框架，自从 Google 公司开源了 TensorFlow 深度学习框架，深度学习这门技术便成为广大开发者最实用的技术。而 Keras 框架使得编写神经网络模型更简单、更高效。

深度学习如何高效入门可以说是 AI 领域老生常谈的一个问题了，一种路径是从传统的统计学习开始，然后跟着书上推公式学数学；另一种路径是从实验入手，毕竟深度学习是一门实验科学，可以通过学习深度学习框架 TensorFlow 和 Keras 以及具体的图像识别的任务入手。对于想要快速出成果的同学来说，第一种方法是不推荐的，除非你的数学很强想去做一些偏理论的工作，对于大部分人来说还是从深度模型入手，以实验为主来学习比较合适。

本书立足实践，以通俗易懂的方式详细介绍深度学习的基础理论以及相关的必要知识，同时以实际动手操作的方式来引导读者入门人工智能深度学习。

示例源码、PPT 课件、数据集、开发环境与答疑服务

本书提供示例源码、PPT 课件、数据集与开发环境，需用微信扫描右边的二维码，按扫描出来的页面提示填写自己的邮箱，把链接转发到邮箱中进行下载。欢迎读者发邮件和作者互动，作者答疑邮箱为 booksaga@163.com，邮件主题为 "Python 深度学习从零开始学"。

本书适合的读者

阅读本书的读者，需要具备 Python 语言基础知识。只要你想改变自己的现状，那么这本书就非常适合你。本书就是给那些非科班出身而想半路"杀进"人工智能领域的程序员们，提供快速上手的参考指南。

致谢

感谢我的妻子和女儿、你们是我心灵的港湾！

感谢我的父母，你们一直在默默地支持者我！

感谢我的朋友和同事，相互学习的同时彼此欣赏！

感谢清华大学出版社的老师们帮助我出版了这本有意义的著作。

万事开头难，只有打开了一扇窗户，才能发现一个全新的世界。这本书就能帮助新人打开深度学习的这扇门，让更多的人享受到人工智能时代到来的红利。

宋立桓

腾讯云解决方案架构师

云计算、大数据、人工智能咨询顾问

2022 年 4 月

目　录

第1章 人工智能、机器学习与深度学习简介 ··1

1.1 什么是人工智能 ··1

1.2 人工智能的本质 ··2

1.3 人工智能相关专业人才的就业前景 ··4

1.4 机器学习和深度学习 ···5

　1.4.1 什么是机器学习 ···5

　1.4.2 深度学习独领风骚 ···7

　1.4.3 机器学习和深度学习的关系和对比 ···8

1.5 小白如何学深度学习 ··10

　1.5.1 关于两个"放弃" ··10

　1.5.2 关于三个"必须" ··11

第2章 深度学习开发环境搭建 ··13

2.1 Jupyter Notebook 极速入门 ···13

　2.1.1 什么是 Jupyter Notebook ···13

　2.1.2 如何安装和启动 Jupyter Notebook ···14

　2.1.3 Jupyter Notebook 的基本使用 ··16

2.2 深度学习常用框架介绍 ···18

2.3 Windows 环境下安装 TensorFlow（CPU 版本）和 Keras ···························19

2.4 Windows 环境下安装 TensorFlow（GPU 版本）和 Keras ···························21

　2.4.1 确认显卡是否支持 CUDA ···21

　2.4.2 安装 CUDA ···22

　2.4.3 安装 cuDNN ··23

　2.4.4 安装 TensorFlow（GPU 版本）和 Keras ·····································24

2.5 Windows 环境下安装 PyTorch ··25

　2.5.1 安装 PyTorch（CPU 版本）···25

　2.5.2 安装 PyTorch（GPU 版本）···26

第 3 章 Python 数据科学库 ·· 28

3.1 张量、矩阵和向量 ·· 28

3.2 数组和矩阵运算库——NumPy ··· 29

    3.2.1 列表和数组的区别 ·· 29

    3.2.2 创建数组的方法 ·· 30

    3.2.3 NumPy 的算术运算 ·· 30

    3.2.4 数组变形 ·· 31

3.3 数据分析处理库——Pandas ·· 32

    3.3.1 Pandas 数据结构 Series ··· 32

    3.3.2 Pandas 数据结构 DataFrame ·· 33

    3.3.3 Pandas 处理 CSV 文件 ·· 34

    3.3.4 Pandas 数据清洗 ··· 35

3.4 数据可视化库——Matplotlib ··· 37

第 4 章 深度学习基础 ·· 40

4.1 神经网络原理阐述 ·· 40

    4.1.1 神经元和感知器 ·· 40

    4.1.2 激活函数 ·· 42

    4.1.3 损失函数 ·· 44

    4.1.4 梯度下降和学习率 ·· 45

    4.1.5 过拟合和 Dropout ·· 46

    4.1.6 神经网络反向传播法 ··· 47

    4.1.7 TensorFlow 游乐场带你玩转神经网络 ······································ 48

4.2 卷积神经网络 ·· 51

    4.2.1 什么是卷积神经网络 ··· 51

    4.2.2 卷积神经网络详解 ·· 52

    4.2.3 卷积神经网络是如何训练的 ··· 54

4.3 卷积神经网络经典模型架构 ·· 55

    4.3.1 LeNet5 ·· 56

    4.3.2 AlexNet ··· 59

    4.3.3 VGGNet ·· 60

    4.3.4 GoogLeNet ·· 61

    4.3.5 ResNet ·· 63

第 5 章 深度学习框架 TensorFlow 入门 ·· **66**

5.1 第一个 TensorFlow 的 "Hello world" ·· 66

5.2 TensorFlow 程序结构·· 66

5.3 TensorFlow 常量、变量、占位符·· 68

　　5.3.1 常量 ··· 68

　　5.3.2 变量 ··· 69

　　5.3.3 占位符 ··· 71

5.4 TensorFlow 案例实战·· 73

　　5.4.1 MNIST 数字识别问题··· 73

　　5.4.2 TensorFlow 多层感知器识别手写数字··· 74

　　5.4.3 TensorFlow 卷积神经网络识别手写数字··· 79

5.5 可视化工具 TensorBoard 的使用·· 84

第 6 章 深度学习框架 Keras 入门 ·· **88**

6.1 Keras 架构简介·· 88

6.2 Keras 常用概念·· 89

6.3 Keras 创建神经网络基本流程·· 90

6.4 Keras 创建神经网络进行泰坦尼克号生还预测··· 93

　　6.4.1 案例项目背景和数据集介绍·· 93

　　6.4.2 数据预处理·· 96

　　6.4.3 建立模型·· 97

　　6.4.4 编译模型并进行训练·· 97

　　6.4.5 模型评估·· 98

　　6.4.6 预测和模型的保存··· 99

6.5 Keras 创建神经网络预测银行客户流失率··· 100

　　6.5.1 案例项目背景和数据集介绍·· 100

　　6.5.2 数据预处理·· 102

　　6.5.3 建立模型·· 103

　　6.5.4 编译模型并进行训练·· 104

　　6.5.5 模型评估·· 105

　　6.5.6 模型优化——使用深度神经网络辅以 Dropout 正则化···································· 106

第 7 章 数据预处理和模型评估指标 ··· **108**

7.1 数据预处理的重要性和原则··· 108

7.2 数据预处理方法介绍·· 109

7.2.1 数据预处理案例——标准化、归一化、二值化 ·· 109

7.2.2 数据预处理案例——缺失值补全、标签化 ·· 111

7.2.3 数据预处理案例——独热编码 ··· 113

7.2.4 通过数据预处理提高模型准确率 ··· 114

7.3 常用的模型评估指标 ·· 115

第 8 章 图像分类识别 ·· **121**

8.1 图像识别的基础知识 ·· 121

8.1.1 计算机是如何表示图像 ··· 121

8.1.2 卷积神经网络为什么能称霸计算机图像识别领域 ·· 122

8.2 实例一：手写数字识别 ·· 125

8.2.1 MNIST 手写数字识别数据集介绍 ··· 125

8.2.2 数据预处理 ··· 126

8.2.3 建立模型 ··· 127

8.2.4 进行训练 ··· 129

8.2.5 模型保存和评估 ··· 130

8.2.6 进行预测 ··· 130

8.3 实例二：CIFAR-10 图像识别 ··· 130

8.3.1 CIFAR-10 图像数据集介绍 ·· 131

8.3.2 数据预处理 ··· 132

8.3.3 建立模型 ··· 132

8.3.4 进行训练 ··· 133

8.3.5 模型评估 ··· 135

8.3.6 进行预测 ··· 135

8.4 实例三：猫狗识别 ·· 137

8.4.1 猫狗数据集介绍 ··· 137

8.4.2 建立模型 ··· 139

8.4.3 数据预处理 ··· 140

8.4.4 进行训练 ··· 141

8.4.5 模型保存和评估 ··· 142

8.4.6 进行预测 ··· 143

8.4.7 模型的改进优化 ··· 144

第 9 章 IMDB 电影评论情感分析 ··· **148**

9.1 IMDB 电影数据集和影评文字处理介绍 ··· 148

9.2 基于多层感知器模型的电影评论情感分析 ·· 152

9.2.1　加入嵌入层 ··· 152

9.2.2　建立多层感知器模型 ·· 152

9.2.3　模型训练和评估 ··· 153

9.2.4　预测 ··· 155

9.3　基于 RNN 模型的电影评论情感分析 ·· 157

9.3.1　为什么要使用 RNN 模型 ·· 157

9.3.2　RNN 模型原理 ·· 158

9.3.3　使用 RNN 模型进行影评情感分析 ··· 159

9.4　基于 LSTM 模型的电影评论情感分析 ··· 159

9.4.1　LSTM 模型介绍 ··· 160

9.4.2　使用 LTSM 模型进行影评情感分析 ·· 161

第 10 章　迁移学习 ··· 162

10.1　迁移学习简介 ··· 162

10.2　什么是预训练模型 ··· 163

10.3　如何使用预训练模型 ··· 164

10.4　在猫狗识别的任务上使用迁移学习 ·· 165

10.5　在 MNIST 手写体分类上使用迁移学习 ·· 168

10.6　迁移学习总结 ··· 171

第 11 章　人脸识别实践 ··· 172

11.1　人脸识别 ·· 172

11.1.1　什么是人脸识别 ·· 172

11.1.2　人脸识别的步骤 ·· 173

11.2　人脸检测和关键点定位实战 ·· 176

11.3　人脸表情分析情绪识别实战 ·· 180

11.4　我能认识你——人脸识别实战 ·· 184

第 12 章　图像风格迁移 ··· 188

12.1　图像风格迁移简介 ··· 188

12.2　使用预训练的 VGG16 模型进行风格迁移 ······································ 191

12.2.1　算法思想 ·· 191

12.2.2　算法细节 ·· 192

12.2.3　代码实现 ·· 194

12.3　图像风格迁移总结 ··· 201

第 13 章　生成对抗网络·· **202**

13.1　什么是生成对抗网络 ·· 202

13.2　生成对抗网络算法细节 ·· 204

13.3　循环生成对抗网络 ·· 206

13.4　利用 CycleGAN 进行图像风格迁移 ································ 209

　　13.4.1　导入必要的库 ·· 210

　　13.4.2　数据处理 ·· 210

　　13.4.3　生成网络 ·· 212

　　13.4.4　判别网络 ·· 214

　　13.4.5　整体网络结构的搭建 ·· 215

　　13.4.6　训练代码 ·· 217

　　13.4.7　结果展示 ·· 219

后记　进一步深入学习··· **220**

第1章
人工智能、机器学习与深度学习简介

近些年来，业界许多的图像识别技术与语音识别技术的进步都源于深度学习（Deep Learning，DL）的发展。深度学习的发展极大地提升了机器学习（Machine Learning，ML）在人工智能（Artificial Intelligence，AI）领域中的核心地位，进而再次掀起了人工智能理论研究和产品研发的浪潮。深度学习摧枯拉朽般地实现了各种任务，使得几乎所有的机器辅助功能都变为可能，如无人驾驶汽车、预防性医疗保健、商业智能等，都可以实现。甚至夸张到有人认为"AI无所不能，马上就要改变世界、取代人类"，这种夸张的领域，基本都跟深度学习有关。

1.1 什么是人工智能

首先，我们来界定一下接下来所要讨论的人工智能（AI）的定义和范畴。

AI 是 Artificial Intelligence 的缩写，中文是大家广知的"人工智能"。它可以理解为使机器具备类似人类的智能，从而代替人类去完成某些工作和任务。

读者对 AI 的认知可能来自于《西部世界》《超能陆战队》《机器人总动员》等影视作品，这些作品中的 AI 都可以定义为"强人工智能"，因为它们能够像人类一样去思考和推理，且具备知觉和自我意识。这就是所谓的强人工智能，即指具有完全人类思考能力和情感的人工智能。"弱人工智能"则是指不具备完全智慧但能完成某一特定任务的人工智能。这样的弱人工智能系统，能够在特定的任务上、在已有的数据集上进行学习，同时能够在今后没见过的场景预测上获得比较好的结果。这种"弱人工智能"就在我们身边，早已服务在大家生活的方方面面了，已经开始为社会创造价值。比如语音助手，它集成在智能手机、智能音箱、轿车里，甚至是我们的智能手表中。最常见的一种应用场景是，我们说"Hi Siri，帮我查查明天上海的天气"，语音助手立即响应我们的要求，告知我们天气情况。这里面涉及了机器如何听懂、理解人类的意图，然后在互联网上找到合适的数据，再回复给我们。

还有一个常见的应用场景是，机器人电话客服，相信大家平时都接到过一些推销电话（甚至是骚扰电话），电话那端和人类的声音是完全一样的，甚至能够对答如流，但是我们有没有想过，和我们进行交流的其实只是一台机器呢？

这个其实是最接近大家普遍认知的人工智能，无奈要让机器完全理解人类的自然语言还是"路漫漫其修远兮"，特别是人类隐藏在语言里面的情感、隐喻，机器要理解起来依然是困难重重。所以，自然语言处理（NLP）一直被视为是人类征服人工智能的一座高峰。在网上可以搜索到很多关于自然语言处理的相关内容，有兴趣的读者可以进一步去查阅和了解。

相比于理解自然语言，计算机视觉的发展就顺利得多，它教计算机能"看懂"一些人类交给它们的事物。比如在停车场出入口处汽车牌照的识别，以前得雇一个专职人员天天守在出入口处登记车牌号、计算停车费、缴费后放行等，现在几乎是一个摄像头即可搞定所有的事情。

在购物的应用场景中，如 Amazon 的无人超市，能够通过人脸识别知道顾客是不是来过、以前有没有在这家超市购物过，从而给顾客推荐他们心仪的商品，使顾客获得更好的购物体验。

除了身边这些"有形"的能看能听的人工智能产品或服务，那些帮助人类做决策、做预测的人工智能系统也是人工智能技术的强项。

比如刷抖音的时候，后端服务器会学习用户的喜好，推荐越来越符合用户胃口的视频。

再比如说专业性更高的医疗行业，你有没有想过，自己学医八年，从 20 到 28 岁，呕心沥血孜孜以求，到头来仍然有可能被新技术所取代。笔者的一个朋友的儿子是医疗影像专业的，在一家医院工作，有一次一起交流的时候发现他对自己的前景充满了担忧：他说一个影像科的医生，从学习到出师，需要花费十余年的时间；这些 X 光片或者 CT、核磁共振的片子及其诊断结果，如果让人工智能诊疗系统来进行判断，可能只需要几秒钟就能完成，而且机器诊断的准确率还会明显地高于人类医生，同时成本也更低。

对于家庭生活场景中的应用，在每年的 CES（国际消费类电子产品展览会）中我们都会看到全球智能家居厂商发布的硬核产品。2019 年科沃斯发布了第一款基于视觉识别技术的扫地机器人 DG70，它可以识别家里的鞋子、袜子、垃圾桶、充电线，当然除了用到视觉识别系统之外，还需要机身上各种各样的传感器信息的融合处理，才能在清扫复杂家居环境时实现合理避障。

1.2 人工智能的本质

先举一个简单的例子，如果我们需要让机器具备识别"狗"的智能：第一种方式是我们需要将狗的特征（毛茸茸、四条腿、有尾巴……）告诉机器，机器将满足这些规则的东西识别为狗；第二种方式是我们完全不告诉机器狗有什么特征，但我们给机器提供 10 万幅狗的图片，机器自个儿从已有的图片中学习到狗的特征，从而具备识别狗的智能。

其实，AI 在实现时其本质上都是一个函数。我们给机器提供目前已有的数据，机器从这些数据里找出一个最能拟合（即最能满足）这些数据的函数，当有新的数据需要预测时，机器就可以通过这个函数去预测出这个新数据对应的结果是什么。

对于一个具备某种 AI 的模型而言，它有以下要素："数据"＋"算法"＋"模型"，理解了这三个词及其之间的关联，AI 的本质也就容易搞清楚了。

我们用一个能够区分猫和狗图片的分类器模型来辅助理解一下这三个词：

"数据"就是我们需要准备的大量标注过是"猫"还是"狗"的图片。为什么要强调大量？因为只有数据量足够大，模型才能够学习到足够多且准确区分猫和狗的特征，才能在区分猫狗这个任务上表现出足够高的准确性。当然，在数据量不大的情况下，我们也可以训练模型，不过在新数据集上预测出来的结果往往就会差很多。

"算法"指的是构建模型时我们打算用浅层的网络还是深层的网络，如果是深层的话，我们要用多少层，每层有多少神经元、功能是什么，等等，也就是在深度学习的网络架构中确定预测函数应该采用什么样的网络结构及其层数。

我们用 Y=f(W, X, b) 来表示这一函数，X 是已有的用来训练的数据（猫和狗的图片），Y 是已有的图片数据的标签（标注该图片是猫还是狗）。那么该函数中的 W 和 b 是什么呢？就是函数中的 W（权重）和 b（偏置），这两个参数需要机器学习后"自己"找出来，找的过程也就是模型训练的过程。

"模型"指的是我们把数据带入到算法中进行训练（train），机器会不断地学习，当机器找到最优 W 和 b 后，我们就说这个模型训练好了，于是函数 Y=f(W, X, b) 就完全确定下来了。

然后，我们就可以在已有的数据集外给模型一幅新的猫或狗的图片，模型就能通过函数 Y=f(W, X, b) 算出来这幅图究竟是猫还是狗，这也就是该模型的预测功能。

简单总结一下：不管是最简单的线性回归模型、还是较复杂的拥有几十个甚至上百个隐藏层的深度神经网络模型，其本质都是寻找一个能够良好地拟合目前已有数据的函数 Y=f(W, X, b)，并且我们希望这个函数在新的未知数据上也能够表现良好。

上面提到的科沃斯发布的 DG70 扫地机器人，只给它一只"眼睛"和有限个传感器，但却要求它可以识别日常家居物品：比如前方遇到的障碍物是拖鞋还是很重的家具脚，可不可以推过去？如果遇到了衣服、抹布这种奇形怪状的软布，扫地机器人还需要准确识别出来以避免被缠绕。

让扫地机器人完成图像识别大致需经过以下几个步骤：

（1）定义问题：根据扫地机器人的使用场景，需要识别家居场景中可能遇到的所有障碍物：家具、桌脚、抹布、拖鞋，等等。有了这些类别的定义，我们才可以训练一个多分类模型，针对扫地机器人眼前看到的物体进行分类，并且采取相应的规避动作。由于机器智能无法像人类一样去学习，去自我进化，去举一反三，因此当前阶段的机器智能，永远只能忠实地执行人类交给它的任务。

（2）收集数据与训练模型：接下来去收集数据并标注数据。现在的深度神经网络动不动就是几百万个参数，具有非常强大的表达能力，因此需要大量标注的数据。在收集了有关图片之后，还需要人工标注员一个一个地去判断这些图片属于上面已定义类别中的哪一类。因为标注需要人工来完成，所以这项工作的成本非常高，一个任务一年可能要花费上千万元。有了高质量的标注数据，才有可能有效驱动深度神经网络去"学习"真实的世界。

（3）这么复杂的人工智能运算在这个具体案例上是在扫地机器人上运行的。一方面是要保护用户的隐私，不能将用户数据上传到云端；另一方面，扫地是一个动态过程，很多运算对时效性要求非常高，稍有延迟扫地机器人就可能撞到墙壁了。

如上所述，就连简单的"识别拖鞋"都需要经过上面这么复杂的过程。所以，扫地机器人虽小，但其中涉及的技术堪比自动驾驶汽车涉及的技术。对于自动驾驶汽车来说，其信号收集的过程跟上面扫地机器人差不多。不过为了保证信号的精确程度，自动驾驶汽车除了图像视觉信号之外，车身会配备更多的传感器，用于精确感知周围的环境。

1.3 人工智能相关专业人才的就业前景

1. 国家鼓励发展新一代人工智能

2017 年 7 月，国务院下发《新一代人工智能发展规划》，确立了未来我国人工智能发展的目标和方向，战略目标分三步走：

第一步，到 2020 年人工智能总体技术和应用与世界先进水平同步，人工智能产业成为新的重要经济增长点，人工智能技术应用成为改善民生的新途径，有力支撑进入创新型国家行列和实现全面建成小康社会的奋斗目标。

第二步，到 2025 年人工智能基础理论实现重大突破，部分技术与应用达到世界领先水平，人工智能成为带动我国产业升级和经济转型的主要动力，智能社会建设取得积极进展。

第三步，到 2030 年人工智能理论、技术与应用总体达到世界领先水平，成为世界主要人工智能创新中心，智能经济、智能社会取得明显成效，为跻身创新型国家前列和经济强国奠定重要基础。

2. 人工智能产业飞速发展引发巨量人才需求

近年来，随着人工智能的飞速发展，人类的生产效率和生活品质都得到大幅提升，各路资本、巨头和创业公司纷纷涌入相关领域，苹果、谷歌、微软、亚马逊和脸书等五大巨头都投入了大量资源抢占人工智能市场，甚至将自己整体转型为人工智能驱动型公司。据麦肯锡统计，全球范围内，科技巨头在 AI 上的相关投入已经达到 200~300 亿美元，其中 90% 用于技术研发和部署，10% 用于收购。此外，面向初创公司的 VC 和 PE 投资也快速增长，总计 60~90 亿美元，三年间的外部投资年增长率接近 40%。国内互联网领军者"BAT"（即百度、阿里、腾讯）也将人工智能作为重点战略，凭借自身优势，积极布局人工智能领域，尤其是计算机视觉、服务机器人、语音及自然语言处理、智能医疗、机器学习、智能驾驶，等等。截至目前，阿里巴巴、腾讯、百度、华为、微软、亚马逊等国内外知名科技企业均已在上海设立了人工智能科研机构。

在此背景下，相关人才的需求量日益增加，尤其是北京、上海、广东、江苏、浙江等地区需求量尤为庞大。北京以领先全国其他地区的政策环境、人才储备、产业基础、资本支持等成为人工智能创业的首要阵地；上海、江苏、浙江均有良好的经济基础和科技实力，人工智能应用实力雄厚，也聚集了一批人工智能垂直产业园；浙江计划用 5 年时间引进 10 万名人工智能人才，还将建立全球人工智能人才数据库。广东互联网产业发达，企业对数据需求强烈，依靠大数据产业链有效推动了人工智能产业的蓬勃发展。

据工信部调研统计，中国人工智能产业发展与人才需求比为 1:10，预计到 2030 年，人工智能核心产业规模将达到1万亿，相关产业规模达到10万亿，人工智能人才缺口达到500万，需求量最多的是工程应用型人才，其次是技术应用和科技转化中端人才，最后是前沿理论高端研究人才。可以预见，未来5~10年随着各类公司对人工智能布局的推广和深入，核心技术和人才的争夺将会越来越激烈。

3. 国内人工智能专业人才供不应求

据教育部公布的信息显示，截至2018年年底，全国已经开设人工智能相关专业的院校数量为：智能科学与技术专业155所，人工智能专业38所，机器人工程专业194所。经过调研显示，普遍存在着缺乏实验环境、缺乏实验项目、缺乏课程教师、缺乏配套教材、缺乏测评体系等方面的困难，人才培养的速度总体缓慢，规模总体较小，远远不能满足相关产业的人才需求。

4. 国家鼓励加强人工智能人才培养

2018年4月，教育部印发《高等学校人工智能创新行动计划》，从科研、教学、成果转化三个方面给高等教育体系下达"任务"：

- 到2020年，基本完成适应新一代人工智能发展的高校科技创新体系和学科体系的优化布局。
- 到2025年，取得一批具有国际重要影响的原创成果，部分理论研究、创新技术与应用示范达到世界领先水平。
- 到2030年，高校成为建设世界主要人工智能创新中心的核心力量和引领新一代人工智能发展的人才高地。

综上所述，当前国家正积极鼓励和引导发展新一代人工智能，国内人工智能产业得到了飞速发展，由此引发巨量人才需求。然而，由于现有人才存量不多，相关院校人才培养速度总体缓慢，相关人才供不应求，迫切需要加大力度培养人工智能专业人才。因此，可以预见，在未来5~10年内，人工智能专业人才就业前景十分乐观。

以上内容的目的是为了让大家看清人工智能行业目前的发展情况，一个日益增长且正面临全面商业化的行业，需要的人只会越来越多，而不是越来越少。传统行业的智能化已经启动，企业在AI时代构建新的竞争优势的核心在于人工智能以及人才的有效供给。目前我国高等教育对人工智能人才的培养处于较为滞后的状态，高校对人才的培养很难满足企业需求。一些掌握人工智能前沿技术的企业开始寻找新的人才培养模式，未来将有更多的符合岗位需求的人才进入市场。

1.4 机器学习和深度学习

1.4.1 什么是机器学习

要说明什么是深度学习，首先要知道机器学习、神经网络、深度学习之间的关系。

众所周知，机器学习是一种利用数据训练出模型，然后使用模型预测的技术。与传统的为解决特定任务、通过编码实现的软件程序不同，机器学习使用大量的数据来"训练"，通过各种算法从数据中学习如何完成任务。

机器学习是人工智能的子领域，机器学习理论主要是研究、分析和设计一些让计算机可以自动学习的算法。

举例来说，假设要构建一个识别猫的程序。按照以往的方式，如果我们想让计算机进行识别，需要输入一串指令，例如猫长着毛茸茸的毛、顶着一对三角形的耳朵等，然后计算机根据这些指令执行下去。但是，如果我们对程序展示一只老虎的照片，程序应该如何反应呢？更何况通过传统方式制定全部所需的规则，在此过程中必然会涉及一些困难的概念，比如对毛茸茸的定义。因此，更好的方式是让机器自学。我们可以为机器提供大量猫的照片，机器系统将以自己特有的方式查看这些照片。随着实验的反复进行，系统会不断学习更新，最终能够准确地判断出哪些是猫，哪些不是猫。

在这种机器自学的方式中，我们不给机器规则，取而代之的是，我们给机器提供大量的针对某一任务的数据，让机器自己去学习，去挖掘出规律，从而具备完成某一任务的智能。因此，机器学习就是通过算法，使用大量数据进行训练，训练完成后会产生模型，训练好的模型就用于新数据结果的预测。

机器学习的常用方法主要分为监督式学习（Supervised Learning）和无监督式学习（Unsupervised Learning）。

1. 监督式学习

监督式学习需要使用有输入和预期输出标记的数据集。比如，如果指定的任务是使用一种图像分类算法对男孩和女孩的图像进行分类，那么男孩的图像需要带有"男孩"标签，女孩的图像需要带有"女孩"标签。这些数据被认为是一个"训练"数据集，通过已有的训练数据集（即已知数据及其对应的输出）去训练，从而得到一个最优模型，这个模型就具有了对未知数据进行分类的能力。它之所以被称为监督式学习，是因为算法在使用训练数据集进行学习的过程中就像是有一位老师正在监督。在我们预先知道正确的分类答案的情况下，算法对训练数据不断进行迭代预测，其预测结果由"老师"不断进行修正。当算法达到可接受的性能水平时，学习过程才会停止。

在人对事物的认识中，我们从孩童开始就被大人们教授这是鸟、那是猪、那是房子，等等。我们所见到的景物就是输入数据，而大人们对这些景物的判断结果（是房子还是鸟）就是相应的输出。当我们见识多了以后，脑子里就慢慢地得到了一些泛化的模型，这就是训练得到的那个（或者那些）函数，之后不需要大人在旁边指点，孩子也能分辨出来哪些是房子，哪些是鸟。

2. 无监督式学习

无监督式学习（也被称为非监督式学习）是另一种机器学习方法，它与监督式学习的不同之处在于事先没有任何训练样本，而需要直接对数据进行建模。这听起来似乎有点不可思议，但是在我们自身认识世界的过程中，很多地方都用到了无监督式学习。比如，我们去参观一个画展，就算之前对艺术一无所知，但是在欣赏完多幅作品之后，我们也能把它们分成不同的派别（比如哪些更朦胧一点，哪些更写实一些，即使我们不知道什么叫作朦胧派，什么叫作写实派，但是至少我们能把它们分为两类）。

1.4.2 深度学习独领风骚

机器学习有很多经典算法，其中有一个是"神经网络"（Neural Network，NN）算法。神经网络最初是一个生物学的概念，一般是指由大脑神经元、触点、细胞等组成的网络，用于产生意识，帮助生物思考和行动，后来人工智能受神经网络的启发，发展出了人工神经网络（Artificial Neural Network，ANN）。"人工神经网络"是指由计算机模拟的"神经元"（Neuron）一层一层组成的系统。这些"神经元"与人类大脑中的神经元相似，通过加权连接相互影响，并通过改变连接上的权重来改变神经网络执行的计算。

最初的神经网络是感知器（Perceptron）模型，可以认为是单层神经网络，但由于感知器算法无法处理多分类问题和线性不可分问题，当时计算能力也落后，因而对神经网络的研究沉寂了一段时间。2006 年，Geoffrey Hinton 在《科学》（Science）学术期刊上发表了一篇文章，不仅解决了神经网络在计算上的难度，同时也说明了深度神经网络（Deep Neural Network，DNN）在学习上的优异性。深度神经网络的"深度"指的都是这个神经网络的复杂度，神经网络的层数越多就越复杂，它所具备的学习能力也就越强。此后神经网络重新成为机器学习中主流的学习技术，基于深度神经网络的机器学习则被称为深度学习。

如图 1-1 所示，神经网络与深度神经网络的区别在于隐藏层级。神经网络一般有输入层→隐藏层→输出层，一般来说隐藏层大于 2 的神经网络就叫作深度神经网络。深度学习的实质就是通过构建具有很多隐藏层的机器学习模型和海量的训练数据，来学习更有用的特征，从而最终提升分类或预测的准确性。

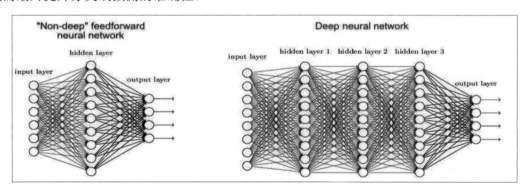

图 1-1

有"计算机界诺贝尔奖"之称的 ACMAM 图灵奖（ACM A.M. Turing Award）公布 2018 年的获奖者是引起这次人工智能革命的三位深度学习之父——蒙特利尔大学教授 Yoshua Bengio、多伦多大学名誉教授 Geoffrey Hinton、纽约大学教授 Yann LeCun，他们使深度神经网络成为人工智能的关键技术。ACM 这样介绍他们三人的成就：Hinton、LeCun 和 Bengio 三人为深度神经网络这一领域建立起了概念基础，通过实验揭示了神奇的现象，还贡献了足以展示深度神经网络实际进步的工程进展。

Google 的 AlphaGo（阿尔法狗）与李世石九段进行了惊天动地的大战，AlphaGo 最终以绝对优势完胜李世石九段，击败棋圣李世石的 AlphaGo 所用到的算法，实际上就是基于神经网络的深度学习算法。人工智能、机器学习、深度学习成为这几年计算机行业、互联网行业最火的技术名词。

1.4.3 机器学习和深度学习的关系和对比

如图 1-2 所示，深度学习属于机器学习的子类。它的灵感来源于人类大脑的工作方式，是利用深度神经网络来解决特征表达的一种学习过程。深度神经网络本身并非一个全新的概念，可以理解为包含多个隐藏层的神经网络结构。为了提高深度神经网络的训练效果，人们对神经元的连接方法以及激活函数（Activation Function）等方面做出了调整。其目的在于建立模拟人脑进行分析学习的神经网络，模仿人脑的机制来解释或"理解"数据，如文本、图像、声音等。

图 1-2

如果是传统的机器学习的方法，我们会首先定义一些特征，比如有没有胡须、耳朵、鼻子、嘴巴的模样等。总之，我们首先要确定相应的"面部特征"作为机器学习的特征，以此来对我们的对象进行分类识别。

现在，深度学习的方法则更进一步。深度学习会自动地找出这个分类问题所需要的重要特征！传统机器学习则需要我们人工地给出特征！

那么，深度学习是如何做到这一点的呢？还是以识别猫和狗的例子来说明，按照以下步骤：

步骤01 首先确定出有哪些边和角与识别出猫和狗的关系最大。

步骤02 然后根据上一步找出的很多小元素（边、角等）构建层级网络，找出它们之间的各种组合。

步骤03 在构建层级网络之后，就可以确定哪些组合可以识别出猫和狗。

深度学习的"深"是因为它通常会有较多的隐藏层，正是因为有那么多隐藏层存在，深度学习网络才拥有表达更复杂函数的能力，也才能够识别更复杂的特征，继而完成更复杂的任务。有关机器学习与深度学习，我们从如下几个方面进行比较。

1. 数据依赖

机器学习能够适应各种规模的数据量，特别是数据量较小的场景。如果数据量迅速增加，那么深度学习的效果将更加突出，如图 1-3 所示。这是因为深度学习算法需要大量数据才能完美理解。随着数据量的增加，二者的表现有很大区别。

从数据量对不同方法的影响来看，我们可以发现深度学习适合处理大数据，而数据量比较小的时候，用传统的机器学习的方法

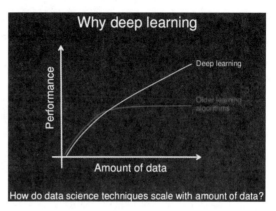

图 1-3

也许更合适，结果更好。为了实现高性能，深层网络需要非常大的数据集，之前提到的预先训练过的神经网络用了 120 万幅图像进行训练。对于许多应用来说，这样的大数据集并不容易获得，并且花费昂贵且非常耗时。对于较小的数据集，传统的机器学习算法通常优于深度学习网络。

2. 硬件依赖

深度学习十分地依赖高端的硬件设施，因为计算量实在太大了！深度学习中涉及很多的矩阵运算，因此很多深度学习都要求有 GPU 参与运算，因为 GPU 就是专门为矩阵运算而设计的。相反，机器学习随便给一台普通的计算机就可以运行，物美价廉。深度学习网络需要高端 GPU 辅助大数据集的训练，这些 GPU 非常昂贵，但是深层网络的训练过程离不开高性能的 GPU，此外，还需要快速的 CPU、SSD 存储以及快速且大容量的 RAM。

传统的机器学习算法只需要一个"体面"的 CPU 就可以训练得很好，对硬件的要求不高。由于它们在计算上并不昂贵，可以更快地迭代，因此在更短的时间内可以尝试更多不同的技术。

3. 特征工程

特征工程就是指我们在训练一个模型的时候，首先需要确定有哪些特征。在机器学习方法中，几乎所有的特征都需要通过行业专家来确定，然后手工就特征进行编码。而深度学习算法试图自己从数据中学习特征，这也是深度学习十分引人注目的一点，毕竟特征工程是一项十分烦琐、耗费很多人力物力的工作，深度学习的出现大大减少了发现特征的成本。

经典的机器学习算法通常需要复杂的特征工程。首先在数据集上执行深度探索性数据分析，然后做一个简单的降低维数的处理，最后必须仔细选择最佳功能以传递给机器算法。当使用深度网络时，不需要这样做，因为只需将数据直接传递给网络，通常就可以实现良好的性能。这完全消除了原有的大型和具有挑战性的特征工程阶段。

4. 运行时间

运行时间是指训练算法所需要的时间量。一般来说，深度学习算法需要花大量时间来进行训练，因为该算法包含有很多参数，因此训练时间更长。顶级的深度学习算法需要花几周的时间来完成训练。相对而言，普通机器学习算法的执行时间较短，一般几秒钟、最多几小时就可以训练好。不过，深度学习花费这么大力气训练出模型肯定不会白费力气的，其优势就在于模型一旦训练好，在预测任务上会运行得更快、更准确。

5. 可理解性

最后一点，也是深度学习的一个缺点（其实也说不上是缺点），那就是在很多时候我们难以理解深度学习。一个深层的神经网络，每一层都代表一个特征，而层数多了，我们也许根本就不知道它们代表的是什么特征，也就没法把训练出来的模型用于对预测任务进行解释。例如，我们用深度学习方法来批改论文，也许训练出来的模型对论文评分都十分准确，但是我们无法理解模型到底是什么规则，于是那些拿了低分的同学找你质问"凭什么我的分这么低啊？"你也哑口无言，因为深度学习模型太复杂，内部的规则很难理解。

但是传统机器学习算法不一样，比如决策树算法，就可以明确地把规则列出来，每一个规则，每一个特征，我们都可以理解。此外，调整超参数并更改模型设计也很简单，因为我们对数据和底层算法都有了更全面的了解。相比较而言，深度学习网络是个"黑匣子"，研究人员无法完全了解深层网络的"内部"。

1.5 小白如何学深度学习

很早之前，听雷军说过一句话："站在风口上，猪都可以飞起来！"这句话用来形容现在的深度学习非常贴切。近几年来，深度学习的发展极其迅速，其影响力已经遍地开花，在医疗、自动驾驶、机器视觉、自然语言处理等各个方面大显身手。在深度学习这个世界级的大风口上，谁能抢先进入深度学习领域，学会运用深度学习技术，谁就能真正地在 AI 时代"飞"起来。

对于每一个想要开始学习深度学习方法的大学生、程序员或者其他转行的人来说，最头疼也是最迫切的需求就是深度学习该如何入门呢？下面笔者谈一谈自己的看法。

1.5.1 关于两个"放弃"

1. 放弃海量资料

没错，就是放弃海量资料！在我们想要入门深度学习的时候，往往会搜集很多资料，什么某某学院深度学习内部资源、深度学习从入门到进阶百 GB 资源、某某人工智能教程，等等。很多时候我们拿着十几 GB、几百 GB 的学习资源，将其踏踏实实地存储在某云盘里，等着日后慢慢学习。殊不知，有 90% 的人仅仅只是搜集资料、保存资料而已，放在云盘里一年半载都忘了去学习。躺在云盘的资料很多时候只是大多数人"以后好好学习"的自我安慰和自我安全感而已。而且，面对海量的学习资料，很容易陷入一种迷茫的状态，最直接的感觉就是：天啊，有这么多东西要学！天啊，还有这么多东西没学！简单来说，就是选择越多，越容易让人陷入无从选择的困境。

所以，第一步就是要放弃海量资料！转而选择一份真正适合自己的资料，好好研读下去、消化它！最终会发现，这样做收获很大。

2. 放弃从数学基础起步

深度学习的初学者，总会在学习路径上遇到困惑。先是那一系列框架，就让我们不知道该从哪儿着手。一堆书籍，也让我们犹豫该如何选择。即便去咨询专业人士，他们也总会轻飘飘地告诉我们一句"先学好数学"。怎样算是学好？深度学习是一门融合概率论、线性代数、凸优化、计算机、神经科学等多方面的复杂技术。学好深度学习需要的理论知识很多，有些人可能基础不是特别扎实，就想着从最底层的知识开始学起，概率论、线性代数、凸优化公式推导，等等。但是这样做的坏处是比较耗时间，而且容易造成"懈怠学习"，打击了学习的积极性，直到自己彻底放弃学习。真要是按照他们的要求，按部就班去学，没有个几年时间，我们连数学和编程基础都学不完。可到那时候，许多"低垂的果实"还在吗？

因为啃书本和推导公式相对来说比较枯燥，远不如直接搭建一个简单的神经网络更能激发自己学习的积极性。当然，不是说不需要钻研基础知识，只是说，在入门的时候，最好先从顶层框架上开始，有个系统的认识，然后再从实践到理论，有的放矢地查漏补缺机器学习的知识点。从宏观到微观，从整体到细节，更有利于深度学习快速入门！而且从学习的积极性来说，也起到了"正反馈"的作用。

■ 1.5.2 关于三个"必须"

谈完了深度学习入门的两个"放弃"之后，我们来看下一步，深度学习究竟该如何快速入门？

1. 必须选择编程语言：Python

俗话说"工欲善其事，必先利其器！"学习深度学习，掌握一门合适的编程语言非常重要！最佳的选择就是 Python。为什么人工智能、深度学习会选择 Python 呢？一方面是因为 Python 作为一门解释型语言，入门简单、容易上手。另一方面是因为 Python 的开发效率高，Python 有很多库很方便用于人工智能算法，比如 NumPy 做数值计算，Sklearn 做机器学习，Matplotlib 将数据可视化，等等。总的来说，Python 既容易上手，又是功能强大的编程语言。可以毫不夸张地说，Python 可以支持从航空航天器系统的开发到小游戏开发的几乎所有领域。

这里笔者要为 Python 疯狂打 call，因为 Python 作为万能的胶水语言，能做的事情实在太多了，并且它还异常容易上手。笔者大概花了 50 个小时学习了 Python 的基础语法，然后就开始动手编写代码去爬小说、爬网易云音乐的评论等程序。

总之，Python 是整个学习过程中并不耗费精力的环节，但是刚开始背记语法确实是很无聊、很无趣的，需要坚持一下。

2. 必须选择一个或两个最好的深度学习框架

对于业界的人工智能项目，一般的原则都是"不重复造轮子"：不会去从零开始编写一套机器学习的算法，往往是选择采用一些已有的算法库和算法框架。以前，我们可能会选用已有的各种算法来解决不同的机器学习问题。现在随着深度学习的流行，一套神经网络框架TensorFlow、Keras 等就可以解决几乎所有的机器学习问题，进一步降低了机器学习任务的开发难度。如果说 Python 是我们手中的利器，那么一个好的深度学习框架就无疑给了我们更多的资源和工具，方便我们实现庞大、高级、优秀的深度学习项目。

奥卡姆剃刀定律（Occam's Razor，Ockham's Razor），又称为"奥康的剃刀"，它是由14 世纪英格兰的逻辑学家、圣方济各会修士奥卡姆的威廉（William of Occam，约 1285 年至1349 年）提出。这个原理称为"如无必要，勿增实体"，即"简单有效原理"。正如他在《箴言书注》2 卷 15 题所说"切勿浪费较多东西去做事情，用较少的东西同样可以做好的事情。"

深度学习底层的结构实际很复杂。然而，作为应用者，我们只需要几行代码就能实现神经网络，加上数据读取和模型训练，也不过寥寥十来行左右的代码。感谢科技的进步，深度学习的用户接口，越来越像搭积木。只要我们投入适当的学习成本，就总能很快学会的。

TensorFlow 是可以把一个模型代码量大大减少的框架，Keras 就是让模型代码量可以少到令人震惊的一种框架，当用 Keras 写完第一个模型后，笔者的心情真的是无比激动。

本章介绍猫和狗分类的例子，如果这个分类器模型代码在 Keras 框架下实现，则只要寥寥几行代码就能把一个拥有着卷积层（Convolutional Layer，简称 Conv Layer）、池化层（Pooling Layer，简称 Pool Layer）和全连接层（Fully Connected Layer，简称 FC Layer）并且使用 Adam 这个较高级优化方法的深度学习网络给编写出来。后续章节会让我们感受到在 Keras 框架下实现深度学习算法模型有多简单。

3. 必须坚持"唯有实践出真知"

现在很多教程和课程往往忽视了实战的重要性，将大量的精力放在了理论介绍上。我们都知道纸上谈兵的典故，重理论、轻实战的做法是非常不可取的。就像上一小节说的第 2 个"放弃"一样，在具备基本的理论知识之后，最好就直接实践，编写代码解决实际问题。从学习的效率上讲，这样做的速度是最快的。

作为毫无 AI 技术背景、只会 Python 编程语言、从零开始入门深度学习的同学们，不要犹豫，上车吧。深度学习入门可以很简单！

第2章
深度学习开发环境搭建

"工欲善其事，必先利其器"，开发工具的准备是进行深度学习的第一步。Python编程利器首选基于 Web 的交互环境 Jupyter Notebook，深度学习框架目前使用普遍的有 TensorFlow、PyTorch、Keras 等。

如果不习惯使用 Jupyter Notebook 编辑器，也可以改用 PyCharm 社区版。

2.1 Jupyter Notebook 极速入门

本节主要介绍什么是 Jupyter Notebook、如何快速安装和启动 Jupyter Notebook 以及 Jupyter Notebook 的基本使用方法。

2.1.1 什么是 Jupyter Notebook

Jupyter Notebook（以下简称 Jupyter），简单来说，就是一种模块化的 Python 编辑器（现在也支持 R 等多种语言），即在 Jupyter 中可以把大段的 Python 代码进行碎片化处理，每一段分开来运行。在软件开发中，Jupyter 可能显得没那么好用，这个模块化的功能会破坏掉程序的整体性。但是，当我们在做数据处理、分析、建模、观察结果等的时候，Jupyter 模块化的功能不仅能提供更好的视觉体验，更能大大缩短运行代码及调试代码的时间，同时还能让整个处理和建模的过程变得异常清晰。

熟悉 Python 的读者一定对 Python 的交互式功能感触颇深。当工作后有一次笔者和一个做嵌入式的好友聊起 Python 时，好友表示他被 Python 的易读性和交互性所震惊了。做嵌入式用的 C 和 C++ 每次都要经过编译，而且每一行的代码没有办法单独运行。与之不同的是，Python 的每一行代码都像是人类交流所用的文字一样，简单易懂且有交互性。所谓交互性，就是有问有答，我们输入一句，它便返回一句的结果。但在一般的 IDE（如 PyCharm）中，Python 的这一交互功能被极大地限制了，通常我们会将程序整段编写之后一起运行。而在 Jupyter 中，我们可以每写几行或者每完成一个小的模块便运行一次。也许对于软件工程师们来说，这个功能并没有多大的吸引力，但是对于身为机器学习工程师的我们来说，这个功能可以说是我们的大救星。

2.1.2 如何安装和启动 Jupyter Notebook

安装 Jupyter Notebook 的前提是安装了 Python（建议 Python 3.6 版本以上）。关于 Python 的安装也非常简单（注意，一定要选择 Python3 版本），可以将本书附赠的 Python 软件资源包复制到硬盘上并解压缩，双击 Python-3.6.4-md64.exe 文件，它会自动安装好 Python 3.6.4 版本，安装的时候注意要在安装界面上选择"Add Python 3.6 to PATH"（添加环境变量）复选框，然后再选择中间的"Install Now"选项，如图 2-1 所示。

图 2-1

等 Python 软件安装好之后，再双击 install.bat 文件，系统会自动安装好本书需要用到的一些依赖包，如大名鼎鼎的 scikit-learn 机器学习工具包、实现人脸识别 dlib 开源库等。

只要有一门编程语言基础，如 C、VB，我们三天之内就能掌握 Python 的使用技能，因为 Python 比其他编程语言更加简单、易学。在掌握 Python 基本语法之后，我们需要再花一点时间去学习处理数据与操作数据的方法，熟悉一下 Pandas、NumPy 和 Matplotlib 这些工具包的使用方法。Pandas 工具包可以处理数据帧，数据帧类似于 Excel 文件当中的信息表，有横行和纵列，这种数据就是所谓的结构化数据。NumPy 工具包可以基于数据进行数值运算。Matplotlib 工具包可以制图，实现数据可视化。

在学习使用过程中，如果需要安装相应的工具包，推荐使用 pip 程序来安装。举例来说，如果要安装 Matplotlib 工具包，则进入到 cmd 窗口，执行 python -m pip install matplotlib 命令进行自动安装，系统会自动下载安装包，如图 2-2 所示。

Jupyter 的安装命令是 pip3 install jupyter。当一台计算机同时有多个版本的 Python 的时候，用 pip3 就可以自动识别用 Python3 来安装库，这样就避免了和 Python2 发生冲突。如果计算机上只安装了 Python3，那么不管是用 pip 还是 pip3 都是一样的。注意，老版本的 pip 在安装 Jupyter Notebook 过程中可能面临依赖项无法同步安装的问题，因此强烈建议先把 pip 升级到最新版本。

启动命令 jupyter notebook，执行命令之后，在终端中将会显示一系列 Notebook 的服务器信息，同时浏览器将会自动启动 Jupyter Notebook。

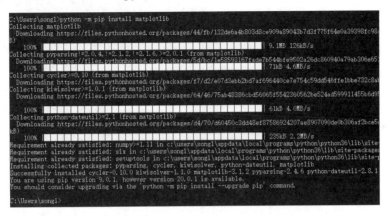

图 2-2

启动过程中终端显示内容类似如图 2-3 所示的内容。

图 2-3

 之后在 Jupyter Notebook 进行的所有操作，都必须保持终端处于打开状态，因为一旦关闭终端，就会断开与本地服务器的连接，我们就将无法在 Jupyter Notebook 中进行操作。

浏览器地址栏中将会默认显示 http://localhost:8888，如图 2-4 所示。其中，localhost 指的是本机，8888 则是端口号。启动界面显示了当前文件目录信息。Jupyter 保存文件的根目录，对应操作系统中登录用户的主目录。

图 2-4

2.1.3 Jupyter Notebook 的基本使用

在打开的界面上，依次单击 New → Python3 来创建一个 Python3 的 .ipynb 文件。然后单击右上角的 new 按钮，选择 Python 3，如图 2-5 所示。

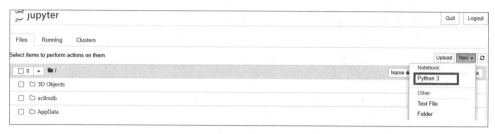

图 2-5

选择 Python 3 以后将打开一个新的界面，这里就是编写代码的地方了。首先，单击左上角的文件名，进行文件名重命名，如图 2-6 所示。

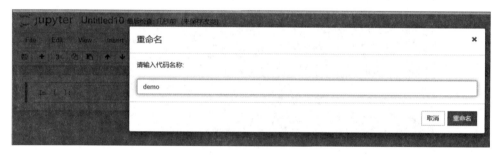

图 2-6

重命名后进入代码编辑页面，在里面写一行 Python 代码，比如输入 "a=1" 后按 Enter 键，Jupyter 换行但没有开启新的命令行单元格，继续输入 "b=5" 后单击 "运行"，或者按 Shift+Enter 快捷键，运行单元格中的命令，因为此时是赋值命令所以没有输出结果。输入变量名后按 Shift+Enter 快捷键即可看到交互的 Python 命令行中单元格的运行结果，这里输入 "a+b" 后运行，看到实时结果为 6，如图 2-7 所示。这就体现出交互式 Python 命令行编程的优势，即不用编写打印输出命令 print 就可以实时观察运行情况。

图 2-7

在图 2-8 中，In[6] 中的数字 "6" 表示执行的次数，这个次数也可以理解为在这个工作区里执行代码的顺序。因为每个代码块里面的内容是可以相互调用的，可能在后面定义的一个方法也是可以在前面来使用的。这里一定要注意，如果两个代码块里面的内容要进行调用，比如 B 块要调用 A 块里面的代码，A 块里面的代码在写完以后，必须先执行，然后才能在 B 块中调用，否则会报错。

Jupyter 不仅可以写代码，还可以用 Markdown 语法写注释说明文档。先选择代码，然后切换到 Markdown 以后，就可以在里面写一些文档注释。写完注释后，同样使用快捷键 Shift + Enter 运行代码，就可以达到如图 2-9 所示的效果。

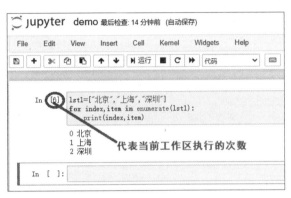

图 2-8

图 2-9

Jupyter 插入图片的方法是把要插入文档的图片（如 airplane.jpg）放到程序文件的相同目录下，通过 Markdown 格式插入图片，如输入"![jupyter](airplane.jpg)"，运行单元格，即可显示该图片。

如果需要将本地的 Python 文件（.py 文件）载入到 Jupyter 的一个单元格中，比如当前路径下有一个 test_demo.py 文件，需要将其载入到 Jupyter 的一个单元格中。

test_demo.py 的 Python 源文件内容如下：

```
import os
print(os.getcwd())# 获取当前工作目录路径
```

在需要导入该段代码的单元格中输入"%load test_demo.py"，按快捷键 Shift+Enter 运行该单元格，结果如图 2-10 所示。可以看到运行后，%load test_demo.py 被自动加了注释符号 #，test_demo.py 中的所有代码都被载入到了当前的单元格中。

图 2-10

利用 Jupyter 的单元格也是可以运行 Python 文件的，即在单元格中运行如下代码：

```
%run file.py
```

这里的 file.py 是要运行的 Python 程序的文件名，运行结果会显示在该单元格中，如图 2-11 所示。

图 2-11

Jupyter 的 .ipynb 文件也可以转换为 .py 文件，直接在 Jupyter Notebook 中的 File 菜单栏中依次单击 Download as → Python(.py) 即可，如图 2-12 所示。

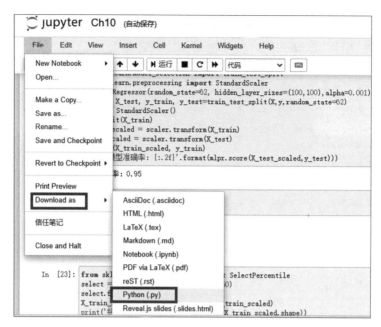

图 2-12

2.2 深度学习常用框架介绍

在开始深度学习项目之前，选择一个合适的框架是非常重要的，因为选择一个合适的框架能起到事半功倍的作用。研究者们使用各种不同的框架来达到他们的研究目的，这也侧面证明了深度学习领域的百花齐放。全世界流行的深度学习框架有 PaddlePaddle、TensorFlow、Caffe、Theano、Keras、Torch 和 PyTorch。

1. TensorFlow

Google 开源的 TensorFlow 是一款使用 C++ 语言开发的开源数学计算软件，使用数据流图（Data Flow Graph）的形式进行计算。图中的节点代表数学运算，而图中的线条表示多维数据数组（Tensor）之间的交互。TensorFlow 灵活的架构可以部署在一个或多个 CPU、GPU 的计算机及服务器中，或者使用单一的 API 应用在移动设备中。TensorFlow 最初是由研究人员和 Google Brain 团队针对机器学习和深度神经网络进行研究而开发的，开源之后几乎可以在各个领域适用。

TensorFlow 是全世界使用人数最多、社区最为庞大的一个框架，因为是 Google 公司出品，所以维护与更新比较频繁，并且有着 Python 和 C++ 的接口，教程也非常完善，同时很多论文复现的第一个版本都是基于 TensorFlow 写的，所以是深度学习框架里默认的老大。

2. PyTorch

PyTorch 的前身便是 Torch。Torch 是纽约大学的一个机器学习开源框架，几年前在学术界非常流行，包括 Lecun 等都在使用。但是由于其使用的是一种绝大部分人都没有听过的

Lua 语言，导致很多人都被吓退。后来随着 Python 的生态越来越完善，Facebook 人工智能研究院推出了 PyTorch 并开源。PyTorch 不是简单地封装 Torch 并提供 Python 接口，而是使用 Python 重新编写了很多内容，使其不仅更加灵活、支持动态图，而且提供了 Python 接口。它由 Torch7 团队开发，是一个以 Python 优先的深度学习框架，不仅能够实现强大的 GPU 加速，同时还支持动态神经网络，这是很多主流深度学习框架（比如 TensorFlow 等）都不支持的功能特性。

3. Keras

Keras 是一个对小白用户非常友好且简单的深度学习框架，严格来说它并不是一个开源框架，而是一个高度模块化的神经网络库。它是一个用 Python 编写的高级神经网络 API（高层意味着会引用封装好的的底层），能够以 TensorFlow、CNTK 或者 Theano 作为后端运行。Keras 的特点是能够快速实现模型的搭建，能够把我们的想法迅速转换为结果。TensorFlow 的 API 比较底层，有时候做一件很简单的事情要写很多辅助代码。而 Keras 的接口设计非常简洁，做同样的事情，Keras 的代码大概是 TensorFlow 的三分之一到五分之一。

4. 框架总结

深度学习框架的出现降低了深度学习入门的门槛，我们不需要从复杂的神经网络开始编写代码，可以根据需要选择已有的模型，通过训练得到模型参数，也可以在已有模型的基础上增加自己的层（Layer），或者是在顶端选择自己需要的分类器和优化算法（比如常用的梯度下降法）。当然也正因如此，没有什么框架是完美的，就像一套积木里可能没有你需要的那一种积木，所以不同的框架适用的领域不完全一致。总的来说深度学习框架提供了一系列的深度学习的组件（对于通用的算法，里面会有实现），当需要使用新的算法的时候，就需要用户自己去定义，然后调用深度学习框架的函数接口使用用户自定义的新算法。

2.3 Windows 环境下安装 TensorFlow（CPU 版本）和 Keras

Keras 只是一个前端 API，在使用它之前需要安装好其后端，根据主流情况推荐安装 TensorFlow 作为 Keras 的后端引擎。故先安装 TensorFlow，后安装 Keras。在安装 TensorFlow 和 Keras 时，需要注意两者版本的对应关系，否则可能会报错。比如，安装的 Keras 版本为 2.4，这个版本要求 TensorFlow 是 2.2 以上，版本之间不对应是无法使用的。

下面讲解如何安装 TensorFlow（CPU 版本）和 Keras。

1. 安装 TensorFlow（CPU 版本）

具体操作步骤如下：

步骤 01 首先确保 pip 的版本较新，先在命令提示符窗口输入命令"python –m pip install –U pip"升级 pip，如图 2-13 所示。

```
C:\Users\song1>python -m pip install -U pip
Collecting pip
  Downloading pip-21.3.1-py3-none-any.whl (1.7 MB)
     |                                | 1.7 MB 504 kB/s
Installing collected packages: pip
  Attempting uninstall: pip
    Found existing installation: pip 20.0.2
    Uninstalling pip-20.0.2:
      Successfully uninstalled pip-20.0.2
Successfully installed pip-21.3.1
```

图 2-13

步骤 02 通过 pip 安装 TensorFlow CPU 版本（这里安装的 TensorFlow 版本为 1.3.0），输入命令 "pip install tensorflow==1.3.0"。安装完成后执行命令 "pip show tensorflow" 查看 CPU 版本的 TensorFlow，如图 2-14 所示。

```
命令提示符
Microsoft Windows [版本 10.0.19044.1415]
(c) Microsoft Corporation。保留所有权利。

C:\Users\song1>pip show tensorflow
Name: tensorflow
Version: 1.3.0
Summary: TensorFlow helps the tensors flow
Home-page: http://tensorflow.org/
Author: Google Inc.
Author-email: opensource@google.com
License: Apache 2.0
Location: c:\users\song1\appdata\local\programs\python\python36\lib\site-packages
Requires: numpy, protobuf, six, tensorflow-tensorboard, wheel
Required-by: ai-utils
```

图 2-14

步骤 03 无论是 CPU 版本还是 GPU 版本的 TensorFlow，在安装完成后，都可以使用图 2-15 中的代码测试 TensorFlow 是否正常安装。在 Jupyter Notebook 代码编辑界面输入示例代码，如果没有提示错误，并输出 "Hello,TensorFlow!"，则说明 TensorFlow 已经安装成功，如图 2-15 所示。

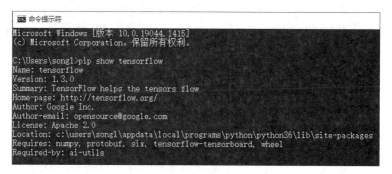

```
In [19]: import tensorflow as tf
         hello = tf.constant('Hello, TensorFlow!')
         sess = tf.Session()
         h=sess.run(hello)
         print(h.decode())

         Hello, TensorFlow!
```

图 2-15

2. 安装 keras

具体操作步骤如下：

步骤 01 在命令提示符窗口下输入命令 "pip install keras==2.1.2"，安装 Keras（指定安装的 Keras 版本为 2.1.2）。安装完成后执行命令 "pip show keras" 查看 Keras，如图 2-16 所示。

```
命令提示符
Microsoft Windows [版本 10.0.19044.1415]
(c) Microsoft Corporation。保留所有权利。

C:\Users\song1>pip show tensorflow
Name: tensorflow
Version: 1.3.0
Summary: TensorFlow helps the tensors flow
Home-page: http://tensorflow.org/
Author: Google Inc.
Author-email: opensource@google.com
License: Apache 2.0
Location: c:\users\song1\appdata\local\programs\python\python36\lib\site-packages
Requires: numpy, protobuf, six, tensorflow-tensorboard, wheel
Required-by: ai-utils
```

图 2-16

步骤 02 也可以在 Jupyter Notebook 代码编辑界面输入如图 2-17 所示的代码，查看 Keras 的版本（注意，代码中是双下划线）。

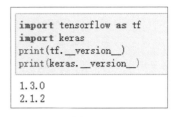

```
import tensorflow as tf
import keras
print(tf.__version__)
print(keras.__version__)

1.3.0
2.1.2
```

图 2-17

2.4 Windows 环境下安装 TensorFlow（GPU 版本）和 Keras

本节主要介绍如何在 Windows 环境下安装 TensorFlow（GPU 版本）和 Keras。

2.4.1 确认显卡是否支持 CUDA

在深度学习中，我们常常要对图像数据进行处理和计算，而处理器 CPU 因为需要处理的事情太多，并不能满足我们对图像处理和计算的速度的要求，显卡 GPU 就是用来帮助 CPU 解决这个问题的，因为 GPU 特别擅长处理图像数据。

为什么 GPU 特别擅长处理图像数据呢？这是因为图像上的每一个像素点都有被处理的需要，而且每个像素点的处理过程和方式都十分相似，GPU 就是用很多简单的计算单元去完成大量的计算任务，类似于纯粹的人海战术。GPU 不仅可以在图像处理领域大显身手，它还被用在科学计算、密码破解、数值分析、海量数据处理（排序、Map-Reduce 等）、金融分析等需要大规模并行计算的领域。

而 CUDA（Compute Unified Device Architecture）是显卡厂商 NVIDIA（英伟达）推出的只能用于自家 GPU 的并行计算框架，只有安装这个框架才能够进行复杂的并行计算。该架构使 GPU 能够解决复杂的计算问题。它包含了 CUDA 指令集架构（ISA）以及 GPU 内部的并行计算引擎。安装 CUDA 之后，可以加快 GPU 的运算和处理速度，主流的深度学习框架也都是基于 CUDA 进行 GPU 并行加速的。

要想安装 CUDA 用于 GPU 并行加速，首先需要确定计算机显卡是否支持 CUDA 的安装，也就是查看计算机里面有没有 NVIDA 的独立显卡。在 NVIDA 官网列表（https://developer.nvidia.com/cuda-gpus）中可以查看显卡型号。

在桌面上右击，如果能找到 NVIDA 控制面板，如图 2-18 所示，则说明该计算机有 GPU。

在 NVIDIA 控制面板上，通过查看系统信息获取支持的 CUDA 版本，类似结果如图 2-19 所示。

图 2-18

21

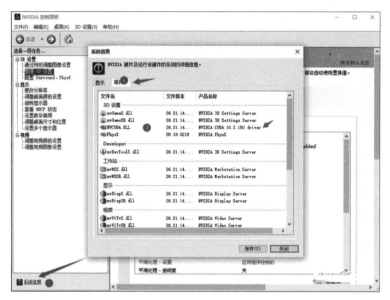

图 2-19

2.4.2 安装 CUDA

CUDA 是显卡厂商 NVIDIA 推出的基于新的并行编程模型和指令集架构的通用并行计算框架，能利用 NVIDIA GPU 的并行计算引擎进行复杂的并行计算。安装 CUDA 的操作步骤如下：

步骤01 如果已经确认系统已有支持 CUDA 的显卡，这时可以到 NVIDIA 官方网站 https://developer.nvidia.com/cuda-toolkit-archive 下载 CUDA，如图 2-20 所示。

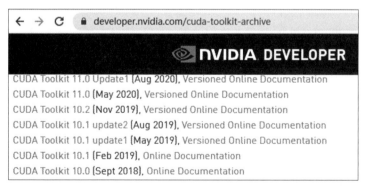

图 2-20

安装 CUDA Driver 时，需要与 NVIDIA GPU Driver 的版本驱动一致，CUDA 才能找到显卡。

步骤02 根据实际情况选择合适的版本，这里下载 CUDA10 的本地安装包，如图 2-21 所示选择操作系统版本。

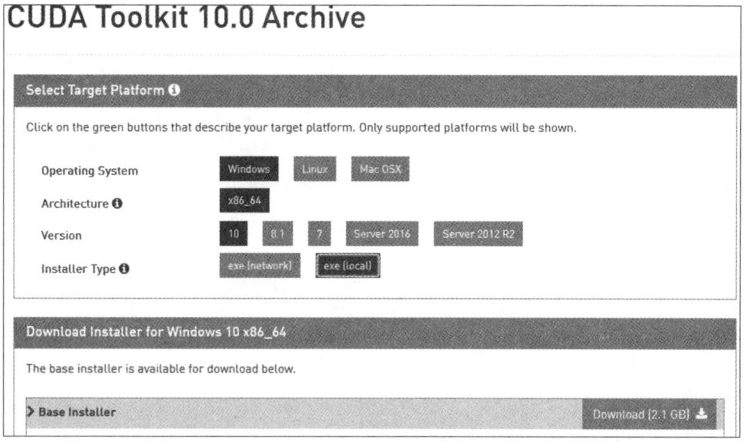

图 2-21

步骤 **03** 安装时选择自定义，注意箭头标记的复选框不要勾选，如图 2-22 所示，不需要安装 Visual Studio，CUDA 的环境变量会自动进行配置。

图 2-22

2.4.3 安装 cuDNN

cuDNN 是用于深度神经网络的 GPU 加速库，接下来需要下载与 CUDA 对应的 cuDNN，下载地址为 https://developer.nvidia.com/rdp/cudnn-archive，如图 2-23 所示。

图 2-23

步骤 01 下载 cuDNN 需要注册英伟达开发者计划的会员账号，加入会员，如图 2-24 所示。

图 2-24

步骤 02 成为会员后下载与 CUDA 对应版本的 cuDNN。cuDNN 就是个压缩包，解压会生成 cuda/include、cuda/lib、cuda/bin 三个目录，将里面的文件分别复制到 CUDA 安装目录（这里是 C:\Program Files\NVIDIA GPU Computing Toolkit\CUDA\v10.0 目录）下对应的目录即可。注意不是替换文件夹，而是将文件放入对应的文件夹中。

步骤 03 安装 Visual Studio 2015、2017 和 2019 支持库，这个支持库务必安装，否则后面容易出现各种问题，支持库所占内存大约十几 MB。下载地址为 https://docs.microsoft.com/zh-CN/ cpp/windows/latest-supported-vc-redist?view=msvc-160，如图 2-25 所示。

步骤 04 安装完成后重启计算机即可。

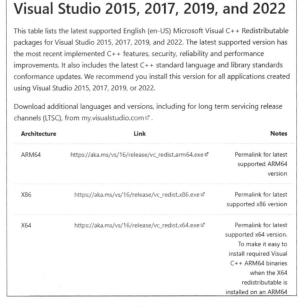

图 2-25

2.4.4 安装 TensorFlow（GPU 版本）和 Keras

步骤 01 通过 pip 命令安装。在命令提示符窗口输入命令 "pip install tensorflow-gpu==1.15.2"，安装 TensorFlow 的 GPU 版本 1.15.2。

步骤 02 检查是否安装成功。在 Jupyter Notebook 代码编辑界面输入如下代码：

```
from tensorflow.python.client import device_lib
import tensorflow as tf
print(device_lib.list_local_devices())
print(tf.test.is_built_with_cuda())
```

输出结果如图 2-26 所示。输出结果为 GPU 的相关信息则表示安装成功，如果不是 GPU 版本，则会输出"False"。

图 2-26

步骤 03 使用 pip 命令安装 Keras。在命令提示符窗口输入命令"pip install keras==2.1.2"，安装 Keras 的版本 2.1.2。

2.5 Windows 环境下安装 PyTorch

本节主要介绍如何在 Windows 环境下安装 PyTorch，PyTorch 也有 CPU 版和 GPU 版。

2.5.1 安装 PyTorch（CPU 版本）

从 2018 年 4 月起，PyTorch 官方开始发布 Windows 版本。PyTorch 是基于 Python 开发的，要使用 PyTorch 首先需要安装 Python，这里的 Python 版本是 3.6。Windows 用户能直接通过 conda、pip 和源码编译三种方式来安装 PyTorch。本小节主要介绍如何通过 pip 来安装 PyTorch。

步骤 01 在命令提示符窗口输入命令"pip install torch==1.8.0 torchvision==0.9.0 torchaudio==0.8.0"安装指定版本的 PyTorch，如图 2-27 所示。

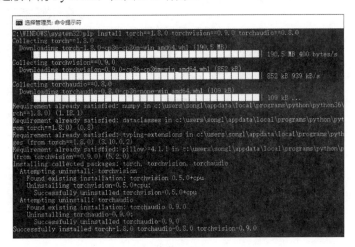

图 2-27

步骤02 验证 PyTorch 是否安装成功。在命令提示符窗口输入命令 "print(torch.__version__)"（注意，代码中是双下划线），如果没有报错，说明安装成功，如图 2-28 所示。

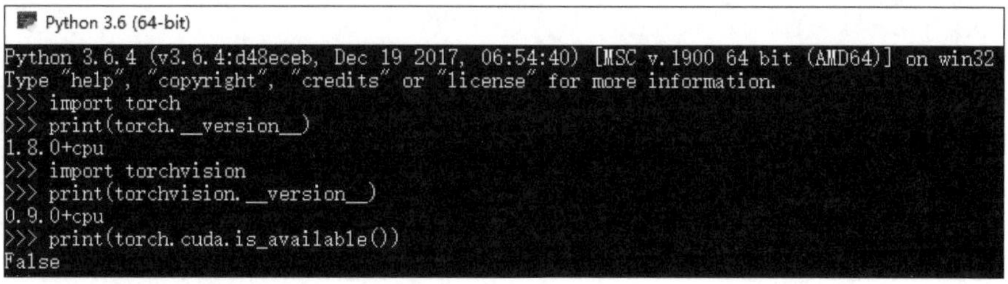

```
Python 3.6 (64-bit)
Python 3.6.4 (v3.6.4:d48eceb, Dec 19 2017, 06:54:40) [MSC v.1900 64 bit (AMD64)] on win32
Type "help", "copyright", "credits" or "license" for more information.
>>> import torch
>>> print(torch.__version__)
1.8.0+cpu
>>> import torchvision
>>> print(torchvision.__version__)
0.9.0+cpu
>>> print(torch.cuda.is_available())
False
```

图 2-28

2.5.2 安装 PyTorch（GPU 版本）

安装 GPU 版本的 PyTorch 要稍微复杂一些，需要先安装 CUDA、cuDNN 计算框架（和安装 TensorFlow GPU 版本一样，此处省略），然后安装 PyTorch。

步骤01 登录 PyTorch 官网 https://pytorch.org，如图 2-29 所示，单击 Install 按钮。

步骤02 选择对应项，在 Compute Platform 项目选择对应的 CUDA 版本号，如图 2-30 所示。把 Run this Command（运行命令）中的命令复制到命令提示符窗口中，执行命令即可进行安装。

图 2-29

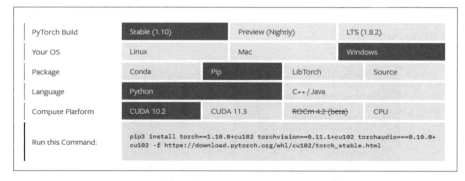

图 2-30

上述是基本的安装过程，接下来我们看一下 CPU 与 GPU 在模型训练时的性能差异对比图，如图 2-31 所示。

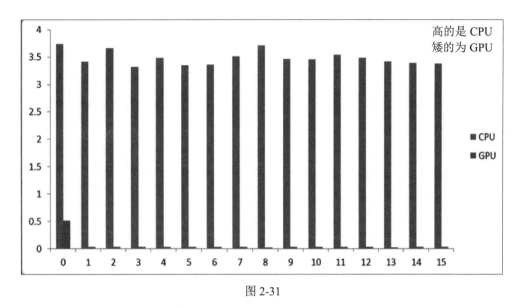

图 2-31

从图 2-31 可以看出 GPU 比 CPU 要快很多，大大减少了运行时间。如果有条件，可以购买 GPU 显卡，其在深度学习训练中将物所超值。

第 3 章
Python 数据科学库

Python 是常用的数据分析工具，其常用的数据分析库有很多，本章将主要介绍三个分析库：NumPy（Numerical Python）、Pandas、Matplotlib。这三个库是使用 Python 进行数据分析时最常用到的，NumPy 用来进行矢量化的计算，Pandas 用来处理结构化的数据，而 Matplotlib 用来绘制出直观的图表。另外，在深度学习中会经常涉及张量（Tensor）的维数、向量（Vector）的维数等概念。

3.1 张量、矩阵和向量

标量（Scalar）只有大小的概念，没有方向的概念，通过一个具体的数值就能表达完整。比如重量、温度、长度、体积、时间、热量等数据是标量。

只有一行或者一列的数组被称为向量，因此我们把向量定义为一个一维数组。向量主要有 2 个维度：大小、方向。箭头的长度表示大小，箭头所指的方向表示方向。

矩阵（Matrix）是一个按照长方阵列排列的复数或实数集合，元素是实数的矩阵称为实矩阵，元素是复数的矩阵称为复矩阵，而行数与列数都等于 n 的矩阵称为 n 阶矩阵或 n 阶方阵。

如图 3-1 所示，由 m×n 个数 a_{ij} 排成的 m 行 n 列的数表称为 m 行 n 列的矩阵，简称 m×n 矩阵。

标量、向量、矩阵、张量这四个概念的维度是不断上升的，我们用点、线、面、体的概念来比喻，解释起来会更加容易：

$$A = \begin{bmatrix} a_{11} & a_{12} & \cdots & a_{1n} \\ a_{21} & a_{22} & \cdots & a_{2n} \\ a_{31} & a_{32} & \cdots & a_{3n} \\ \cdots & \cdots & & \cdots \\ a_{m1} & a_{m2} & \cdots & a_{mn} \end{bmatrix}$$

图 3-1

- 点——标量。
- 线——向量。
- 面——矩阵。
- 体——张量。

0 阶的张量就是标量，1 阶的张量就是向量，2 阶的张量就是矩阵，大于等于 3 阶的张量没有名称，统一叫作张量。例如：

- 标量：很简单，就是一个数，比如 1、2、5、108 等。
- 向量：[1,2]、[1,2,3]、[1,2,3,4]、[3,5,67,···,n] 都是向量。

- 矩阵：[[1,3],[3,5]]、[[1,2,3],[2,3,4],[3,4,5]]、[[4,5,6,7,8],[3,4,7,8,9],[2,11,34,56,18]] 是矩阵。
- 3 阶张量：比如 [[[1,2],[3,4]],[[1,2],[3,4]]]。

TensorFlow 内部的计算都是基于张量的，因此我们有必要先对张量有个认识。张量在我们熟悉的标量、向量之上定义，详细的定义比较复杂，我们可以先简单地将它理解成为一个多维数组：

```
3                                    # 这个 0 阶张量就是标量, shape=[]
[1., 2., 3.]                         # 这个 1 阶张量就是向量, shape=[3]
[[1., 2., 3.], [4., 5., 6.]]         # 这个 2 阶张量就是二维数组, shape=[2, 3]
[[[1., 2., 3.]], [[7., 8., 9.]]]     # 这个 3 阶张量就是三维数组, shape=[2, 1, 3]
```

这里有个容易混淆的地方，就是数学里面的 3 维向量、n 维向量，其实指的是 1 阶张量（即向量）的形状，即它所包含分量的个数，比如 [1,3] 这个向量的维数为 2，它有 1 和 3 这两个分量；[1,2,3,…,4096] 这个向量的维数为 4096，它有 1、2、…、4096 这 4096 个分量，说的都是向量的形状。我们不能说 [1,3] 这个"张量"的阶数是 2，只能说 [1,3] 这个"1 阶张量"的维数是 2。矩阵也是类似，常常说的 n×m 阶矩阵，这里的阶指的也是矩阵的形状。

那么，张量的阶数和张量的形状怎么理解呢？阶数要看张量的最左边有多少个左中括号，有 n 个，则这个张量就是 n 阶张量。

比如，[[1,3],[3,5]] 最左边有两个左中括号，它就是 2 阶张量；[[[1,2],[3,4]],[[1,2],[3,4]]] 最左边有三个左中括号，它就是 3 阶张量。[[1,3],[3,5]] 的最左边中括号里有 [1,3] 和 [3,5] 这两个元素，最左边的第二个中括号里有 1 和 3 这两个元素，所以形状为 [2,2]；[[[1,2],[3,4]],[[1,2],[3,4]]] 的最左边中括号里有 [[1,2],[3,4]] 和 [[1,2],[3,4]] 这两个元素，最左边的第二个中括号里有 [1,2] 和 [3,4] 这两个元素，最左边的第三个中括号里有 1 和 2 这两个元素，所以形状为 [2,2,2]。在形状的中括号中有多少个数字，就代表这个张量是多少阶的张量。

3.2 数组和矩阵运算库——NumPy

NumPy 是 Python 语言的一个扩展程序库，支持大量的维度数组与矩阵运算，此外也针对数组运算提供了大量的数学函数库。Python 官网上的发行版是不包含 NumPy 模块的，安装 NumPy 最简单的方法就是使用 pip 工具命令"pip install numpy==1.8.1"（表示安装 NumPy 版本 1.8.1）。

3.2.1 列表和数组的区别

NumPy 最重要的一个特点是其 n 维数组对象 ndarray，它是一系列同类型数据的集合，下标从 0 开始作为集合中元素的索引。ndarray 是用于存放同类型元素的多维数组，ndarray 中的每个元素在内存中都有相同存储大小的区域。

Ndarray 的使用也很简单，如图 3-2 所示，首先引入 NumPy 库，然后创建一个 ndarray 调用 NumPy 的 array 函数即可。

Python 已有列表类型，为什么需要一个数组对象？如图
3-3 所示，NumPy 更好地支持数学运算，同样做乘法运算，
列表是把元素复制了一遍，而数组是对每个元素做了乘法。
列表存储的是一维数组，而数组则能存储多维数据。比如列
表 e 虽然包含 3 个小表，但结构是一维，而数组 f 则是 3 行
2 列的二维结构。

```
import numpy as np
a=[1,2,3,4]
b=np.array([1,2,3,4])
print(a)
print(b)
c=a*2
d=b*2
print(c)
print(d)
e=[[1,2],[3,4],[5,6]]
f=np.array([[1,2],[3,4],[5,6]])
print(e)
print(f)

[1, 2, 3, 4]
[1 2 3 4]
[1, 2, 3, 4, 1, 2, 3, 4]
[2 4 6 8]
[[1, 2], [3, 4], [5, 6]]
[[1 2]
 [3 4]
 [5 6]]
```

图 3-3

```
import numpy as np
a = np.array([1,2,3])
print(a)

[1 2 3]
```

图 3-2

3.2.2 创建数组的方法

创建数组的方法有两种：

方法一：通过列表来创建数组，如图 3-4 所示，创建一维数组 a1 及列表 lst1，将列表
lst1 转换成 ndarray。

方法二：使用 NumPy 中的函数创建 ndarray 数组，如
arange、ones、zeros 等。如图 3-5 所示，使用 np.arange(n)
函数（第一个参数为起始值，第二个参数为终止值，第三个
参数为步长）创建数组；使用 np.linspace() 根据起止数据等
间距地填充数据，形成数组。NumPy 中还有一些常用的用
来产生随机数的函数，如 randn() 和 rand()。

```
x1=np.arange(12)
x2=np.arange(5,10)
x3=np.random.randn(3,3)
x4=np.random.random([3,3])
x5=np.ones((2,4))
x6=np.zeros((3,4))
x7=np.linspace(2,8,3,dtype=np.int32)
print(x1)
print(x2)
print(x3)
print(x4)
print(x5)
print(x6)
print(x7)

[ 0  1  2  3  4  5  6  7  8  9 10 11]
[5 6 7 8 9]
[[-1.56233759  0.8746619  -0.15799036]
 [-0.56180239 -0.61494341 -0.69827126]
 [-0.66539546  1.16099223 -1.41587553]]
[[0.24024003 0.79538857 0.27694957]
 [0.64205338 0.12071625 0.10342665]
 [0.87571911 0.61208231 0.64015831]]
[[1. 1. 1. 1.]
 [1. 1. 1. 1.]]
[[0. 0. 0. 0.]
 [0. 0. 0. 0.]
 [0. 0. 0. 0.]]
[2 5 8]
```

图 3-5

```
import numpy as np
a1=np.array([1,2,3,4])
lst1=[3.14,2.17,0,1,2]
a2=np.array([[1,2],[3,4],[5,6]])
a3=np.array(lst1)
print(a2)
print(a3)

[[1 2]
 [3 4]
 [5 6]]
[3.14 2.17 0.   1.   2.  ]
```

图 3-4

3.2.3 NumPy 的算术运算

NumPy 最强大的功能便是科学计算与数值处理。比如有一个较大的列表，需要将每一个
元素的值都变为原来的十倍，NumPy 的操作就比 Python 要简单得多。

NumPy 中的加、减、乘、除与取余操作可以是两个数组之间的运算，也可以是数组与常数之间的运算，如图 3-6 所示。在计算中，常数是一个标量，数组是一个矢量或向量，一个数组和一个标量进行加、减、乘、除等算数运算时，结果是数组中的每一个元素都与该标量进行相应的运算，并返回一个新数组。

同样地，数组与数组也可以进行加、减、乘、除等相应的运算，如图 3-7 所示。原则上，数组之间进行运算时，各数组的形状应当相同，当两个数组形状相同时，它们之间进行算术运算就是在数组的对应位置进行相应的运算。

```
import numpy as np
arr = np.arange(10)
print("arr:",arr)
#数组与常数之间的运算
#求加法
print("arr+1:",arr+1)
#求减法
print("arr-2:",arr-2)
#求乘法
print("arr*3:",arr*3)
#求除法
print("arr/2",arr/2)

arr: [0 1 2 3 4 5 6 7 8 9]
arr+1: [ 1  2  3  4  5  6  7  8  9 10]
arr-2: [-2 -1  0  1  2  3  4  5  6  7]
arr*3 [ 0  3  6  9 12 15 18 21 24 27]
arr/2 [0.  0.5 1.  1.5 2.  2.5 3.  3.5 4.  4.5]
```

图 3-6

在上面的数组运算中，数组之间的形状都是一致的。在一些特殊情况下，不同形状的数组之间可以通过"广播"的机制来临时转换，满足数组计算的一致性要求。如图 3-8 所示，a 为 2 行 3 列的二维数组，b 为 1 行 3 列的一维数组，原则上不能进行数组与数组之间的运算，但从结果显示，a 数组与 b 数组之间的运算是将 b 数组的行加到 a 数组的每一行中。

同样地，当两数组的行相同时，在列上面也可以进行上述操作，规则与行相同，如图 3-9 所示，将 a 数组的每一列与 b 数组的列进行相加。

```
import numpy as np
a = np.arange(1,7).reshape((2,3))
b = np.array([[6,7,8],[9,10,11]])
print("a:\n",a)
print("b:\n",b)
#数组加法
print("a+b:\n",a+b)
#数组减法
print("a-b:\n",a-b)
#数组乘法
print("a*b:\n",a*b)
#数组除法
print("b/a:\n",b/a)

a:
[[1 2 3]
[4 5 6]]
b:
[[6  7  8]
[ 9 10 11]]
a+b:
[[ 7  9 11]
[13 15 17]]
a-b:
[[-5 -5 -5]
[-5 -5 -5]]
a*b:
[[ 6 14 24]
[36 50 66]]
b/a:
[6.         3.5        2.66666667]
[2.25       2.         1.83333333]]
```

图 3-7

```
import numpy as np
a = np.arange(1,7).reshape((2,3))
print("a:\n",a)
b = np.arange(3)
print("b:",b)
print("a.shape:",a.shape)
print("b.shape:",b.shape)
print("a+b:\n",a+b)
print("a-b:\n",a-b)
print("a*b:\n",a*b)

a:
[[1 2 3]
[4 5 6]]
b: [0 1 2]
a.shape: (2, 3)
b.shape: (3,)
a+b:
[[1 3 5]
[4 6 8]]
a-b:
[[1 1 1]
[4 4 4]]
a*b:
[[0  2  6]
[ 0  5 12]]
```

图 3-8

```
import numpy as np
a = np.arange(1,13).reshape((4,3))
b = np.arange(1,5).reshape((4,1))
print("a:\n",a)
print("b:\n",b)
print("a.shape:",a.shape)
print("b.shape:",b.shape)
print("a+b:\n",a+b)

a:
[[ 1  2  3]
[ 4  5  6]
[ 7  8  9]
[10 11 12]]
b:
[[1]
[2]
[3]
[4]]
a.shape: (4, 3)
b.shape: (4, 1)
a+b:
[[ 2  3  4]
[ 6  7  8]
[10 11 12]
[14 15 16]]
```

图 3-9

3.2.4 数组变形

数组变形最灵活的实现方式是通过 reshape() 函数来实现。例如，将数字 1~9 放入一个 3×3 的矩阵中，如图 3-10 所示。该方法必须保证原始数组的大小和变形后数组的大小一致。

31

如果满足这个条件，reshape 方法将会用到原数组的一个非副本视图。

另外一个常见的变形模式是将一个一维数组转为二维的行或列的矩阵。这可以通过 reshape 方法来实现，或者更简单地在一个切片操作中利用 newaxis 关键字来实现，如图 3-11 所示。

```
import numpy as np
a = np.arange(1,10).reshape((3,3))
print(a)

[[1 2 3]
 [4 5 6]
 [7 8 9]]
```

图 3-10

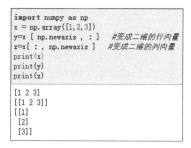

图 3-11

3.3 数据分析处理库——Pandas

Pandas 是 Python 的一个数据分析包，提供了大量能使我们快速便捷地处理数据的函数和方法。

3.3.1 Pandas 数据结构 Series

Series 是一种一维数据结构，每一个元素都带有一个索引，与一维数组的含义相似，其中索引可以为数字或字符串，如图 3-12 所示。

Series 对象包含两个主要的属性：index 和 values，分别为图 3-12 中的索引列和数据列。因为传给构造器的是一个列表，所以 index 的值是从 0 开始递增的整数，如果传入的是一个类字典的键值对结构，就会生成与 index-value 对应的 Series；或者在初始化的时候，以关键字参数显式指定一个 index 对象。

如图 3-13 所示，Series 类似一维数组，但 Series 最大的特点就是可以使用标签索引。ndarray 也有索引，但它是位置索引，Series 的标签索引使用起来更方便。

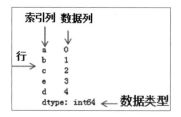

图 3-12

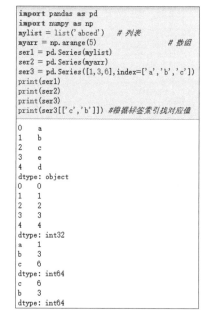

图 3-13

Series 的 index 和 values 的元素之间虽然存在对应关系，但与字典的映射不同，index 和 values 实际仍为互相独立的 ndarray 数组。

3.3.2 Pandas 数据结构 DataFrame

Dataframe 是一种二维数据结构，数据以表格形式（与 Excel 类似）存储，有对应的行和列，如图 3-14 所示。它的每列可以是不同的数据类型（ndarray 只能有一个数据类型）。基本上可以把 DataFrame 看成是共享同一个 index 的 Series 的集合。

DataFrame 的构造方法与 Series 类似，只不过它可以同时接收多条一维数据源，每一条一维数据源都会成为单独的一列，如图 3-15 所示，图中 df1、df2、df3 分别是使用列表创建、使用 ndarrays 创建，以及使用字典创建的 DataFrame，是一个二维的数组结构。

```
import pandas as pd
data1 = [['Google',10],['Runoob',12],['Wiki',13]]
df1 = pd.DataFrame(data1,columns=['Site','Age'],dtype=float)
print(df)
data2 = [{'a': 1, 'b': 2},{'a': 5, 'b': 10, 'c': 20}]
df2 = pd.DataFrame(data2)
print (df2)
data3 = {'Site':['Google', 'Runoob', 'Wiki'], 'Age':[10, 12, 13]}
df3 = pd.DataFrame(data3)
print (df3)

     Site   Age
0  Google  10.0
1  Runoob  12.0
2    Wiki  13.0
   a   b     c
0  1   2   NaN
1  5  10  20.0
     Site  Age
0  Google   10
1  Runoob   12
2    Wiki   13
```

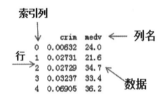

图 3-14

图 3-15

Pandas 可以使用 loc 属性返回指定行的数据。如果没有设置索引，则默认第一行的索引为 0，第二行的索引为 1，以此类推。它也可以使用 loc[[…]] 格式返回多行数据，其中，…为返回行的索引，以逗号隔开，如图 3-16 所示。

另外，使用 Pandas 也可以只获取 DataFrame 中的其中几列，尤其是当处理的数据中 Series 较多而我们只关注其中一些特定的列时。如图 3-17 所示，假设我们只关注 apple 和 banana 的数据。

```
import pandas as pd

data = {
  "calories": [420, 380, 390],
  "duration": [50, 40, 45]
}
# 数据载入到 DataFrame 对象
df = pd.DataFrame(data)
# 返回第一行
print(df.loc[0])
# 返回第二行和第三行
print(df.loc[[1, 2]])

calories    420
duration     50
Name: 0, dtype: int64
   calories  duration
1       380        40
2       390        45
```

```
import pandas as pd
data2 = {
  "mango": [420, 380, 390],
  "apple": [50, 40, 45],
  "pear": [1, 2, 3],
  "banana": [23, 45, 56]
}
df = pd.DataFrame(data2)
print(df[["apple","banana"]])

   apple  banana
0     50      23
1     40      45
2     45      56
```

图 3-16

图 3-17

33

3.3.3 Pandas 处理 CSV 文件

CSV（Comma-Separated Values，逗号分隔值，有时也被称为字符分隔值，因为分隔字符也可以不是逗号）是一种文件格式，其文件以纯文本形式存储表格数据（数字和文本）。CSV文件格式比较通用，相对简单，应用广泛。Pandas 可以很方便地处理 CSV 文件。

Pandas 读取 CSV 文件是通过 read_csv 这个函数来操作的，读取 CSV 文件时指定的分隔符为逗号，如图 3-18 所示。注意，"CSV 文件的分隔符"和"我们读取 CSV 文件时指定的分隔符"一定要一致。Pandas 的 head(n) 方法用于读取前面的 n 行，如果不填参数 n，则默认返回 5 行。tail(n) 方法用于读取尾部的 n 行，如果不填参数 n，则默认返回 5 行。

Pandas 的 info() 方法返回表格的一些基本信息，如图 3-19 所示。在输出结果中，non-null 为非空数据，从图 3-19 中可以看到，总共 458 行数据，College 字段的空值最多。

```
import pandas as pd
df = pd.read_csv('nba.csv',sep=',')
print(df.head())
print(df.tail())

            Name          Team  Number Position   Age Height  Weight  \
0  Avery Bradley  Boston Celtics     0.0       PG  25.0    6-2   180.0
1    Jae Crowder  Boston Celtics    99.0       SF  25.0    6-6   235.0
2   John Holland  Boston Celtics    30.0       SG  27.0    6-5   205.0
3    R.J. Hunter  Boston Celtics    28.0       SG  22.0    6-5   185.0
4  Jonas Jerebko  Boston Celtics     8.0       PF  29.0   6-10   231.0

              College     Salary
0               Texas  7730337.0
1          Marquette  6796117.0
2  Boston University        NaN
3      Georgia State  1148640.0
4                NaN  5000000.0
             Name        Team  Number Position   Age Height  Weight College  \
453  Shelvin Mack   Utah Jazz     8.0       PG  26.0    6-3   203.0  Butler
454     Raul Neto   Utah Jazz    25.0       PG  24.0    6-1   179.0     NaN
455  Tibor Pleiss   Utah Jazz    21.0        C  26.0    7-3   256.0     NaN
456   Jeff Withey   Utah Jazz    24.0        C  26.0    7-0   231.0  Kansas
457          NaN         NaN     NaN      NaN   NaN    NaN     NaN     NaN

        Salary
453  2433333.0
454   900000.0
455  2900000.0
456   947276.0
457        NaN
```

图 3-18

```
import pandas as pd
df = pd.read_csv('nba.csv')
print(df.info())

<class 'pandas.core.frame.DataFrame'>
RangeIndex: 458 entries, 0 to 457
Data columns (total 9 columns):
 #   Column    Non-Null Count  Dtype
---  ------    --------------  -----
 0   Name      457 non-null    object
 1   Team      457 non-null    object
 2   Number    457 non-null    float64
 3   Position  457 non-null    object
 4   Age       457 non-null    float64
 5   Height    457 non-null    object
 6   Weight    457 non-null    float64
 7   College   373 non-null    object
 8   Salary    446 non-null    float64
dtypes: float64(4), object(5)
memory usage: 32.3+ KB
None
```

图 3-19

也可以使用 to_csv() 方法将 DataFrame 存储为 CSV 文件，如图 3-20 所示。

```
import pandas as pd
# 三个字段 name, site, age
nme = ["Google", "Runoob", "Taobao", "Wiki"]
st = ["www.google.com", "www.runoob.com", "www.taobao.com", "www.wikipedia.org"]
ag = [90, 40, 80, 98]
# 字典
dict = {'name': nme, 'site': st, 'age': ag}
df = pd.DataFrame(dict)
# 保存 dataframe
df.to_csv('site.csv')
df2 = pd.read_csv('site.csv')
print(df2)

   Unnamed: 0    name               site  age
0           0  Google     www.google.com   90
1           1  Runoob     www.runoob.com   40
2           2  Taobao     www.taobao.com   80
3           3    Wiki  www.wikipedia.org   98
```

图 3-20

Pandas 的 to_string() 函数用于返回 DataFrame 类型的数据，如果不使用该函数，直接使用 print(df)，输出结果为数据的前面 5 行和末尾 5 行，中间部分以…代替。

3.3.4 Pandas 数据清洗

数据清洗是指对一些没有用的数据进行处理的过程。很多数据集存在数据缺失、数据格式错误、数据错误或数据重复的情况，要使数据分析更加准确，就需要对这些没有用的数据进行处理。

这里使用到的测试数据 clean-data.csv 如图 3-21 所示。这个表中包含四种空数据：n/a、NA、--、na。

我们可以通过 isnull() 判断各个单元格是否为空，如图 3-22 所示。在这个例子中我们需要指定空数据类型，把 n/a、NA、--、na 都指定为空数据。

	A	B	C	D	E	F	G
PID		ST_NUM	ST_NAME	OWN_OCC	NUM_BEDI	NUM_BATI	SQ_FT
1E+08		104	PUTNAM	Y	3	1	1000
1E+08		197	LEXINGTO	N	3	1.5	--
1E+08			LEXINGTO	N	n/a	1	850
1E+08		201	BERKELEY	12		1	NaN	700
		203	BERKELEY	Y	3	2	1600
1E+08		207	BERKELEY	Y	NA	1	800
1E+08	NA		WASHINGTON		2	HURLEY	950
1E+08		213	TREMONT	Y	1	1	
1E+08		215	TREMONT	Y	na	2	1800

图 3-21

```
import pandas as pd
missing_values = ["n/a", "na", "—"]
df = pd.read_csv('clean-data.csv', na_values = missing_values)
print (df['NUM_BEDROOMS'])
print (df['NUM_BEDROOMS'].isnull())

0    3.0
1    3.0
2    NaN
3    1.0
4    3.0
5    NaN
6    2.0
7    1.0
8    NaN
Name: NUM_BEDROOMS, dtype: float64
0    False
1    False
2     True
3    False
4    False
5     True
6    False
7    False
8     True
Name: NUM_BEDROOMS, dtype: bool
```

图 3-22

使用 dropna() 方法可以删除包含空数据的行。默认情况下，dropna() 方法返回一个新的 DataFrame，不会修改源数据（如果需要修改源数据 DataFrame，可以使用 inplace=True 参数）。使用 fillna() 方法来替换一些空字段，也可以指定某一个列来替换数据，如图 3-23 所示。

```
import pandas as pd
df = pd.read_csv('clean-data.csv')
new_df = df.dropna()
print(new_df.to_string())
new_df2=df.fillna('unknown')
print(new_df2.to_string())
new_df3=df['PID'].fillna('unknown')
print(new_df3.to_string())
          PID     ST_NUM     ST_NAME OWN_OCCUPIED NUM_BEDROOMS NUM_BATH  SQ_FT
0  100001000.0    104.0      PUTNAM          Y            3          1   1000
1  100002000.0    197.0    LEXINGTON        N            3        1.5      —
8  100009000.0    215.0     TREMONT          Y                     2   1800
          PID     ST_NUM     ST_NAME OWN_OCCUPIED NUM_BEDROOMS NUM_BATH     SQ_FT
0  1.00001e+08    104       PUTNAM          Y            3          1      1000
1  1.00002e+08    197     LEXINGTON        N            3        1.5         —
2  1.00003e+08  unknown   LEXINGTON        N      unknown          1       850
3  1.00004e+08    201     BERKELEY        12                       1   unknown    700
4     unknown     203     BERKELEY        Y            3          2      1600
5  1.00006e+08    207     BERKELEY        Y      unknown          1       800
6  1.00007e+08  unknown  WASHINGTON   unknown            2     HURLEY       950
7  1.00008e+08    213      TREMONT          Y            1          1   unknown
8  1.00009e+08    215      TREMONT          Y           na          2      1800
0  1.00001e+08
1  1.00002e+08
2  1.00003e+08
3  1.00004e+08
4     unknown
5  1.00006e+08
6  1.00007e+08
7  1.00008e+08
8  1.00009e+08
```

图 3-23

替换空单元格的常用方法是计算列的均值（所有值加起来的平均值）、中位数值（排序后排在中间的数）或众数（出现频率最高的数）。Pandas 分别使用 mean()、median() 和 mode() 方法计算列的均值、中位数值和众数。如图 3-24 所示，使用 mean() 方法计算列的均值并替换空单元格。

```
import pandas as pd
df = pd.read_csv('clean-data.csv')
x = df["ST_NUM"].mean()
df["ST_NUM"].fillna(x, inplace=True)
print(df.to_string())
```

	PID	ST_NUM	ST_NAME	OWN_OCCUPIED	NUM_BEDROOMS	NUM_BATH	SQ_FT
0	100001000.0	104.000000	PUTNAM	Y	3	1	1000
1	100002000.0	197.000000	LEXINGTON	N	3	1.5	—
2	100003000.0	191.428571	LEXINGTON	N	NaN	1	850
3	100004000.0	201.000000	BERKELEY	12	1	NaN	700
4	NaN	203.000000	BERKELEY	Y	3	2	1600
5	100006000.0	207.000000	BERKELEY	Y	NaN	1	800
6	100007000.0	191.428571	WASHINGTON	NaN	2	HURLEY	950
7	100008000.0	213.000000	TREMONT	Y	1	1	NaN
8	100009000.0	215.000000	TREMONT	Y	na	2	1800

图 3-24

数据格式错误的单元格会使数据分析变得困难，比如日期格式错误，我们可以将列中的所有单元格转换为相同格式的数据；数据错误也是很常见的情况，比如年龄超过 100 岁，我们可以对错误的数据进行替换或移除。如图 3-25 所示。

如果我们要清洗重复数据，可以使用 duplicated() 和 drop_duplicates() 方法。如果对应的数据是重复的，duplicated() 会返回 True，否则返回 False。删除重复数据，可以直接使用 drop_duplicates() 方法，如图 3-26 所示。

```
import pandas as pd
# 第三个日期格式错误
data = {
  "Date": ['2020/12/01', '2020/12/02', '20201226'],
  "duration": [50, 40, 45]
}
person = {
  "name": ['Google', 'Runoob', 'Taobao'],
  "age": [50, 200, 12345]
}
df1 = pd.DataFrame(data, index = ["day1", "day2", "day3"])
df1['Date'] = pd.to_datetime(df['Date'])
print(df.to_string())
df2 = pd.DataFrame(person)
for x in df2.index:
  if df2.loc[x, "age"] > 100:
    df2.loc[x, "age"] = 100
print(df2.to_string())

        Date   duration
day1  2020-12-01      50
day2  2020-12-02      40
day3  2020-12-26      45
     name   age
0  Google   50
1  Runoob   100
2  Taobao   100
```

图 3-25

```
import pandas as pd
persons = {
  "name": ['Google', 'Runoob', 'Runoob', 'Taobao'],
  "age": [50, 40, 40, 23]
}
df = pd.DataFrame(persons)
df.drop_duplicates(inplace = True)
print(df)

     name   age
0  Google   50
1  Runoob   40
3  Taobao   23
```

图 3-26

3.4 数据可视化库——Matplotlib

Matplotlib 是使用 Python 开发的一个绘图库，是 Python 编程界进行数据可视化的首选库。

它提供了绘制图形的各种工具，支持的图形既包括简单的散点图、曲线图和直方图，也包括复杂的三维图形等，基本上做到了"只有你想不到，没有它做不到"的地步。

从最简单的图形开始，绘制一条正弦曲线，如图 3-27 所示。最开始时，引入相关模块并重命名为 np 和 plt，其中 np 是用来生成图形的数据，plt 就是绘图模块。然后，使用 np.linspace 生成一个包含 50 个元素的数组作为 x 轴数据，这些元素均匀地分布在 $[0, 2\pi]$ 区间上。接着，使用 np.sin 生成与 x 对应的 y 轴数据。再接着，使用 plt.plot(x, y) 画一个折线图形，并把 x 和 y 绘制到图形上。最后，调用 plt.show() 把绘制好的图形显示出来。

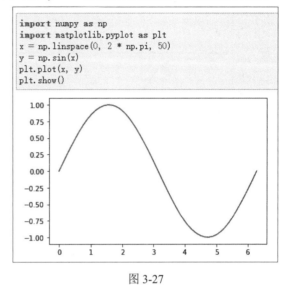

```python
import numpy as np
import matplotlib.pyplot as plt
x = np.linspace(0, 2 * np.pi, 50)
y = np.sin(x)
plt.plot(x, y)
plt.show()
```

图 3-27

注意

使用 plot() 方法时传入了两组数据：x 和 y，分别对应 x 轴和 y 轴。如果仅仅传入一组数据的话，那么该数据就是 y 轴数据，x 轴将会使用数组索引作为数据。

从绘制的图中可以看到图形包含有 x 轴刻度、y 轴刻度和曲线本身。

我们换一种更容易的方式来画图，如图 3-28 所示。对比图 3-27 可以看出，与之前的编码相比，这里多了两行代码，而且使用 ax 代替 plot 来绘制图形。其中，fig = plt.figure() 表示显式创建了一个图表对象 fig，刚创建的图表此时还是空的，什么内容都没有。接着，使用 ax = fig.add_subplot(1, 1, 1) 往图表中新增了一个图形对象，返回值 ax 为该图形的坐标系。add_subplot() 的参数指明了图形数量和图形位置。(1, 1, 1) 对应于 (R, C, P) 三个参数，R 表示行，C 表示列，P 表示位置，因此，(1, 1, 1) 表示在图表中总共有 1×1 个图形，当前新增的图形添加到位置 1。如果改为 fig.add_subplot(1, 2, 1)，则表示图表拥有 1 行 2 列，总共有 2 个图形。

如图 3-29 所示，使用 plt.title() 函数为图表添加标题，使用 plt.xlable() 和 plt.ylabel() 函数分别为 x 轴和 y 轴添加标签。pyplot 并不默认支持中文显示，需要 rcParams 修改字体实现，但由于更改字体会导致显示不出负号（−），因此需要将配置文件中的 axes.unicode_minus 参数设置为 False。

在绘制饼图时，只需给出每个事件所占的时间，Maxplotlib 会自动计算各事件所占的百分比，如图 3-30 所示。

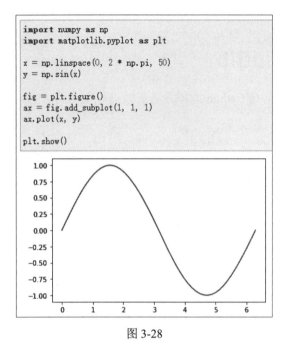

图 3-28

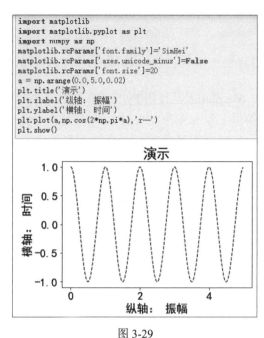

图 3-29

使用 plt.scatter() 函数可以绘制散点图。如图 3-31 所示，使用 NumPy 的 random 方法随机生成 1024 个 0~1 的随机数。

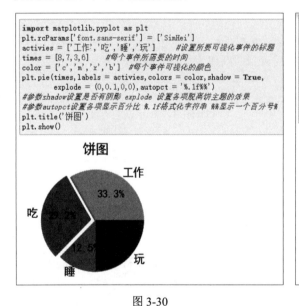

图 3-30

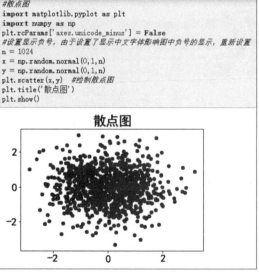

图 3-31

使用 plt.bar() 函数可以绘制柱形图，如图 3-32 所示。

```
import matplotlib.pyplot as plt
import random
plt.rcParams['font.sans-serif'] = ['KaiTi']  # 用来正常显示中文标签
plt.rcParams['axes.unicode_minus'] = False  # 用来正常显示负号
plt.figure()
month_days = 5
x = [i + 1 for i in range(1, month_days + 1)]
y = [random.randrange(20, 41) for i in range(1, month_days + 1)]
plt.bar(x, y, label="金额", color=["r", "y", "b", "g", "c"])
plt.xlabel("一周(天)")
plt.ylabel("消费金额(元)")
plt.legend()
plt.xticks(x, ["星期{0}".format(i + 1) for i in range(0, month_days + 1)])
plt.show()
```

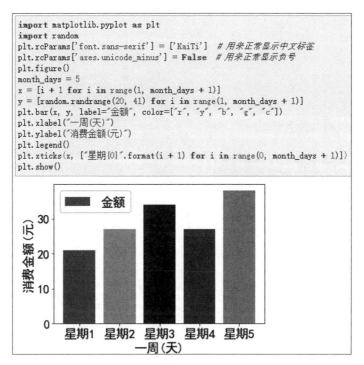

图 3-32

Matplotlib 是 Python 中最受欢迎的数据可视化软件包之一,支持跨平台运行,它是 Python 常用的 2D 绘图库,同时也提供一部分 3D 绘图接口。Matplotlib 通常与 NumPy、Pandas 一起使用,是数据分析中不可或缺的重要工具之一。

第4章
深度学习基础

深度学习的框架是神经网络模型，它研究的是多层隐藏层的深度神经网络。神经网络的重要特性是它能够从环境中进行学习。神经网络的学习是一个过程：在其所处环境的激励下，相继给网络输入一些样本模式，并按照一定的规则（学习算法）调整网络各层的权值矩阵，待网络各层权值都收敛到一定值后，学习过程结束。卷积神经网络（Convolutional Neural Networks，CNN）是深度学习的代表，解决了传统神经网络的不足，卷积神经网络的使用让计算机在图像识别领域取得了飞跃式的发展。

4.1 神经网络原理阐述

本节主要简述神经网络的工作原理。

4.1.1 神经元和感知器

人工神经网络也简称为神经网络，是一种模仿生物神经网络（动物的中枢神经系统，特别是大脑）的结构和功能的数学模型或计算模型。

神经元是构成神经网络的基本单元，其主要是模拟生物神经元的结构和特性，接收一组输入信号并产生输出。1943年，美国神经解剖学家Warren McCulloch和数学家Walter Pitts将神经元描述为一个具备二进制输出的逻辑门：传入神经元的冲动经整合后使细胞膜电位提高，超过动作电位的阈值（threshold）时即为兴奋状态，产生神经冲动，由轴突经神经末梢传出；传入神经元的冲动经整合后使细胞膜电位降低，低于阈值时即为抑制状态，不产生神经冲动。

我们来看一个神经元是如何工作的。神经元接收电信号，然后输出另一种电信号。如果输入电信号的强度不够大，那么神经元就不会做出任何反应；如果电信号的强度大于某个界限，那么神经元就会做出反应，向其他神经元传递电信号。想象我们把手指深入水中，如果水的温度不高，就不会感到疼痛；如果水的温度不断升高，当温度超过某个度数时，我们会神经反射般地把手指抽出来，然后才感觉到疼痛，这就是输入神经元的电信号强度超过预定阈值后，神经元做出反应的结果。

哲学告诉我们，世界上的万物都是相互联系的。生物学的神经元启发我们构造了最简单原始的"人造神经元"。人工神经网络的第一个里程碑就是感知器，感知器其实是对神经元最基本概念的模拟。纯粹从数学的角度上来看，感知器其实可以理解为一个黑盒函数，接收若干个输入，产生一个输出的结果，这个结果就代表了感知器所做出的决策！

如图 4-1 所示，圆圈表示一个感知器，它可以接收多个输入，产出一个结果，结果只有两种情况，"是"与"否"。

举一个简单的例子，假设我们需要判断小张同学是否接受一份工作，主要考虑以下三个因素：工作的环境、工作的内容、工作的薪酬。那么对于一份工作我们只需要将这三个因素量化出来，输入到感知器中，然后

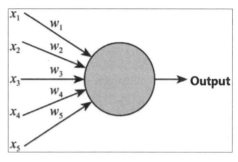

图 4-1

就能得到感知器给我们的决策结果。而感知器内部决策的原理，其实就是给不同的因素赋予不同的权重，因为对小张来说不同的因素的重要性自然是不相同的；然后设置一个阈值，如果加权计算之后的结果大于等于这个阈值，就说明可以判断为接受，否则就是不接受！所以感知器本质上就是一个通过加权计算函数进行决策的工具！

单层感知器是一个只有一层的神经元。感知器有多个二进制输入 x_1、x_2、$\cdots$、x_n，每个输入有对应的权值（或权重）w_1、w_2、$\cdots$、w_n，将每个输入值乘以对应的权值再求和（$\sum x_j w_j$），然后与一个阈值比较，大于阈值则输出 1，小于阈值则输出 0。写成公式，如图 4-2 所示。

如果把公式写成矩阵形式，再用 b 来表示负数的阈值（即 $b= -threshold$），根据上面这个公式，我们可以进一步简化，如图 4-3 所示。

$$\text{output} = \begin{cases} 0 & \text{if } \sum_j w_j x_j \leq \text{threshold} \\ 1 & \text{if } \sum_j w_j x_j > \text{threshold} \end{cases}$$

$$\text{output} = f(x) = \begin{cases} 0 & \text{if } wx + b \leq 0 \\ 1 & \text{if } wx + b > 0 \end{cases}$$

图 4-2

图 4-3

完整的感知器模型如图 4-4 所示，感知器加权计算之后，再输入到激活函数中进行计算，得到一个输出。类比生物学上的神经元信号从人工神经网络中的上一个神经元传递到下一个神经元的过程，并不是任何强度的信号都可以传递下去，信号必须足够强，才能激发下一个神经元的动作电位，使其产生兴奋，激活函数的作用与之类似。

单层感知器的激活函数为阶跃函数，是以阈值 0（界限值）为界的，若小于等于 0，则输出 0，否则输出 1。它将输入值映射为输出值"0"或"1"，显然"1"对应于神经元兴奋，"0"对应于神经元抑制。

单层感知器具有一定的局限，无法解决线性不可分的问题，所以这个模型只能用于二元分类，且无法学习比较复杂的非线性模型，因此实际应用中的感知器模型往往更加复杂。将多个单层感知器进行组合，得到一个多层感知器。

如图 4-5 所示是一个多层感知器模型（Multi-Layer Perceptron，MLP）的示意图。网络的最左边的层被称为输入层，其中的神经元被称为输入神经元。最右边的输出层包含输出神经

元，在图 4-5 中，只有一个单一的输出神经元，但一般情况下输出层也会有多个输出神经元。中间层被称为隐藏层，因为里面的神经元既不是输入也不是输出。隐藏层是整个神经网络最为重要的部分，它可以是一层，也可以是 N 层，隐藏层的每个神经元都会对数据进行处理。

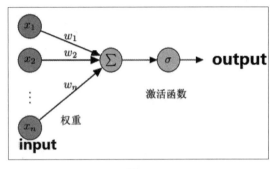
图 4-4

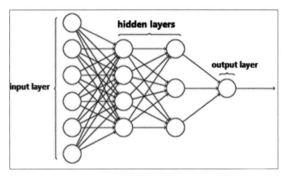
图 4-5

MLP 并没有规定隐藏层的数量，因此可以根据自己的需求选择合适的隐藏层层数。MLP 对输出层神经元的个数也没有限制。我们通常把具有超过一个隐藏层的神经网络叫作深度神经网络。

总结感知器主要有以下三点：

（1）加入了隐藏层，隐藏层可以有多层，增强模型的表达能力。当然，隐藏层的层数越多，其复杂度也越大。

（2）输出层的输出神经元可以不止一个，这样模型可以灵活地应用于分类回归。

（3）每个感知器都对输出结果有一定比重的贡献，单个感知器权重或偏移的变化应该对输出结果产生微小影响，这里需要使用非线性的激活函数。如果不使用非线性激活函数，那即使是多层神经网络，也无法解决线性不可分的问题（当激活函数是线性时，多层神经网络相当于单层神经网络）。

多层神经网络中一般使用的非线性激活函数有 sigmoid、softmax 和 ReLU 等，这些非线性激活函数给感知器引入了非线性因素，使得神经网络可以任意逼近任何非线性函数，这样神经网络就可以应用到众多的非线性模型中。通过使用不同的激活函数，神经网络的表达能力进一步增强。想象一下，足够多的神经元，足够多的层级，恰到好处的模型参数，神经网络威力暴增。

4.1.2 激活函数

所谓激活函数，就是在神经网络的神经元上运行的函数，负责将神经元的输入映射到输出端。例如最简单的激活函数，如图 4-6 所示。

图 4-6 所示的是单位阶跃函数，以 0 为界，输出从 0 切换为 1（或从 1 切换 0），其值呈阶梯式变化，所以称之为阶跃函数。当输入大于 0 的时候就继续向下一层传递，否则就不传递。这个函数很好地表现了"激活"的意思，但是这个函数是由两段水平线组成，具有不连续、不光滑等不太好的性质，所以它无法用于神经网络的结构。因为如果使用它作激活函数的话，

参数的微小变化所引起的输出的变化就会直接被阶跃函数抹杀掉，在输出端完全体现不出来，无法为权重的学习提供指引，这是不利于训练过程的参数更新的。

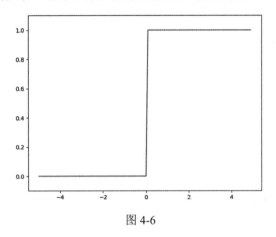

图 4-6

在神经网络中较常用的激活函数包括 sigmoid、tanh、ReLu 以及 softmax 函数，这些函数有一个共同的特点，就是它们都是非线性的函数。那么我们为什么要在神经网络中引入非线性的激活函数呢？

从感知器的结构来看，如果不用激活函数，每一层输出都是上层输入的线性函数，无论神经网络有多少层，输出都是输入的线性组合，无法直接进行非线性分类，那么整个网络就只剩下线性运算，线性运算的复合还是线性运算，最终的效果只相当于单层的线性模型。

所以，我们要加入一种方式来完成非线性分类，这个方法就是激活函数。激活函数给神经元引入了非线性因素，它应用在隐藏层的每一个神经元上，使得神经网络能够用于表示非线性函数，这样神经网络就可以应用到众多的非线性模型中。

举个常用的非线性的激活函数的例子——sigmoid 函数，其公式如图 4-7 所示。

$$\text{sigmoid}(x) = \sigma(x) = \frac{1}{1 + e^{-z}}$$

图 4-7

这个函数的特点就是左端趋近于 0，右端趋近于 1，两端都趋于饱和，函数的图像如图 4-8 所示。

sigmoid 函数是传统神经网络中最常用的激活函数之一，从数学上来看，sigmoid 函数对中央区的信号增益较大，对两侧区的信号增益较小，在信号的特征空间映射上有很好的效果。

相对于阶跃函数只能返回 0 或 1，sigmoid 函数可以返回 0.731…、0.880…等实数。也就是说，感知器中神经元之间流动的是 0 或 1 的二元信号，而神经网络中流动的是连续的实数值信号。阶跃函数和 sigmoid 函数虽然在平滑性上有差异，但是如果从宏观视角上看，可以发现它们具有相似的形状。实际上，两者的结构均是"输入小时，输出接近 0（为 0）；随着输入增大，输出向 1 靠近（变成 1）"。也就是说，当输入信号为重要信息时，阶跃函数和 sigmoid 函数都会输出较大的值；当输入信号为不重要的信息时，两者都输出较小的值。还有一个共同点是，不管输入信号有多小或者有多大，输出信号的值的范围都为 0~1。

还有 ReLU 函数，也是一种很常用的激活函数，它的形式更加简单，当输入小于 0 时，输出为 0；当输入大于 0 时，输出与输入相等。其图像如图 4-9 所示。

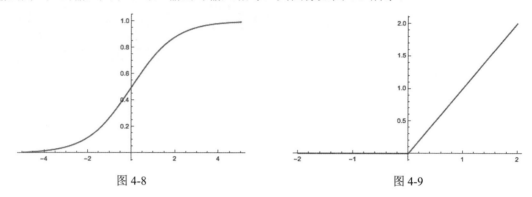

图 4-8   图 4-9

ReLU 函数其实是分段线性函数，把所有的负值都变为 0，而正值不变。相比于其他激活函数来说，ReLU 函数有以下优势：对于线性函数而言，ReLU 函数的表达能力更强，尤其体现在深度网络中；而对于非线性函数而言，ReLU 函数由于其非负区间的梯度为常数，因此不存在梯度消失问题，使得模型的收敛速度维持在一个稳定状态。这里稍微描述一下什么是梯度消失问题：当梯度小于 1 时，预测值与真实值之间的误差每传播一层会衰减一次。如果在深层模型中使用 sigmoid 作为激活函数，这种梯度消失现象尤为明显，将导致模型收敛停滞不前。如今，几乎所有深度学习模型现在都使用 ReLU 函数，但它的局限性在于它只能在神经网络模型的隐藏层中使用。

最后的输出层一般会有特定的激活函数，不能随意改变。比如多分类，我们应该使用 softmax 函数来处理分类问题从而计算类的概率。它与 sigmoid 函数类似，唯一的区别是在 softmax 函数中，输出被归一化，总和变为 1。如果我们遇到的是二进制输出问题，就可以使用 sigmoid 函数；而如果我们遇到的是多分类问题，使用 softmax 函数可以轻松地为每个类型分配值，并且可以很容易地将这个值转化为概率。所以 softmax 层一般作为神经网络最后一层，作为输出层进行多分类，softmax 输出的每个值都 ≥ 0，并且其总和为 1，所以可以认为其为概率分布。举例来说，我们有一个向量 [3,1,–3]，将这组向量传入 softmax 层进行前向传播，我们会得到约等于 [0.88,0.12,0] 这样的新向量。注意，这里各分量的和为 1，这是公式决定的。这样，这个新向量就可以表示取到各个值的概率了。

4.1.3 损失函数

损失函数（Loss Function）用来度量真实值和预测值之间的差距，在统计学中损失函数是一种衡量损失和错误（这种损失与"错误地"估计有关）程度的函数。

神经网络模型的训练是指通过输入大量训练数据，使得神经网络中的各参数（如权重系数 w）不断调整，从而"学习"到一个合适的值，使得损失函数最小。

在处理分类问题的神经网络模型中，很多都使用交叉熵（Cross Entropy）作为损失函数。交叉熵出自信息论中的一个概念，原来的含义是用来估算平均编码长度。在人工智能学习领域，交叉熵用来评估分类模型的效果，比如图像识别分类器。交叉熵在神经网络中作为损失函数，p 为真实标记分布，q 则为训练后模型的预测标记分布，交叉熵损失函数可以衡量 p 与 q 的相似性。

我们希望模型在训练数据上学到的预测数据分布与真实数据分布越相近越好，为了简便计算，损失函数使用交叉熵就可以了。交叉熵在分类问题中常常与 softmax 函数搭配使用，softmax 函数将输出的结果进行处理，使其多个分类的预测值的和为 1，再通过交叉熵来计算损失。

4.1.4 梯度下降和学习率

神经网络的目的就是通过训练使近似分布逼近真实分布。那么应该如何训练，采用什么方式一点点地调整参数，找出损失函数的极小值（最小值）？

我们最容易想到的调整参数（权重）的方法是穷举，即取遍参数的所有可能取值，比较在不同取值情况下得到的损失函数的值，即可得到使损失函数取值最小时的参数值。然而这种方法显然是不可取的。因为在深度神经网络中，参数的数量是一个可怕的数字，动辄上万、十几万。并且，参数取值有时是十分灵活的，甚至会精确到小数点后若干位。若使用穷举法，将会造就一个几乎不可能实现的计算量。

因此我们使用梯度下降法。梯度下降法是一种求函数最小值的方法。梯度衡量的是，如果我们稍微改变一下输入值，函数的输出值会发生多大的变化。

既然无法直接获得该最小值，那么我们就要想办法一步一步逼近该最小值。一个常见的比喻是，下山时一步一步朝着坡度最陡的方向往下走，即可到达山谷最底部，如图 4-10 所示。假设这样一个场景：一个人被困在山上，需要从山上下来（找到山的最低点，也就是山谷），但此时山上的雾很大，导致能见度很低，因此，下山的路径就无法确定，必须利用自己周围的信息一步一步地找到下山的路。这个时候，便可利用梯度下降算法来帮助自己下山。怎么做呢？首先以当前所处的位置为基准，寻找这个位置最陡峭的地方，然后朝着下降方向走一步，然后又继续以当前位置为基准，再找最陡峭的地方往下走，直到最后到达最低处。

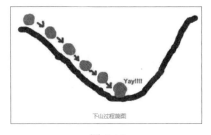

图 4-10

在梯度下降中的步长大小称为学习率。在下降过程中步长越大，梯度影响越大。我们可以通过步长来控制每一步走的距离，其实就是不要走太快，错过了最低点，同时也要保证不要走得太慢，导致太阳下山了还没有走到山谷。所以学习率的选择在梯度下降法中非常重要，不能太大也不能太小，太小的话，可能导致迟迟走不到最低点；太大的话，可能导致错过最低点。

学习率是深度学习中的一个重要的超参数，决定着目标函数能否收敛到局部最小值以及何时收敛到最小值。超参数是在开始学习过程之前设置值的参数，而不是通过训练得到的参数数据。学习率越低，损失函数的变化速度就越慢。虽然使用低学习率可以确保我们不会错过任何局部极小值，但也意味着我们将花费更长的时间来进行收敛。学习率的设置建议通过尝试不同的固定学习率，观察迭代次数和损失率的变化关系，找到损失下降最快所对应的学习率。

常见的梯度下降算法 SGD（Stochastic Gradient Descent，随机梯度下降算法）已经成为深度神经网络最常用的训练算法之一，还有些优化的方法如 Adam 算法（自适应时刻估计算法），它们会根据训练算法的过程而自适应地修正学习率。SGD 和 Adam 也被称为优化器（Optimizer）算法。因为神经网络越复杂，数据越多，在训练神经网络的过程上花费的时间也就越多，优化器算法的作用是为了让神经网络聪明起来、快起来。

4.1.5 过拟合和 Dropout

随着迭代次数的增加，我们可以发现测试数据的损失值（Loss Score）和训练数据的损失值存在着巨大的差距，如图 4-11 所示。随着迭代次数增加，训练损失（Train Loss）越来越好，但测试损失（Test Loss）的结果确越来越差，训练损失和测试损失的差距越来越大，模型开始过拟合（Overfit）。而过拟合会导致模型在训练集上的表现很好，但针对验证集或测试集，表现则大打折扣。

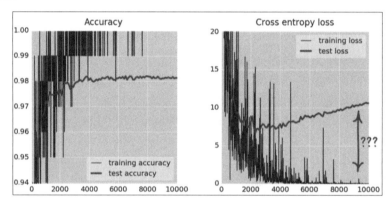

图 4-11

Dropout 是指在深度学习网络的训练过程中，按照一定的概率将一部分神经网络单元暂时从网络中丢弃，相当于从原始的网络中找到一个更"瘦"的网络，从而解决过拟合的问题，如图 4-12 所示。

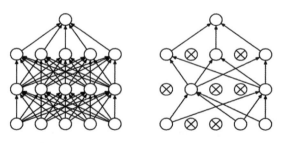

图 4-12

做个类比，无性繁殖可以保留大段的优秀基因，而有性繁殖则将基因随机拆解，破坏了大段基因的联合适应性，但是自然选择中选择了有性繁殖，物竞天择，适者生存，可见有性繁殖的强大。Dropout 也能达到同样的效果，它强迫一个神经单元和随机挑选出来的其他神经元共同工作，减弱了神经元节点间的联合适应性，增强了泛化能力。

如果一个公司的员工每天早上都是扔硬币决定今天去不去上班，那么这个公司会运作良好吗？这并非没有可能，这意味着任何重要的工作都会有替代者，不会只依赖于某一个人。同样地员工也会学会和公司内各种不同的人合作，而不是每天都面对固定的人，每个员工的能力也会得到提升。这个想法虽然不见得适用于企业管理，但却绝对适用于神经网络。在进行 Dropout 后，一个神经元不得不与随机挑选出来的其他神经元共同工作，而不是原先固定的周边神经元。这样经过几轮训练，这些神经元的个体表现力大大增强，同时也减弱了神经元节点间的联合适应性，增强了泛化能力。我们通常是在训练神经网络的时候使用 Dropout，这样会降低神经网络的拟合能力，而在预测的时候关闭 Dropout。这就好像中国传统武术里，一个人在练轻功的时候会在脚上绑着很多重物，但是在真正和别人打斗的时候会把重物全拿走。

4.1.6 神经网络反向传播法

神经网络可以理解为一个输入 x 到输出 y 的映射函数，即 f(x)=y，其中这个映射 f 就是我们所要训练的网络参数 w。我们只要训练出来了参数 w，那么对于任何输入 x，就能得到一个与之对应的输出 y。只要 f 不同，那么同一个 x 就会产生不同的 y，我们当然想要获得最符合真实数据的 y，由此就要训练出一个最符合真实数据的映射 f。训练最符合真实数据 f 的过程，就是神经网络的训练过程。神经网络的训练可以分为两个步骤：一个是前向传播，另外一个是反向传播。

神经网络前向传播是从输入层到输出层：从输入层（Layer1）开始，经过一层层的层，不断计算每一层的神经网络得到的结果以及通过激活函数处理的本层输出结果，最后得到输出 y^，计算出了 y^，就可以根据它和真实值 y 的差别来计算损失值。

反向传播就是根据损失函数 L(y^,y) 来反方向地计算每一层，由最后一层逐层向前去改变每一层的权重，也就是更新参数，即得到损失值之后，反过去调整每个变量以及每层的权重。

反向传播法，通常缩写为 BackProp，是一种监督式学习方法，即通过标记的训练数据来学习（有监督者来引导学习）。简单来说，BackProp 就是从错误中学习，监督者在人工神经网络犯错误时进行纠正。以猜数字为例，B 手中有一张数字牌让 A 猜，首先 A 将随意给出一个数字，B 反馈给 A 是大了还是小了，然后 A 经过修改，再次给出一个数字，B 再反馈给 A 是否正确以及大小关系，经过数次猜测和反馈，最后得到正确答案（当然，在实际中不可能存在百分之百的正确，只能是最大可能正确）。

因此反向传播，就是对比预测值和真实值，继而返回去修改网络参数的过程。一开始我们随机初始化卷积核的参数，然后以误差为指导通过反向传播算法，自适应地调整卷积核的值，从而最小化模型预测值和真实值之间的误差。

一个人工神经网络包含多层的节点：输入层、中间隐藏层和输出层。相邻层节点的连接都配有权重。学习的目的是为这些连接分配正确的权重。通过输入向量，这些权重可以决定输出向量。在监督式学习中，训练集是已标注的，这意味着对于一些给定的输入，我们知道期望的输出。

对于反向传播算法，最初所有的边权重（Edge Weight）都是随机分配的。对于所有训练数据集中的输入，人工神经网络都被激活，并且观察其输出。这些输出会和我们已知的、期望的输出进行比较，误差会"传播"回上一层。该误差会被标注，权重也会被相应地调整。重复该流程，直到输出误差低于制定的标准。

反向传播算法结束后，我们就得到了一个学习过的神经网络，该神经网络被认为可以接收新输入。也可以说该神经网络从一些样本（标注数据）和其错误（误差传播）中得到了学习。

4.1.7 TensorFlow 游乐场带你玩转神经网络

TensorFlow 游乐场是一个通过网页浏览器就可以训练简单的神经网络，并实现可视化训练过程的工具。游乐场地址为 http://playground.tensorflow.org/，如图 4-13 所示，游乐场是一个在线演示、实验的神经网络平台，是一个入门神经网络的非常直观的网站。这个图形化平台非常强大，将神经网络的训练过程直接可视化。

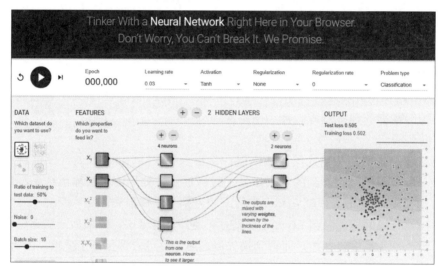

图 4-13

打开游乐场可以看到有很多的默认参数，首先我们来解读一下顶部的一些参数：

- Epoch：训练次数。
- Learning rate：学习率，在梯度下降算法中会用到。学习率是人为根据实际情况来设定的，学习率越低，损失函数的变化速度就越慢。
- Activation：激活函数，默认为非线性函数 Tanh。
- Regularization：正则化，提高泛化能力，防止过拟合。如果参数过多，模型过于复杂，容易造成过拟合。即模型在训练样本数据上表现得很好，但在实际测试样本上表现得较差，不具备良好的泛化能力。为了避免过拟合，最常用的一种方法是使用正则化。
- Regularization rate：正则率，这里是正则化加上权重参数。
- Problem type：问题类型。分类问题是指给定一个新的模式，根据训练集推断它所对应的类别，如 +1、–1，是一种定性输出，也叫离散变量预测；回归问题是指给定一个新的模式，根据训练集推断它所对应的输出值（实数）是多少，是一种定量输出，也叫连续变量预测，这里我们要解决的是一个二分类问题。

游乐场界面从左到右由数据（DATA）、特征（FEATURES）、神经网络的隐藏层（HIDDEN LAYERS）和层中的连接线、输出（OPUPUT）几个部分组成，DATA 提供了四种数据集，我们默认选中第一种，被选中的数据也会显示在最右侧的 OUTPUT 中。如图 4-14 所示，在这个数据中，我们可以看到在二维平面内，点被标记成两种颜色。深色（电脑屏幕显示为蓝色）代表正值，浅色（电脑屏幕显示为黄色）代表负值。这两种颜色表示想要区分的两类，所以是一个二分类问题。还可以调节训练数据和测试数据的比例，并且可以调节数据中的噪声（Noise）比例来模拟真实数据噪声。噪声数据是指数据中存在着错误或异常（偏离期望值）的数据，这些数据对数据的分析造成了干扰。我们还可以调整每批（Batch）输入的数据的多少，调整范围是 1~30，就是说每批进入神经网络数据的点可以有 1~30 个。

FEATURES 层对应的是实体的特征向量，特征向量是神经网络的输入，一般神经网络的第一层是输入层，代表特征向量中每一个特征的取值。如图 4-15 所示，每个点都有 X_1 和 X_2 两个特征，由这两个特征还可以衍生很多其他的特征，如 X_1X_1、X_2X_2、X_1X_2、$\sin(X_1)$、$\sin(X_2)$ 等。从颜色上看，X_1 左边是黄色（颜色参看网站）为负，右边是蓝色（颜色参看网站）为正，X_1 表示此点的横坐标值。同理，X_2 上边是蓝色为正，下边是黄色为负，X_2 表示此点的纵坐标值。X_1X_1 是关于横坐标的"抛物线"信息，X_2X_2 是关于纵坐标的"抛物线"信息，X_1X_2 是"双曲抛物面"的信息，$\sin(X_1)$ 是关于横坐标的"正弦函数"信息，$\sin(X_2)$ 是关于纵坐标的"正弦函数"信息。因此，要学习的分类器就是要结合上述一种或者多种特征，画出一条或者多条线，将原始的黄色和蓝色能够准确地区分开。

HIDDEN LAYERS 即为隐藏层，位于神经网络输入层与输出层之间，如图 4-16 所示。主页面显示的网络有两个隐藏层，第一个隐藏层有 4 个神经元，第二个隐藏层有 2 个神经元。隐藏层之间的连线表示权重，蓝色（颜色参看网站）表示用神经元的原始输出，黄色（颜色参看网站）表示用神经元的负输出。连接线的粗细和深浅表示权重的绝对值大小。鼠标放在线上可以看到具体值，也可以修改值。下一层的神经网络的神经元会对上一层的输出再进行组合。组合时，根据上一次预测的准确性，通过反向传播给每个组合不同的权重，连接线的粗细和深浅会发生变化，连接线越粗颜色越深，表示权重越大。

图 4-14

图 4-15

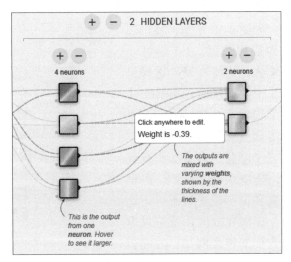

图 4-16

在 TensorFlow 游乐场中可以点击隐藏层的 "+" 或者 "–" 增加隐藏层或者减少隐藏层。同时，我们也可以选择神经网络的层数、学习率、激活函数、正则化。

OUTPUT 对应的是输出层，如图 4-17 所示。中间区域是输出的可视化，平面上或深或浅的颜色表示神经网络模型做出的判断，颜色越深表示神经网络模型对它的判断越有信心。

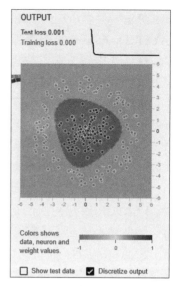

图 4-17

TensorFlow 游乐场所展示的是一个全连接神经网络，同一层的节点不会相互连接，而且每一层只和下一层连接，直到最后一层输出层得到输出结果。

在 TensorFlow 游乐场中，每一个小格子代表神经网络中的一个节点，每一个节点上的颜色代表这个节点的区分平面，区分平面上的一个点的坐标代表一种取值，而点的颜色就对应其输出值，输出值的绝对值越大，颜色也就越深：黄色（颜色参看网站）越深表示负得越大，蓝色（颜色参看网站）越深表示正得越大。

类似地，TensorFlow 游乐场中的每一条边代表了神经网络中的一个参数，它可以是任意实数，颜色越深，表示参数值的绝对值越大：黄色越深表示负得越大，蓝色越深表示正得越大；当边的颜色接近白色时，参数取值接近于 0。

TensorFlow 游乐场简洁明了地展示了使用神经网络解决分类问题的 4 个步骤：

步骤 01 提取问题中实体的特征向量。

步骤 02 定义神经网络的结构，定义如何从神经网络的输入到输出，设置隐藏层数和节点个数（前向传播）、激活函数等。

步骤 03 通过训练数据来调整神经网络中参数的取值，也就是训练神经网络的过程（反向传播），利用反向传播算法不断优化权重的值，使之达到最合理水平。

步骤 04 使用训练好的神经网络来预测未知数据，这里训练好的网络就是其权重达到最优的情况。

如图 4-18 所示，我们选定螺旋形数据，7 个特征全部输入，进行实验。选择只有 3 个隐藏层时，第一个隐藏层设置 8 个神经元，第二个隐藏层设置 4 个神经元，第三个隐藏层设置 2 个神经元。训练大概 2 分钟，测试损失和训练损失就不再下降了。训练完成时，就可以看到我们的神经网络已经完美分离出蓝色点以及黄色点了。

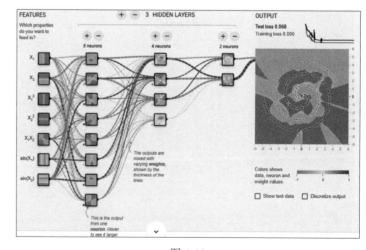

图 4-18

对于神经网络的初学者来说，通过 TensorFlow 游乐场这个可视化神经网络训练平台来认识神经网络是比较直观的。在这个工具平台上，能任意设计多层神经网络。例如，可以通过设计多层、每层多神经元的网络，模拟出过拟合情况；也可以通过调整学习率、激活函数、正则化等神经网络参数，把理论的知识点形象化表现出来。

4.2 卷积神经网络

卷积神经网络（CNN）被广泛用于各个领域，在很多问题上都取得了当前最好的性能。本节主要介绍卷积神经网络的相关知识。

4.2.1 什么是卷积神经网络

大约在 20 世纪 60 年代，科学家提出的感受野（Receptive Field），这是卷积神经网络发展历史中的第一件里程碑事件。当时科学家通过对猫的视觉皮层细胞的研究发现，每一个视觉神经元只会处理一小块区域的视觉图像，即感受野。

深度学习的许多研究成果，离不开对大脑认知原理的研究，尤其是视觉原理的研究。1981 年的诺贝尔医学奖，颁发给了 David Hubel、Torsten Wiesel 以及 Roger Sperry。前两位的主要贡献是"发现了视觉系统的信息处理"，即可视皮层是分级的。

人类的视觉原理如下：从原始信号摄入开始（瞳孔摄入像素 Pixels），接着做初步处理（大脑皮层某些细胞发现边缘和方向），然后抽象（大脑判定眼前的物体的形状是圆形的），然后进一步抽象（大脑进一步判定该物体是只气球）。对于不同的物体，人类视觉也是通过这样逐层分级来进行认知的：最底层特征基本上是类似的，就是各种边缘；越往上，越能提取出此类物体的一些特征（轮子、眼睛、躯干等）；到最上层，不同的高级特征最终组合成相应的图像，从而能够让人类准确地区分不同的物体。

因此我们可以很自然地想到：可不可以模仿人类大脑的这个特点，构造多层的神经网络，较低层的识别初级的图像特征，若干底层特征组成更上一层特征，最终通过多个层级的组合在顶层做出分类呢？答案是肯定的，这也是卷积神经网络的灵感来源。

1980 年前后，日本科学家福岛邦彦（Kunihiko Fukushima）在 Hubel 和 Wiesel 工作的基础上，模拟生物视觉系统并提出了一种层级化的多层人工神经网络，即神经认知（Neurocognitron），以处理手写字符识别和其他模式识别任务。神经认知模型在后来也被认为是现今卷积神经网络的前身。在福岛邦彦的神经认知模型中，两种最重要的组成单元是 S 型细胞（S-cells）和 C 型细胞（C-cells），两类细胞交替堆叠在一起构成了神经认知网络。其中，S 型细胞用于抽取局部特征（Local Feature），C 型细胞则用于抽象和容错，这与现今卷积神经网络中的卷积层（Convolution Layer）和池化层（Pooling Layer）可一一对应。卷积层完成的操作，可以认为是受局部感受野概念的启发，而池化层主要是为了降低数据维度。

卷积神经网络是一种多层神经网络，擅长处理图像尤其是大图像的相关机器学习问题。

卷积神经网络通过一系列方法，成功将数据量庞大的图像识别问题不断降维，最终使其能够被训练。综合起来说，卷积神经网络通过卷积来模拟特征区分，并且通过卷积的权值共享及池化，来降低网络参数的数量级，最后通过传统神经网络完成分类等任务。

4.2.2 卷积神经网络详解

典型的卷积神经网络由卷积层、池化层、全连接层组成。其中卷积层与池化层配合，组成多个卷积组，逐层提取特征，最终通过若干个全连接层完成分类，如图 4-19 所示。

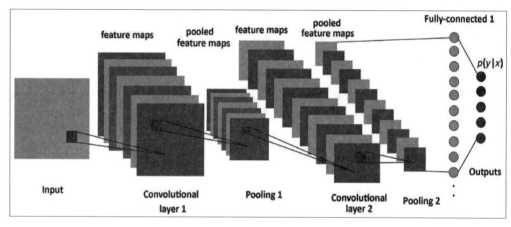

图 4-19

用卷积神经网络识别图片，一般需要如下 4 个步骤：

步骤 **01** 卷积层初步提取特征。

步骤 **02** 池化层提取主要特征。

步骤 **03** 全连接层将各部分特征汇总。

步骤 **04** 产生分类器，进行预测识别。

想要详细了解卷积神经网络，需要先理解什么是卷积和池化。这些概念都来源于计算机视觉领域。

1. 卷积层的作用

卷积层的作用就是提取图片中每个小部分里具有的特征。前面介绍过，卷积就是一种提取图像特征的方式，特征提取依赖于卷积运算，其中运算过程中用到的矩阵被称为卷积核。卷积核的大小一般小于输入图像的大小，因此卷积提取出的特征会更多地关注局部，这很符合日常我们接触到的图像处理。每个神经元没有必要对全局图像进行感知，只需要对局部图像进行感知，然后在更高层将局部的信息综合起来，就得到了全局的信息。

假定我们有一个尺寸为 6×6 的图像，每一个像素点里都存储着图像的信息。我们再定义一个卷积核（相当于权重），用来从图像中提取一定的特征。卷积核与数字矩阵对应位相乘再相加，得到卷积层输出结果，如图 4-20 所示。

$$429 = (18 \times 1 + 54 \times 0 + 51 \times 1 + 55 \times 0 + 121 \times 1 + 75 \times 0 + 35 \times 1 + 24 \times 0 + 204 \times 1)$$

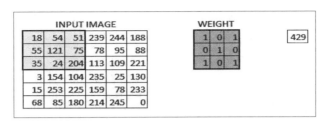

图 4-20

卷积核的取值在没有学习经验的情况下，可由函数随机生成，再逐步训练调整，当所有的像素点都至少被覆盖一次后，就可以产生一个卷积层的输出，如图 4-21 所示。

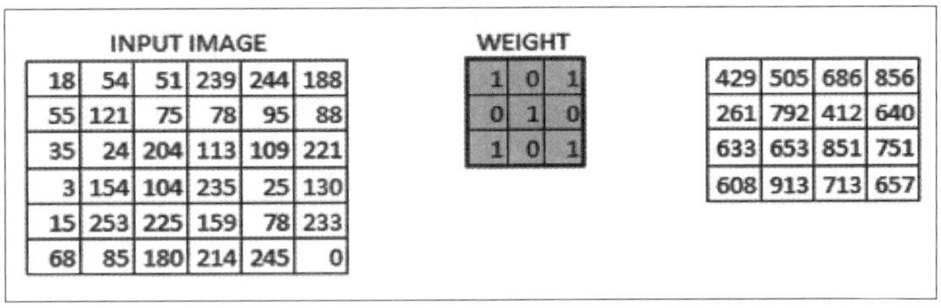

INPUT IMAGE	WEIGHT	output

图 4-21

神经网络模型初始时，并不知道要识别的部分具有哪些特征，而是通过比较不同卷积核的输出，来确定哪一个卷积核最能表现该图片的特征。比如要识别图像中曲线这一特征，卷积核就要对这种曲线有很高的输出值（真实区域数字矩阵与卷积核相乘作用后，输出较大，对其他形状，比如三角形，则输出较低），就说明该卷积核与曲线这一特征的匹配程度高，越能表现该曲线特征。

此时就可以将这个卷积核保存起来用来识别曲线特征，采用同样的方式能找出识别其他部位（特征）的卷积核。在此过程中，卷积层在训练时通过不断地改变所使用的卷积核，来从中选取出与图片特征最匹配的卷积核，进而在图片识别过程中，利用这些卷积核的输出来确定对应的图片特征。

一句话概括卷积层，其实就是使用一个或多个卷积核对输入进行卷积操作。卷积层的作用就是通过不断地改变卷积核，来确定能初步表征图片特征的、有用的卷积核是哪些，再得到与相应的卷积核相乘后的输出矩阵。由于卷积操作会导致图像变小（损失图像边缘），所以为了保证卷积后图像大小与原图一致，常用的一种做法是人为地在卷积操作之前对图像边缘进行填充。

2. 池化层的作用

池化层的目的是减少输入图像的大小，去除次要特征，保留主要特征。卷积层输出的特征作为池化层的输入，由于卷积核数量众多，导致输入的特征维度很大。为了减少需要训练的参数数量和减少过拟合现象（过拟合时模型会过多地去注重细节特征，而不是共性特征，导致识别准确率下降），可以只保留卷积层输出的特征中有用的特征，而消除其中属于噪声的特征，这样既能减少噪声传送，还能降低特征维度。它的目标是对输入（图片、隐藏层、输出矩阵等）进行下采样（Downsampling），来减小输入的维度，并且包含局部区域的特征。

首先，常用的池化方法有最大池化（Max Pooling）、最小池化（Min Pooling）和平均池化（Average Pooling）。其次，是池化的区域大小和步长。最大池化输出的是选择区域内数值的最大值，而平均池化输出的是选择区域内数值的平均值。如图 4-22 所示，最大池化大小为 2×2，步长为 2。这个池化例子，将 4×4 的区域池化成 2×2 的区域，这样使数据的敏感度大大降低，同时也在保留数据信息的基础上降低了数据的计算复杂度。

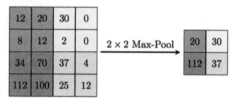

图 4-22

3. 平坦层处理

平坦层（Flatten Layer）是一个非常简单的神经网络层，用来将一个二阶张量（矩阵）或三阶张量展开成一个一阶张量（向量），即用来将输入"压平"，把多维的输入一维化，常用在从卷积层到全连接层的过渡。

4. 全连接层处理

卷积层和池化层的工作就是提取特征，并减少原始图像带来的参数。然而，为了生成最终的输出，我们需要应用全连接层来生成一个分类器。全连接层在整个神经网络模型中相当于"分类器"。全连接层利用这些有用的图像特征进行分类，利用激活函数对汇总的局部特征进行一些非线性变换，得到输出结果。

检测高级特征之后，网络最后的完全连接层就更是锦上添花了。简单地说，这一层处理输入内容后会输出一个 n 维向量，N 是该程序必须选择的分类数量。例如，我们想得到一个数字分类程序，如果有 10 个数字，N 就等于 10。这个 n 维向量中的每一个数字都代表某一特定类别的概率。例如，某一数字分类程序的结果向量是 [0, .1, .1, .75, 0, 0, 0, 0, 0, .05]，则代表该图片有 10% 的概率是 1，10% 的概率是 2，75% 的概率是 3，5% 的概率是 9。完全连接层观察上一层的输出（其表示了更高级特征的激活映射）并确定这些特征与哪一分类最为吻合。例如，程序预测某一图像的内容为狗，那么激活映射中的高数值便会代表一些爪子或四条腿之类的高级特征。同样地，如果程序测定某一图片的内容为鸟，激活映射中的高数值便会代表诸如翅膀或鸟喙之类的高级特征。大体上来说，完全连接层观察高级特征和哪一分类最为吻合和拥有怎样的特定权重，因此当计算出权重与先前层之间的点积后，我们将得到不同分类的正确概率。

4.2.3 卷积神经网络是如何训练的

因为卷积核实际上就是如 3×3、5×5 这样的权值矩阵，网络要学习的，或者说要确定下来的，就是这些权值的数值。卷积神经网络不断地前、后向计算学习，更新出合适的权值，也就是一直在更新卷积核。卷积核更新了，学习到的特征也就被更新了（因为卷积核的值变了，与上一层图像的卷积计算的结果也随之变化，得到的新图像也就变了）。对分类问题而言，其目的就是：对图像提取特征，再以合适的特征来判断它所属的类别，你有哪些各自的特征，我就根据这些特征，把你划分到某个类别去。

卷积神经网络的实质就是更新卷积核参数权值，即一直更新所提取到的图像特征，以得到可以把图像正确分类的最合适的特征。

卷积神经网络在本质上是一种输入到输出的映射，它能够学习大量的输入与输出之间的映射关系，而不需要输入和输出之间精确的数学表达式，仅仅使用已知的模式对卷积神经网络加以训练，卷积神经网络就具有了输入与输出之间的映射能力。这里权值更新是基于反向传播算法，卷积网络执行的是监督训练，其样本集由形如（输入向量，理想输出向量）的向量对构成。这些向量对都应该来源于网络，即模拟系统的实际"执行"结果，它们能够从实际执行系统中采集。在开始训练前，全部的权值都应该用一些不同的小随机数进行初始化。"小随机数"用来保证网络不会因权值过大而进入饱和状态，从而导致训练失败。"不同"用来保证网络能够正常地学习。

卷积神经网络的训练过程分为两个阶段。一个阶段是数据由低层次向高层次传播的阶段，即前向传播阶段。另外一个阶段是，当前向传播得出的结果与预期不相符时，将误差从高层次向低层次进行传播训练的阶段，即反向传播阶段。

具体的训练过程有如下 5 个步骤：

步骤 01 网络进行权值的初始化。

步骤 02 输入数据经过卷积层、下采样层、全连接层的前向传播得到输出值。

步骤 03 求出网络的输出值与目标值之间的误差。

步骤 04 当误差大于我们的期望值时，将误差传回网络中，依次求得全连接层、下采样层、卷积层的误差。各层的误差可以理解为对于网络的总误差，网络应承担多少；当误差等于或小于我们的期望值时，结束训练。

步骤 05 根据求得的误差，按极小化误差的方法调整权值矩阵，进行权值更新，然后再进入到第 2 步。

4.3 卷积神经网络经典模型架构

ImageNet 大规模视觉识别挑战赛（ImageNet Large-Scale Visual Recognition Challenge，ILSVRC）成立于 2010 年，旨在提高大规模目标检测和图像分类的最新技术。ILSVRC 作为最具影响力的竞赛，促使了许多经典的卷积神经网络架构的出现。ILSVRC 使用的数据都来自 ImageNet，ImageNet 项目于 2007 年由斯坦福大学华人教授李飞飞创办，目标是收集大量带有标注信息的图片数据供计算机视觉模型训练。ImageNet 拥有 1500 万幅标注过的高清图片，大约有 22 000 类，其中约有 100 幅标注了图片中主要物体的定位边框。

ILSVRC 比赛使用 ImageNet 数据集的一个子集，大概拥有 120 万幅图片，以及 1000 类的标注。比赛一般采用 top-5 和 top-1 分类错误率作为模型性能的评测指标。top1 是指概率向量中最大的值作为预测结果，若分类正确，则为正确；top5 只要概率向量中最大值的前五名里有分类正确的，即为正确。

下面我们来介绍其他几个经典的卷积网络结构，LeNet 5、AlexNet、VGGNet、GoogLeNet和 ResNet 等。如图 4-23 所示，它们分别获得了 ILSVRC 比赛分类项目的 2012 年冠军（AlexNet， top-5 错误率为 16.4%，使用额外数据可达到 15.3%，8 层神经网络）、2014 年亚军（VGGNet，top-5 错误率为 7.3%，19 层神经网络），2014 年冠军（GoogLeNet，top-5 错误率为 6.7%，22 层神经网络）和 2015 年的冠军（ResNet，top-5 错误率为 3.57%，152 层神经网络）。

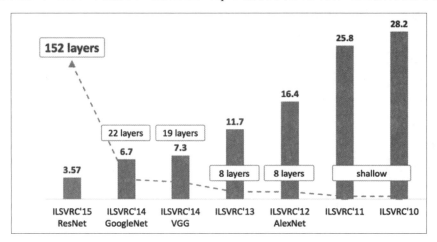

图 4-23

4.3.1 LeNet5

LeNet5 模型是 1998 年 Yann LeCun 教授在论文 *Gradient-based Learning Applied To Document Recognition* 中提出的，是第一个成功应对手写数字识别问题的卷积神经网络，在那时的技术条件下就能取得低于 1% 的错误率。因此，LeNet5 这一卷积神经网络便在当时效力于全美几乎所有的邮政系统，用来识别手写邮政编码进而分拣邮件和包裹。当年，美国大多数银行也用它来识别支票上面的手写数字，能够达到这种商用的地步，它的准确性可想而知。可以说，LeNet5 是第一个产生实际商业价值的卷积神经网络，同时也为卷积神经网络以后的发展奠定了坚实的基础。

LeNet5 这个网络虽然很小，但是它包含了深度学习的基本模块：卷积层、池化层、全连接层，是其他深度学习模型的基础。这里我们对 LeNet5 进行深入分析，同时通过实例分析，加深对卷积层和池化层的理解。如图 4-24 所示，LeNet5 模型包括卷积层、采样层、卷积层、采样层、全连接层、全连接层、高斯连接层（Gaussian Connections Layer）。（传统上，不将输入层视为网络层次结构之一。）

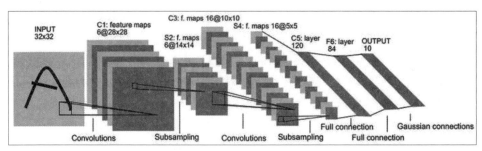

图 4-24

LeNet5 共有 7 层，不包含输入层，每层都包含可训练参数，每个层有多个特征图（Feature Map），每个特征图通过一种卷积滤波器提取输入的一种特征，然后每个特征图有多个神经元。将一批数据输入神经网络，经过卷积、激活、池化、全连接和 softmax 回归等操作，最终返回一个概率数组，从而达到识别图片的目的。LeNet5 各层参数说明如下。

1. INPUT—— 输入层

要求输出的图像尺寸大小为 32×32，首先在数据输入层，输入图像的尺寸统一归一化为 32×32。（本层不算 LeNet5 的网络结构。）

LeNet5 要处理的是一个多分类问题，总共有十个类，因此神经网络的最后输出层必然是 softmax 问题，然后神经元的个数是 10 个。

2. C1—— 卷积层

输入图片尺寸：32×32。

卷积核大小：5×5。

卷积核种类：6。

输出特征图大小：28×28，(32–5+1)=28。

神经元数量：28×28×6。

可训练参数：(5×5+1)×6（每个滤波器有 5×5=25 个 unit 参数和一个 bias 参数，一共 6 个滤波器）。

连接数：(5×5+1)×6×28×28=122304。

输入图片尺寸为 32×32，对输入图像进行第一次卷积运算（使用 6 个大小为 5×5 的卷积核），得到 6 个 C1 特征图（6 个大小为 28×28 的特征图（32–5+1=28），神经元的个数为 6×28×28=784）。我们再来看看需要多少个参数，卷积核的大小为 5×5，总共就有 6×(5×5+1)=156 个参数，其中 +1 是表示一个核有一个 bias 偏置参数。对于卷积层 C1，C1 内的每个像素都与输入图像中的 5×5 个像素和 1 个 bias 偏置有连接，所以总共有 156×28×28=122304 个连接。有 122304 个连接，但是我们只需要学习 156 个参数，这些主要是通过权值共享实现的。

C1 中每个特征图的每个单元都和输入的 25 个点相连，其中 5×5 的区域被称为感知野。每个特征图的每个单元共享 25 个权值和一个偏置。所谓权值共享就是同一个特征图中神经元权值共享，该特征图中的所有神经元使用同一个权值。因此参数个数与神经元的个数无关，只与卷积核的大小及特征图的个数相关。但是共有多少个连接数就与神经元的个数相关了，神经元的个数也就是特征图的大小。

3. S2——池化层

输入图片尺寸：28×28。

采样区域：2×2。

采样种类：6。

输出特征图大小：14×14。

神经元数量：14×14×6。

S2 中每个特征图的大小是 C1 中特征图大小的 1/4。

第一次卷积之后紧接着就是池化运算，使用 2×2 池化核进行池化，于是得到了 S2，6 个 14×14 的特征图（28/2=14）。池化的大小，选择 2×2，也就是相当于对 C1 层 28×28 的图片进行分块，每个块的大小为 2×2，这样我们可以得到 14×14 个块，然后统计每个块中最大的值作为下采样的新像素，因此我们可以得到 S1 结果为：14×14 大小的图片，共有 6 幅这样的图片，神经元个数 14×14×6=14146。S2 中每个特征图的大小是 C1 中特征图大小的 1/4。S2 这个池化层是对 C1 中的 2×2 区域内的像素求和乘以一个权值系数再加上一个偏置，然后将这个结果再做一次映射。于是每个池化核有两个训练参数，所以共有 2×6=12 个训练参数，但是有 5×14×14×6=5880 个连接。

4. C3——卷积层

输入：S2 中所有 6 个或者几个特征图组合。

卷积核大小：5×5。

卷积核种类：16。

输出特征图大小：10×10。

第一次池化之后是第二次卷积，第二次卷积的输出是 C3，16 个 10×10 的特征图，卷积核大小是 5×5。我们知道 S2 有 6 个 14×14 的特征图，C3 层比较特殊，在于它要将第一次卷积池化得到的 6 个特征图变成 16 个特征图，它通过将每个特征图连接到上层的 6 个或者几个特征图，而不是把 S2 中的所有特征图直接连接到每个 C3 的特征图，从而来提取不同的特征。这样做的原因是不完全的连接机制可以使得连接数量保持在合理的范围内，另外可以保证 C3 中的特征图提取到不同的特征。

5. S4——池化层

输入图片尺寸：10×10。

输出特征图大小：5×5（10/2）。

神经元数量：5×5×16=400。

S4 是池化层，窗口大小仍然是 2×2，共计 16 个特征图，C3 层的 16 个 10×10 的图分别进行以 2×2 为单位的池化得到 16 个 5×5 的特征图。这一层有 2×16=32 个训练参数，5×5×5×16=2000 个连接。连接的方式与 S2 层类似。

6. C5——卷积层

输入：S4 层的全部 16 个单元特征图。

卷积核大小：5×5。

可训练参数 / 连接：120×(16×5×5+1)=48120。

C5 层是一个卷积层。我们继续用 5×5 的卷积核进行卷积，然后希望得到 120 个特征图。由于 S4 层的 16 个图的大小为 5×5，与卷积核的大小相同，所以卷积后形成的图的大小为 1×1。这里形成 120 个卷积结果，每个都与上一层的 16 个图相连，所以共有 (5×5×16+1)×120 = 48120 个参数，同样有 48120 个连接。

7. F6——全连接层

输入：C5 的 120 维向量。

计算方式：计算输入向量和权重向量之间的点积，再加上一个偏置，结果通过 sigmoid 函数输出。

可训练参数：86×(120+1)=10164。

F6 层有 84 个节点，对应于一个 7×12 的比特图，–1 表示白色，1 表示黑色，这样每个符号的比特图的黑白色就对应于一个编码。该层的训练参数和连接数是 (120+1)×84=10164。

8. OUTPUT—— 输出层

OUTPUT 层也是全连接层，最后得到 10 个分类，对应数字 0~9，共有 10 个节点，这 10 个节点分别代表着数字 0~9。判断的标准是，如果某个节点输出为 0（或越接近），那么该节点在本层中的位置就是网络识别得出的数字。

总结一下，LeNet5 是一个 7 层网络，包括两层卷积、两层池化、三层全连接，输出数据用 softmax 进行处理。LeNet5 网络是这样预测单幅图片的：首先，将图片归一化下采样为 28×28，之后进行卷积操作，将一幅 28×28 的图片卷积成 6 幅 24×24 的图片，在这一步中，图片的大小减少了，但深度增加了，直观理解就是"特征"更强了；之后进行最大池化，过滤掉相对不重要的像素，得到 6 幅 12×12 的图片；再进行一遍相似的卷积和池化操作，最终得到 16 幅 4×4 的图片；将这 16 幅图片拉成一个向量，进行全连接层操作，得到 120 → 84 → 10 的向量；再经过 softmax 层进行预测，得到预测结果。我们要训练的参数是卷积核，每一层的卷积核都是 5×5 的，通过对卷积核的参数值进行学习，最终会获得一组合适的卷积核，用它们进行卷积可以让网络的预测准确值稳定在 98% 左右。

LeNet5 虽然是一个只有 7 层的小网络，但却是当之无愧的开创性工作。卷积使得神经网络可以共享权值，一方面减少了参数，另一方面可以学习图像不同位置的局部特征。

4.3.2 AlexNet

AlexNet 在 2012 年被提交给 ImageNet ILSVRC 挑战赛，分类结果明显优于第二名。该网络使用更多层数，使用 ReLU 激活函数和 0.5 概率的 Dropout 来对抗过拟合。由于 AlexNet 相对简单的网络结构和较小的深度，使其在今天仍然被广泛使用。

AlexNet 是 Hinton 和他的学生 Alex Krizhevsky 设计的，是 2012 年 ImageNet 比赛的冠军，也是第一个基于卷积神经网络的 ImageNet 冠军，它的网络比 LeNet5 更深。

AlexNet 包含 5 个卷积层和 3 个全连接层，模型示意图如图 4-25 所示。

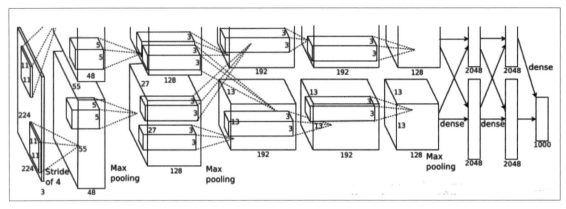

图 4-25

AlexNet 为 8 层结构，其中前 5 层为卷积层，后面 3 层为全连接层。引用 ReLU 激活函数，成功解决了 Sigmoid 函数在网络较深时的梯度弥散问题。使用最大值池化，避免平均池化的模糊化效果。并且，池化的步长小于核尺寸，这样使得池化层的输出之间会有重叠和覆盖，提升了特征的丰富性。

另外，为提高运行速度和网络运行规模，AlexNet 采用 two-GPU 的设计模式，并且规定 GPU 只能在特定的层进行通信交流，其实就是每一个 GPU 负责一半的运算处理。实验数据表示，two-GPU 方案会比只用 one-GPU 运行半个上面大小网络的方案，在准确度上提高了 1.7% 的 top-1 和 1.2% 的 top-5。

4.3.3 VGGNet

ILSVRC 2014 的第二名是 Karen Simonyan 和 Andrew Zisserman 实现的卷积神经网络，现在称其为 VGGNet。它的主要贡献是展示出网络的深度是算法优良性能的关键部分。

VGGNet 网络结构如图 4-26 所示，A、A-LRN、B、C、D、E 这 6 种网络结构相似，都是由 5 层卷积层、3 层全连接层组成，其中区别在于每个卷积层的子层数量不同，从 A 至 E 依次增加（子层数量从 1 到 4），总的网络深度从 11 层到 19 层（添加的层以粗体显示）。例如图中的 con3-128，表示使用 3×3 的卷积核，通道数为 128。网络结构 D 就是著名的 VGG16，网络结构 E 就是著名的 VGG19。VGG16 是一个 16 层的神经网络，不包括最大池化层和 softmax 层，因此被称为 VGG16。而 VGG19 由 19 个层组成。

这些网络都遵循一种通用的设计，输入到网络的是一个固定大小的 224×224 的 RGB 图像，所做的唯一预处理是从每个像素减去基于训练集的平均 RGB 值。图像通过一系列的卷积层时，全部使用 3×3 大小的卷积核。每个网络配置都是 5 个最大池化层，最大池化层的窗口大小为 2×2，步长为 2。卷积层之后是三个完全连接层，前两层有 4096 个通道，第三层执行的是 1000 路 ILSVRC 分类，因此包含 1000 个通道（每个类一个）。最后一层是 softmax 层。在 A~E 所有网络中，全连接层的配置是相同的。所有的隐藏层都用 ReLU 方法进行校正。

ConvNet Configuration					
A	A-LRN	B	C	D	E
11 weight layers	11 weight layers	13 weight layers	16 weight layers	16 weight layers	19 weight layers
input (224 × 224 RGB image)					
conv3-64	conv3-64	conv3-64	conv3-64	conv3-64	conv3-64
	LRN	**conv3-64**	conv3-64	conv3-64	conv3-64
maxpool					
conv3-128	conv3-128	conv3-128	conv3-128	conv3-128	conv3-128
		conv3-128	conv3-128	conv3-128	conv3-128
maxpool					
conv3-256	conv3-256	conv3-256	conv3-256	conv3-256	conv3-256
conv3-256	conv3-256	conv3-256	conv3-256	conv3-256	conv3-256
			conv1-256	**conv3-256**	conv3-256
					conv3-256
maxpool					
conv3-512	conv3-512	conv3-512	conv3-512	conv3-512	conv3-512
conv3-512	conv3-512	conv3-512	conv3-512	conv3-512	conv3-512
			conv1-512	**conv3-512**	conv3-512
					conv3-512
maxpool					
conv3-512	conv3-512	conv3-512	conv3-512	conv3-512	conv3-512
conv3-512	conv3-512	conv3-512	conv3-512	conv3-512	conv3-512
			conv1-512	**conv3-512**	conv3-512
					conv3-512
maxpool					
FC-4096					
FC-4096					
FC-1000					
soft-max					

图 4-26

卷积层的宽度（即每一层的通道数）的设置是很小的，从第一层 64 开始，每过一个最大池化层进行翻倍，直到达到 512。如 conv3-64 指的是卷积核大小为 3×3，通道数量为 64。VGGNet 全部使用 3×3 的卷积核和 2×2 的池化核，通过不断加深网络结构来提升性能。网络层数的增长并不会带来参数数量上的爆炸，因为参数量主要集中在最后三个全连接层中。VGGNet 虽然网络更深，但比 AlexNet 收敛更快，缺点是占用内存较大。

VGGNet 论文的一个主要结论就是深度的增加有益于精度的提升，这个结论堪称经典。连续 3 个 3×3 的卷积层（步长 1）能获得和一个 7×7 的卷积层等效的感受野，而深度的增加在增加网络的非线性时减少了参数（3×3^2<7^2）。从 VGGNet 之后，大家都倾向于使用连续多个更小的卷积层，甚至分解卷积核（Depthwise Convolution）。

但是，VGGNet 只是简单地堆叠卷积层，而且卷积核太深（最多达 512），特征太多，导致其参数猛增，搜索空间过大，正则化困难，因而其精度并不是最高的，在推理时也相当耗时，和 GoogLeNet 相比其性价比明显不高。

4.3.4 GoogLeNet

GoogLeNet 是 ILSVRC 2014 的冠军获得者，是来自 Google 的 Szegedy 等人开发的卷积网络。其主要贡献是开发了一个 Inception 模块，该模块大大减少了网络中的参数数量（4M，与带有 60M 的 AlexNet 相比不足其十分之一）。另外，这个论文在卷积神经网络的顶部使用平均池化而不是完全连接层，从而消除了大量并不重要的参数。GoogLeNet 还有几个后续版本，最新的是 Inception-v4。

Inception 的结构如图 4-27 所示。

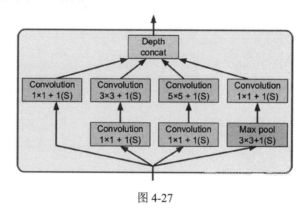

图 4-27

示意图说明如下：

- 3×3+1(S) 表示该层使用 3×3 的卷积核，步长为 1，使用 same 填充（Padding）。
- 输入被复制四份，然后分别进行不同的卷积或池化操作。
- 图中所有的卷积层都使用 ReLU 激活函数。
- 使用不同大小的卷积核就是为了能够在不同尺寸上捕获特征模式。
- 由于所有卷积层和池化层都使用了 same 填充和步长为 1 的操作，因此输出尺寸与输入尺寸相等。
- 最终将四个结果在深度方向上进行拼接。
- 使用 1×1 大小的卷积核是为了增加更多的非线性。

GoogLeNet 架构如图 4-28 所示。

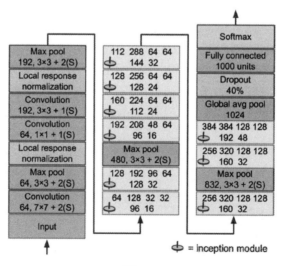

图 4-28

这个架构说明如下：

- 卷积核前面的数字是卷积核或池化核的个数，也就是输出特征图的个数。

- GoogLeNet 总共包括 9 个 Inception 结构，Inception 结构中的 6 个数字分别代表卷积层的输出特征图个数。
- 所有卷积层都使用 ReLU 激活函数。
- 全局平均池化层输出每个特征图的平均值。

4.3.5 ResNet

深度残差网络（Deep Residual Network，ResNet）的提出是卷积神经网络史上的一件里程碑事件。ResNet 在 ILSVRC 和 COCO 2015 上取得很好的战绩，取得了 5 项第一，并又一次刷新了卷积神经网络模型在 ImageNet 上的历史，如图 4-29 所示。

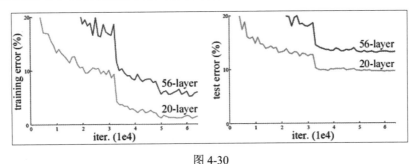

ResNets @ ILSVRC & COCO 2015 Competitions

- **1st places in all five main tracks**
  - ImageNet Classification: "*Ultra-deep*" 152-layer nets
  - ImageNet Detection: 16% better than 2nd
  - ImageNet Localization: 27% better than 2nd
  - COCO Detection: 11% better than 2nd
  - COCO Segmentation: 12% better than 2nd

图 4-29

那么 ResNet 为什么会有如此优异的表现呢？其实 ResNet 解决了深度卷积神经网络模型难训练的问题，ResNet 多达 152 层，和 VGGNet 在网络深度上完全不是一个量级，所以如果是第一眼看这个图的话，肯定会觉得 ResNet 是靠深度取胜。事实当然也是如此，但是 ResNet 还有架构上的技巧，这才使得网络的深度发挥出作用，这个技巧就是残差学习（Residual Learning）。

从经验来看，网络的深度对模型的性能至关重要，当增加网络层数后，网络可以进行更加复杂的特征模式的提取，所以当模型更深时理论上可以取得更好的结果。但是更深的网络其性能一定会更好吗？实验发现深度网络出现了退化问题（Degradation problem），即网络深度增加时，网络准确度出现饱和，甚至出现下降。

如图 4-30 所示，深层网络表象竟然还不如浅层网络的好，越深的网络越难以训练，56 层的网络比 20 层网络效果还要差。这不会是过拟合问题，因为 56 层网络的训练误差同样很高。我们知道深层网络存在着梯度消失或者爆炸的问题，这使得深度学习模型很难训练。

图 4-30

当网络退化时，浅层网络能够得到比深层网络更好的训练效果，这时如果我们把低层的特征传递到高层，那么效果应该至少不比浅层的网络效果差，或者说如果一个 VGG100 网络在第 98 层使用的是和 VGG16 第 14 层一模一样的特征，那么 VGG100 的效果应该会和 VGG16 的效果相同。但是实验结果表明，VGG100 网络的训练和测试误差比 VGG16 网络的更大。我们不得不承认是目前的训练方法有问题，才使得深层网络很难去找到一个好的参数。

按理来说，深层网络的表现应该比浅层网络的好，一个 56 层的网络，只用前 20 层，后面 36 层不干活，最起码性能应该达到和一个 20 层网络的同等水平吧。所以，肯定有方法能使得更深层的网络达到或者超过浅层网络的效果。ResNet 有如此多的层数，那它是如何解决这个问题的呢？ResNet 采用了一种"短路"的结构，如图 4-31 所示。

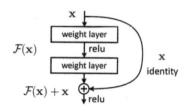

图 4-31

假定原来的网络结构需要学习得到函数 H(x)，那么不妨将原始信号 x 接到输出部分，并修改需要学习的函数为 F(x)=H(x)–x，便可得到同样的效果。

通过这样的方式，原始信号可以跳过一部分网络层，直接在更深的网络层传递。从直觉上来看，深度神经网络之所以难以训练，就是因为原始信号 x 在网络层中传递时，越来越失真，而"短路"结构使得原始信号直接传入神经网络的深层，避免了信号失真，这样一来便极大地加快了神经网络训练时的效率。

34 层的深度残差网络的结构如图 4-32 所示。通过"捷径连接（Shortcut Connections）"的方式，ResNet 相当于将学习目标改变了，不再是学习一个完整的输出，而是目标值 H(X) 和 x 的差值，也就是所谓的残差：F(x) = H(x)–x。因此，后面的训练目标就是要将残差结果逼近于 0，使得随着网络加深，准确率不下降。

图 4-32 中有一些捷径连接是实线，有一些是虚线，它们有什么区别呢？因为经过捷径连接后，H(x)=F(x)+x，如果 F(x) 和 x 的通道相同，则可直接相加，那么通道不同怎么相加呢？

图中的实线、虚线就是为了区分这两种情况的：

（1）实线的连接部分表示通道相同，如图 4-32 中从上至下第 2 个矩形和第 4 个矩形，都是 3×3×64 的特征图，由于通道相同，所以采用计算方式为 H(x)=F(x)+x。

（2）虚线的连接部分表示通道不同，如图 4-32 中从上至下第 8 个矩形和第 10 个矩形，分别是 3×3×64 和 3×3×128 的特征图，通道不同，采用的计算方式为 H(x)=F(x)+Wx，其中 W 是卷积操作，用来调整 x 的维度。

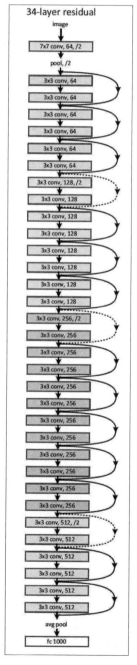

图 4-32

经检验，深度残差网络的确解决了退化问题，如图 4-33 所示，左图为普通网络，误差率网络层次深的（34 层）比网络层次浅的（18 层）的更高；右图为残差网络 ResNet，误差率网络层次深的（34 层）比网络层次浅的（18 层）更低。对比左、右两边 18 层和 34 层的网络效果，可以看到普通的网络出现退化现象，但是 ResNet 很好地解决了退化问题。

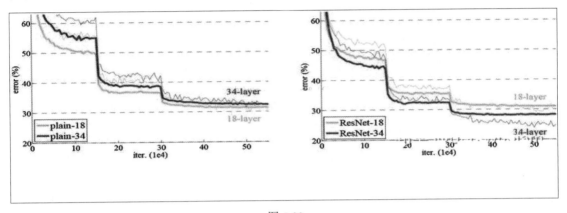

图 4-33

自从 AlexNet 在 LSVRC2012 分类比赛中取得胜利之后，ResNet 可以说成为过去几年在计算机视觉、深度学习领域中最具突破性的成果了。ResNet 可以实现高达数百、甚至数千层的训练，且仍能获得超赞的性能。这种残差跳跃式的结构，打破了传统的神经网络第 n–1 层的输出只能给第 n 层作为输入的惯例，使某一层的输出可以直接跨过几层作为后面某一层的输入，其意义在于为叠加多层网络而使得整个学习模型的错误率不降反升的难题提供了新的方向。至此，神经网络的层数可以打破之前的限制，达到几十层、上百层甚至上千层，为高级语义特征的提取和分类提供了可行性。

第5章
深度学习框架 TensorFlow 入门

深度学习已经广泛应用于各个领域，这里抛砖引玉，简单介绍一下时下非常热门的深度学习开源框架 TensorFlow。TensorFlow 是 Google 开源的机器学习工具，在 2015 年 11 月实现正式开源，开源协议为 Apache 2.0。TensorFlow 作为谷歌重要的开源项目，有非常火热的开源社区推动其发展。TensorFlow 中的实现代码可能跟通常的 Python 程序有点不一样，因为 TensorFlow 有它自己的框架和体系，会用它自己更加适配的方式来描述过程。

5.1 第一个 TensorFlow 的 "Hello world"

TensorFlow 是一个开源的、基于 Python 的机器学习框架，它由 Google 开发，并在图形分类、音频处理、推荐系统和自然语言处理等场景下有着丰富的应用，是目前最热门的机器学习框架之一。

在任何计算机语言中学习的第一个程序是都是 Hello world，我们也将遵循这个惯例，从程序 Hello world 开始，如图 5-1 所示。

对图 5-1 中的代码分析如下：

```
import tensorflow as tf
message=tf.constant('Hello, world')
with tf.Session() as sess:
    print(sess.run(message).decode())

Hello, world
```

图 5-1

（1）首先导入 TensorFlow，这将导入 TensorFlow 库，并允许使用其功能。

（2）由于要打印的信息是一个常量字符串，因此使用 tf.constant。

（3）为了执行计算图，利用 with 语句定义 Session 会话，并使用 run 来运行。

（4）最后是打印信息，这里的输出结果是一个字符串。

5.2 TensorFlow 程序结构

TensorFlow 与其他编程语言非常不同。TensorFlow 这个单词由两部分组成：Tensor 代表张量，是数据模型；Flow 代表流，是计算模型。张量表示某种相同数据类型的多维数组，因此，张量有两个重要属性：数据类型（如浮点数、整型、字符串）、数组形状（各个维度的大小）。

TensorFlow 中所有的输入和输出变量都是张量，而不是基本的 Int、Double 这样的类型，即使是一个整数 1，也必须被包装成一个 0 维的、长度为 1 的张量。一个张量和一个矩阵差不多，可以被看作是一个多维的数组，从最基本的一维到 n 维都可以。即在 TensorFlow 中所有的数据都是一个 n 维的数组，只是我们给它起了个名字叫作张量。张量拥有阶、形状和数据类型。其中，形状可以理解为长度，例如，一个形状为 2 的张量就是一个长度为 2 的一维数组；而阶可以理解为维数。

对于任何深度学习框架，我们都要先了解张量的概念，张量可以看作是向量和矩阵的衍生。向量是一维的，矩阵是二维的，而张量可以是任何维度的。

直观来看 TensorFlow，就是张量的流动，是指保持计算节点（Nodes）不变，让数据进行流动。所有的 TensorFlow 程序都是先建立"计算图"，这是张量运算和数据处理的流程。

计算图就是一个具有"每一个节点都是计算图上的一个节点，而节点之间的边（Edges）描述了计算之间的依赖关系"性质的有向图。节点在图中表示数学操作，图中的边则表示在节点间相互联系的多维数据数组，即张量。

用一个简单的例子描述程序结构——通过定义并执行计算图来实现两个向量相加，使用会话对象来实现计算图的执行。会话对象封装了评估张量和操作对象的环境，这里真正实现了运算操作并将信息从网络的一层传递到另外一层。

具体操作步骤如下：

步骤 01 假设两个向量 v_1 和 v_2 将作为输入提供给 Add 操作，建立的计算图如图 5-2 所示。

步骤 02 定义该图的相应代码，如图 5-3 所示。

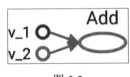

```
import tensorflow as tf
v_1 = tf.constant([1, 2, 3, 4])
v_2 = tf.constant([2, 1, 5, 3])
v_add=tf.add(v_1, v_2)
```

图 5-2　　　　　　　　　　　　　　　　　　图 5-3

步骤 03 在会话中执行这个图，如图 5-4 所示。

步骤 04 图 5-4 所示的代码与图 5-5 所示的代码效果相同，而图 5-4 所示代码的优点是不必显式写出关闭会话的命令，每个会话都需要使用 close() 来明确关闭，而 with 格式可以在运行结束时隐式关闭会话。

```
with tf.Session() as sess:
    print(sess.run(v_add))

[3 3 8 7]
```

图 5-4

```
sess=tf.Session()
print(sess.run(v_add))
sess.close()

[3 3 8 7]
```

图 5-5

步骤 05 运行结果是显示两个向量的和"{3 3 8 7}"。

在本例中，计算图由三个节点组成，即 v_1、v_2 和 v_add，v_1 和 v_2 表示两个向量，v_add 是要对这两个向量执行的操作。接下来，为了使计算图生效，首先需要使用 tf.Session()

定义一个会话对象 sess，然后使用 Session 类中定义的 run 方法来运行这个会话对象。总结来说，图只是定义了应该怎么做，而会话 Session 才是真正的执行者。

5.3 TensorFlow 常量、变量、占位符

本节主要介绍在 TensorFlow 中如何表示常量、变量、占位符。

5.3.1 常量

常量用于存储一些不变的数值，一经创建就不会被改变。在 Python 中使用常量很简单，如 a=123、b='python'。TensorFlow 表示常量稍微麻烦一点，需要使用 tf.constant 这个类，tf.constant 的语法格式如下：

```
tf.constant(value, dtype=None, shape=None, name="Const",
verify_shape=False)
```

其中，value 为常量或者列表，dtype 为返回的张量的类型，shape 为张量形状，name 为张量名称、verify_shape 为用于验证值的形状，默认为 False。

可以这样声明一个常量：

```
a = tf.constant(2, name="a")
b = tf.constant(3, name="b")
x = tf.add(a, b, name="add")
```

这里设置 name 是为了在 Tensorboard 中查看方便，Tensorboard 就是整个模型的图表可视化呈现。

一个形如 [1, 3] 的常量向量可以用如下代码声明：

```
t_2 = tf.constant([4,3,2])
```

要创建一个所有元素为 0 的张量，可以调用 tf.zeros() 函数。该函数可以创建一个形如 [M, N] 的 0 元素矩阵，数据类型可以是 int32、float32 等，如图 5-6 所示。

```
import tensorflow as tf
zero_t = tf.zeros([2,3],tf.int32)
print(zero_t)
with tf.Session() as sess:
    print(sess.run(zero_t))

Tensor("zeros_2:0", shape=(2, 3), dtype=int32)
[[0 0 0]
 [0 0 0]]
```

图 5-6

调用 tf.ones([M,N],tf,dtype) 函数可以创建一个形如 [M, N]、元素均为 1 的矩阵；而调用 tf.linspace(start,stop,num) 函数可以在一定范围内生成一个从初值到终值等差排布的序列，它的相应值为 (stop–start)/(num–1)；调用 tf.range(start,limit,delta) 函数可以从初值（默认值 =0）开始生成一个数字序列，增量为 delta（默认值 =1），直到终值（但不包括终值）；调用 Tf.random_normal 函数可以创建一个具有一定均值（默认值 =0.0）和标准差（默认值 =1.0）、形状为 [M, N] 的正态分布随机数组。如图 5-7 所示。

```
import tensorflow as tf
t_2 = tf.constant([4,3,2])
t2=tf.zeros_like(t_2)
ones_t = tf.ones([2,3], tf.int32)
range_t1 = tf.linspace(2.0,5.0,5)
range_t2 = tf.range(10)
t_random=tf.random_normal([2,3],mean=2.0,stddev=4,seed=12)
print(t2)
print(ones_t)
print(range_t1)
print(range_t2)
print(t_random)
with tf.Session() as sess:
    print(sess.run(t2))
    print(sess.run(ones_t))
    print(sess.run(range_t1))
    print(sess.run(range_t2))
    print(sess.run(t_random))
```

```
Tensor("zeros_like_1:0", shape=(3,), dtype=int32)
Tensor("ones_1:0", shape=(2, 3), dtype=int32)
Tensor("LinSpace_1:0", shape=(5,), dtype=float32)
Tensor("range_1:0", shape=(10,), dtype=int32)
Tensor("random_normal:0", shape=(2, 3), dtype=float32)
[0 0 0]
[[1 1 1]
 [1 1 1]]
[2.   2.75 3.5  4.25 5.  ]
[0 1 2 3 4 5 6 7 8 9]
[[ 0.25347447  5.37991     1.9527606 ]
 [-1.5376031   1.2588985   2.8478067 ]]
```

图 5-7

5.3.2 变量

当一个量在会话中的值需要更新时，使用变量来表示。例如，在神经网络中，权重需要在训练期间更新，这可以通过将权重声明为变量来实现。变量在使用前需要被显示初始化。另外需要注意的是，常量存储在计算图的定义中，每次加载图时都会加载相关变量，换句话说它们是占用内存的。此外，变量可以存储在磁盘上。

示例代码如下：

```
###################tensorflow_variables_demo.py###############
import tensorflow as tf
x = tf.Variable([1, 2])
a = tf.constant([3, 3])
sub = tf.subtract(x, a)                          # 增加一个减法 op
add = tf.add(x, sub)                             # 增加一个加法 op
# 注意变量在使用之前要在 sess 中做初始化，但是下边这种初始化方法不会指定变量的初始化顺序
init = tf.global_variables_initializer()    # 全局变量初始化
with tf.Session() as sess:
    sess.run(init)
    print(sess.run(sub))
    print(sess.run(add))
# 创建一个名字为 "counter" 的变量初始化为 0
state = tf.Variable(0, name='counter')
new_value = tf.add(state, 1)                     # 创建一个 op，作用是使 state 加 1
update = tf.assign(state, new_value)             # 赋值 op，不能直接用等号赋值，作用是
state =new_value, 借助 tf.assign() 函数实现
```

69

```
init = tf.global_variables_initializer()        # 全局变量初始化
with tf.Session() as sess:
    sess.run(init)
    print(sess.run(state))
    for _ in range(5):                          # 循环 5 次
        sess.run(update)
        print(sess.run(state))
##########################################################
```

运行以上程序代码，结果如图 5-8 所示，所有变量在 session 使用前必须初始化，可以使用全局变量初始化语句 tf.global_variables_initializer() 在计算图的定义中通过声明初始化操作对象来实现，在 session 创建后，也需运行 init 进行初始化操作。当然每个变量也可以在运行图中单独使用 tf.Variable. initializer 来进行初始化。

在 TensorFlow 中，有专门的函数来定义和初始化变量，并且在会话中调用初始化变量的函数以后，变量才能被使用。使某个变量等于另一个变量，不能直接使用等号，而是使用 tf.assign() 函数使其相等。

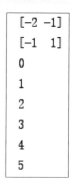

图 5-8

 变量通常在神经网络中表示权重和偏置。

下面的示例代码中定义了三个变量：权重变量 weights 使用正态分布随机初始化，均值为 0，标准差为 2，权重大小为 100×100；偏置变量 bias 由 100 个元素组成，每个元素初始化为 0，在这里也使用了可选参数名以便给计算图中定义的变量命名；指定一个变量来初始化另一个变量，用前面定义的权重变量 weights 来初始化变量 weight2。

```
weights=tf.Variable(tf.random_noraml([100,100],stddev=2))
bias=tf.Variable(tf.zeros[100],name='biases')
weigth2=tf.Variable(weights.initialized_value(),name='w2')
```

将训练好的模型参数保存起来，以便以后进行验证或测试（这是我们经常要做的事情）。TensorFlow 里面提供模型保存的是 tf.train.Saver() 模块，程序代码如下：

```
###############tensorflow_save_variables.py####################
import tensorflow as tf
import numpy as np
# Create two variables.
x_data = np.float32([1,2,3,4,5,6,7,8,9,0])
weights = tf.Variable(tf.random_normal([10, 1], stddev=0.35),
name="weights")
biases = tf.Variable(tf.zeros([1]), name="biases")
y = tf.matmul(x_data.reshape((1,-1)), weights)+biases
# Add an op to initialize the variables.
init_op = tf.global_variables_initializer()
saver = tf.train.Saver()
```

```
# Later, when launching the model
with tf.Session() as sess:
    #Run the init operation.
    sess.run(init_op)
    y_ = sess.run(y)
    print(y_)
    save_path = saver.save(sess, "./tmp/model.ckpt")
    print("Model saved in file: ", save_path)
############################################################
```

程序运行结果如下：

```
[[-1.5675972]]
Model saved in file:  ./tmp/model.ckpt
```

模型的恢复调用的是 restore() 函数，该函数需要两个参数 restore(sess, save_path)，其中 save_path 指的是保存模型的路径，程序代码如下：

```
####################tensorflow_restore_variables.py#####################
import tensorflow as tf
import numpy as np
import os
# 设置 TensorFlow 日志输出级别，屏蔽警告信息
os.environ["TF_CPP_MIN_LOG_LEVEL"] = "2"
# Create two variables.
x_data = np.float32([1,2,3,4,5,6,7,8,9,0])
weights = tf.Variable(tf.random_normal([10, 1], stddev=0.35),
name="weights")
biases = tf.Variable(tf.zeros([1]), name="biases")
y = tf.matmul(x_data.reshape((1,-1)), weights)+biases
saver = tf.train.Saver()
# Later, when launching the model
with tf.Session() as sess:
    saver.restore(sess, './tmp/model.ckpt')
    y_ = sess.run(y)
    print(y_)
######################################
```

5.3.3 占位符

占位符（Placeholder）用于在会话运行时动态提供输入数据。占位符相当于定义了一个位置，这个位置上的数据在程序运行时再指定。

在以后的编程中，我们可能会遇到这样的情况：在训练神经网络时，每次都需要提供一个批量的训练样本，如果每次迭代选取的数据要通过常量表示，那么 TensorFlow 的计算图会非常大。因为每增加一个常量，TensorFlow 都会在计算图中增加一个节点，因而拥有几百万次迭代的神经网络会拥有极其庞大的计算图。占位符机制的出现就是为了解决这个问题，它

只会拥有占位符这一个节点，我们在编程的时候只需要把数据通过占位符传入 TensorFlow 计算图即可。

定义两个数组相加的示例代码如下：

```
###############################
import tensorflow as tf
import os
# 设置 TensorFlow 日志输出级别，屏蔽警告信息
os.environ["TF_CPP_MIN_LOG_LEVEL"] = "2"
c=tf.placeholder(tf.float32,shape=(2),name="c")
d=tf.placeholder(tf.float32,shape=(2),name="d")
# 定义加法运算
output=tf.add(m,n)
# 通过 session 执行加法运算
with tf.Session() as sess:
    print(sess.run(output,feed_dict={c:[7.0,1.0],d:[2.0,3.0]}))
###############################
```

上述代码解析如下：

（1）在定义占位符时，这个位置上的数据类型需要指定，而且数据类型是不可以改变的，比如有 tf.float16、tf.float32 等。placeholder 中的 shape 参数就是数据维度信息，对于不确定的维度，可以填入 None。

（2）把 c 和 d 定义为一个占位符，因此在运行 Session.run() 函数时，我们要调用 feed_dict 函数，该函数的用法是提供 c 和 d 的取值。feed_dict 是一个字典，字典中需要给出每个用到的占位符的取值，如果参与运算的占位符没有被指定取值，那么程序就会报错。

定义占位符的目的是为了解决如何在有效的输入节点上实现高效地接收大量数据的问题。在上面的例子中，如果把 d 从长度为 2 的一维数组改为大小为 n×2 的矩阵，矩阵的每一行为一个样例数据，这样向量相加之后的结果仍为 n×2 的矩阵，也就是 n 个向量相加的结果，矩阵的每一行就代表一个向量相加的结果。下面我们展示一下 n=3 的例子，代码如下：

```
#######################################
import tensorflow as tf
import os
# 设置 TensorFlow 日志输出级别，屏蔽警告信息
os.environ["TF_CPP_MIN_LOG_LEVEL"] = "2"
c=tf.placeholder(tf.float32,shape=(2),name="c")
d=tf.placeholder(tf.float32,shape=(3,2),name="d")
# 定义加法运算
output=tf.add(c,d)
# 通过 session 执行加法运算
with tf.Session() as sess:
    print(sess.run(output,feed_dict={c:[1.0,3.0],d:[[2.0,1.0],[5.0,2.0],
[6.0,5.0]]}))
#######################################
```

tf.add() 的一般用法是单个数字和单个数字的简单相加,但是它还有一种更重要的用法(很多文章都没有介绍),即按维度相加。从上面的示例中,我们可以看到 a+b 的输出就是一个 3×2 的矩阵,最后得到的 c 的大小就是每一个向量相加之后的值。

总结来说,占位符是 TensorFlow 中的 Variable 变量类型,在定义时需要初始化;有些变量定义时并不知道其数值,只有当真正开始运行程序时才由外部输入,比如训练数据,这时候需要用到占位符;占位符是一种 TensorFlow 用来解决读取大量训练数据问题的机制,它允许我们在定义时不用给它赋值,随着训练的开始,再把训练数据传送给训练网络进行学习。

5.4 TensorFlow 案例实战

本节将通过 TensorFlow 的案例实战来强化对 TensorFlow 的理解和认识。

5.4.1 MNIST 数字识别问题

我们使用 TensorFlow 构建神经网络来识别 MNIST 数据集中的手写数字。MNIST 数据集是 NIST 数据集的一个子集,它包含了 60000 幅图片作为训练数据,10000 幅图片作为测试数据。如图 5-9 所示,在 MNIST 数据集中的每一幅图片都代表了 0~9 中的一个数字,图片的大小都为 28×28,且数字都会出现在图片的正中间。

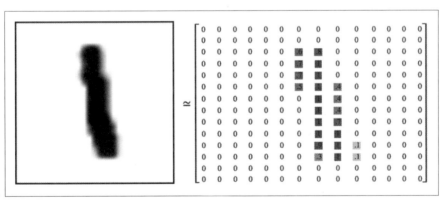

图 5-9

MNIST 数据集可以从 http://yann.lecun.com/exdb/mnist/ 获取,它包含了四个部分:
Training set images: train-images-idx3-ubyte.gz(9.9MB,解压后 47MB,包含 60000 个样本);
Training set labels: train-labels-idx1-ubyte.gz(29KB,解压后 60KB,包含 60000 个标签);
Test set images: t10k-images-idx3-ubyte.gz(1.6MB,解压后 7.8MB,包含 10000 个样本);
Test set labels: t10k-labels-idx1-ubyte.gz(5KB,解压后 10KB,包含 10000 个标签)。

虽然这个数据集只提供了训练和测试数据,但是为了验证模型训练的效果,一般会从训练数据中划分出一部分数据作为验证数据。为了方便使用,TensorFlow 提供了一个类来处理 MNIST 数据。这个类会自动下载并转化 MNIST 数据的格式,将数据从原始的数据包中解析成训练和测试神经网络时使用的格式。

首先，使用 TensorFlow 通过调用 input_data.read_data_sets 函数生成的类自动将 MNIST 数据集划分成为 train、validation 和 test 三个数据集。处理后的每一幅图片是一个长度为 784 （28×28=784）的一维数组，这个数组中的元素对应了图片像素矩阵中的每一个数字。因为神经网络的输入是一个特征向量，所以在此把一幅二维图像的像素矩阵放到一个一维数组中，方便 TensorFlow 将图片的像素矩阵提供给神经网络的输入层。像素矩阵中元素的取值范围为 [0,1]，它代表了颜色的深浅。

我们可以使用以下代码将 MNIST 中的图片显示出来：

```
#####MNIST_可视化##############################################
import tensorflow as tf
import  numpy as np
import matplotlib.pyplot as plt
import os
from tensorflow.examples.tutorials.mnist import input_data
index=3
# 载入 MNIST 数据集
mnist = input_data.read_data_sets('mnist_data/', one_hot=True)
image=np.reshape(mnist.train.images[index],[28,-1])
print(mnist.train.labels[index])                        # 显示 label
plt.imshow(image, cmap=plt.get_cmap('gray_r'))          # 画图
plt.show()
##############################################################################
```

第一次执行 input_data.read_data_sets 方法，程序检查当前执行的目录中是否有 MNIST_data 目录以及是否已经有文件，如果还没有，就会下载数据，如图 5-10 所示。

图中输出为 [0. 0. 0. 0. 0. 0. 1. 0. 0. 0.]，显示的是 "6" 这个数字的图片，如图 5-11 所示。

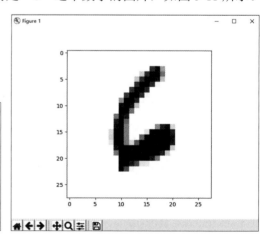

```
Successfully downloaded train-images-idx3-ubyte.gz 9912422 bytes.
Extracting /path/to/MNIST_data\train-images-idx3-ubyte.gz
Successfully downloaded train-labels-idx1-ubyte.gz 28881 bytes.
Extracting /path/to/MNIST_data\train-labels-idx1-ubyte.gz
Successfully downloaded t10k-images-idx3-ubyte.gz 1648877 bytes.
Extracting /path/to/MNIST_data\t10k-images-idx3-ubyte.gz
Successfully downloaded t10k-labels-idx1-ubyte.gz 4542 bytes.
Extracting /path/to/MNIST_data\t10k-labels-idx1-ubyte.gz
[0. 0. 0. 0. 0. 0. 1. 0. 0. 0.]
```

图 5-10   图 5-11

5.4.2 TensorFlow 多层感知器识别手写数字

多层感知器除了具有输入层和输出层，它中间还可以有多个隐藏层，最简单的 MLP 只

含一个隐藏层，即只有三层结构。如图 5-12
所示，假设输入层用向量 X 表示，则隐藏层
的输出就是 f(W₁X+b₁)，其中，W₁ 是权重（也
叫连接系数），b₁ 是偏置，函数 f 可以是常
用的 sigmoid 函数或者 tanh 函数。

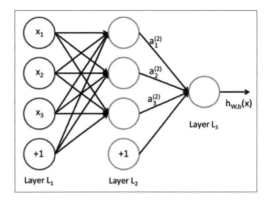

以下示例建立包含 2 个隐藏层的多层感
知器模型，输入层 x 共有 784 个神经元，隐
藏层 h1 共有 1000 个神经元，隐藏层 h2 共有
1000 个神经元，输出层 y 共有 10 个神经元。
用 TensorFlow 建立模型，必须自行定义 layer

图 5-12

函数（处理张量运算），然后使用 layer 函数构建多层感知器模型。使用 TensorFlow 时还必
须自行定义损失函数的公式、优化器和设置参数，并定义评估模型准确率的公式，而且必须
编写程序代码来控制训练的每一个过程。

完整的程序代码如下：

```
##############TensorFlow_mlp_demo1.py#########################
import tensorflow as tf
import tensorflow.examples.tutorials.mnist.input_data as input_data
mnist = input_data.read_data_sets("MNIST_data/", one_hot=True)
# 建立 layer 函数
def layer(output_dim,input_dim,inputs, activation=None):
    W = tf.Variable(tf.random_normal([input_dim, output_dim]))
    b = tf.Variable(tf.random_normal([1, output_dim]))
    XWb = tf.matmul(inputs, W) + b
    if activation is None:
        outputs = XWb
    else:
        outputs = activation(XWb)
    return outputs
# 建立输入层（x），输入的数字图像是 784 像素
x = tf.placeholder("float", [None, 784])
# 建立隐藏层 h1，隐藏层神经元个数 1000，输入层的神经元个数 784
h1=layer(output_dim=1000,input_dim=784,
         inputs=x ,activation=tf.nn.relu)
# 建立隐藏层 h2，隐藏层神经元个数 1000，这层的输入是 h1
h2=layer(output_dim=1000,input_dim=1000,
         inputs=h1 ,activation=tf.nn.relu)
# 建立输出层，输出层的神经元个数是 10，隐藏层 h2 是它的输入
y_predict=layer(output_dim=10,input_dim=1000,
                inputs=h2,activation=None)
# 建立训练数据 label 真实值的 placeholder
y_label = tf.placeholder("float", [None, 10])
# 定义损失函数，使用交叉熵
```

```
loss_function = tf.reduce_mean(
                    tf.nn.softmax_cross_entropy_with_logits
                        (logits=y_predict ,
                         labels=y_label))
```
定义优化器算法，使用 AdamOptiomizer 设置 learning_rate=0.001
```
optimizer = tf.train.AdamOptimizer(learning_rate=0.001) \
                    .minimize(loss_function)
```
定义评估模型准确率的方式
计算每一项数据是否预测正确
```
correct_prediction = tf.equal(tf.argmax(y_label  , 1),
                                tf.argmax(y_predict, 1))
```
计算预测正确结果的平均值
```
accuracy = tf.reduce_mean(tf.cast(correct_prediction, "float"))
```
执行 15 个训练周期，每一批次项数为 100
```
trainEpochs = 15
batchSize = 100
```
每个训练周期所需要执行批次 = 训练数据项数 / 每一批次项数
```
totalBatchs = int(mnist.train.num_examples/batchSize)
epoch_list=[];accuracy_list=[];loss_list=[];
from time import time
startTime=time()
sess = tf.Session()
sess.run(tf.global_variables_initializer())
```
进行训练
```
for epoch in range(trainEpochs):
    for i in range(totalBatchs):
        batch_x, batch_y = mnist.train.next_batch(batchSize)
        sess.run(optimizer, feed_dict={x: batch_x,
                                        y_label: batch_y})
    # 使用验证数据计算准确率
    loss, acc = sess.run([loss_function, accuracy],
                        feed_dict={x: mnist.validation.images,
                                    y_label: mnist.validation.labels})
    epoch_list.append(epoch)
    loss_list.append(loss);
    accuracy_list.append(acc)
    print("Train Epoch:", '%02d' % (epoch + 1), \
        "Loss=", "{:.9f}".format(loss), " Accuracy=", acc)
duration = time() - startTime
print("Train Finished takes:", duration)
```
画出准确率的执行结果
```
import matplotlib.pyplot as plt
plt.plot(epoch_list, accuracy_list,label="accuracy" )
fig = plt.gcf()
fig.set_size_inches(4,2)
plt.ylim(0.8,1)
```

```
plt.ylabel('accuracy')
plt.xlabel('epoch')
plt.legend()
plt.show()
# 评估模型准确率
print("Accuracy:", sess.run(accuracy,
                         feed_dict={x: mnist.test.images,
                                    y_label: mnist.test.labels}))
# 进行预测
prediction_result=sess.run(tf.argmax(y_predict,1),
                         feed_dict={x: mnist.test.images })
print(" 查看预测结果的前 10 项数据 ")
print(prediction_result[:10])
print(" 查看预测结果的第 248 项数据 ")
print(prediction_result[247])
print(" 查看测试数据的第 248 项数据 ")
import numpy as np
print(np.argmax(mnist.test.labels[248]))
# 找出预测错误的
print(" 找出预测错误的 ")
for i in range(500):
    if prediction_result[i]!=np.argmax(mnist.test.labels[i]):
        print("i="+str(i)+
              "  label=",np.argmax(mnist.test.labels[i]),
              "predict=",prediction_result[i])
# 保存模型
saver = tf.train.Saver()
save_path = saver.save(sess, "saveModel/tensorflow_mlp_model1")
print("Model saved in file: %s" % save_path)
# 关闭会话
sess.close()
################################################################
```

训练执行结果如下：

```
Train Epoch: 01 Loss= 141.138320923  Accuracy= 0.9188
Train Epoch: 02 Loss= 96.662002563   Accuracy= 0.9306
Train Epoch: 03 Loss= 80.353309631   Accuracy= 0.9414
Train Epoch: 04 Loss= 72.770759583   Accuracy= 0.944
Train Epoch: 05 Loss= 64.203056335   Accuracy= 0.9546
Train Epoch: 06 Loss= 63.756851196   Accuracy= 0.9516
Train Epoch: 07 Loss= 61.279323578   Accuracy= 0.9562
Train Epoch: 08 Loss= 61.314449310   Accuracy= 0.9576
Train Epoch: 09 Loss= 55.971244812   Accuracy= 0.961
Train Epoch: 10 Loss= 58.699161530   Accuracy= 0.9604
Train Epoch: 11 Loss= 59.292861938   Accuracy= 0.9644
Train Epoch: 12 Loss= 60.596111298   Accuracy= 0.9588
```

```
Train Epoch: 13 Loss= 59.840492249  Accuracy= 0.9632
Train Epoch: 14 Loss= 52.204738617  Accuracy= 0.9672
Train Epoch: 15 Loss= 55.506675720  Accuracy= 0.9654
Train Finished takes: 396.94424772262573
Accuracy: 0.9624
```

从结果中可以看出，随着训练的进行，误差越来越小，准确率越来越高，最终模型准确率为 0.9624。画出准确率的执行结果，如图 5-13 所示。

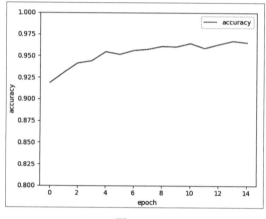

图 5-13

另外，查看预测结果的前 10 项数据，结果为 "[7 2 1 0 4 1 4 9 6 9]"，查看预测结果的第 248 项数据，结果为 "2"，查看测试数据的第 248 项数据，结果却是 "4"。

程序输出找出预测错误的结果，如下所示：

```
i=8      label= 5 predict= 6
i=62     label= 9 predict= 5
i=64     label= 7 predict= 3
i=125    label= 9 predict= 4
i=241    label= 9 predict= 8
i=247    label= 4 predict= 2
i=259    label= 6 predict= 0
i=320    label= 9 predict= 7
i=321    label= 2 predict= 8
i=340    label= 5 predict= 3
i=341    label= 6 predict= 8
i=359    label= 9 predict= 4
i=381    label= 3 predict= 7
i=417    label= 9 predict= 7
i=432    label= 4 predict= 5
i=444    label= 2 predict= 8
i=445    label= 6 predict= 0
i=447    label= 4 predict= 9
i=448    label= 9 predict= 8
i=460    label= 5 predict= 9
```

总结：我们用 TensorFlow 建立了多层感知器模型，识别 MNIST 数据集中的手写数字，并且尝试将模型加深（两个隐藏层），以提高准确率，准确率大约为 0.96。不过，多层感知器有极限，如果还要进一步提升准确率，就必须使用卷积神经网络。

■ 5.4.3 TensorFlow 卷积神经网络识别手写数字 ■

我们使用卷积神经网络来识别 MNIST 数据集的手写数字，卷积神经网络架构主要由输入层、卷积层、池化层、全连接层、输出层等组成。

- 输入层：输入层是整个神经网络的输入，在处理图像的卷积神经网络中，它一般代表了一幅图片的像素矩阵。
- 卷积层：卷积层是一个卷积神经网络中最重要的部分。和传统全连接网络不同，卷积层中每一个节点的输入只是上一层神经网络的一小块，卷积层试图将神经网络中的每一小块进行更加深入的分析，从而得到抽象程度更高的特征。
- 池化层：池化层神经网络不会改变三维矩阵的深度，但是它可以缩小矩阵的大小。池化操作可以认为是将一幅分辨率较高的图片转化为分辨率较低的图片。通过池化层，可以进一步缩小最后全连接层中节点的个数，从而达到减少整个神经网络中参数的目的。
- 全连接层：经过多轮卷积层和池化层的处理之后，在卷积神经网络的最后一般会有全连接层来给出最后的分类结果。
- 输出层：输出层用于将最终的结果输出，针对不同的问题，输出层的结构也不相同，例如 MNIST 数据集识别问题中，MNIST 数据集中数字是 0~9，要求实现多分类，需要使用 softmax 函数，输出层为有 10 个神经元的向量。

第一次卷积运算，输入数字图像的大小为 28×28，转换后会产生 16 幅图像，卷积运算不会改变图像的大小。第一次池化后缩减采样，将 16 幅 28×28 的图像缩小为 16 幅 14×14 图像。

第二次卷积运算，将原本 16 幅图像转换为 36 幅图像，图像大小仍然是 14×14；第 2 次池化缩减采样，将 36 幅 14×14 的图像缩小为 36 幅 7×7 的图像。

建立一个平坦层，可以将池化层 2 的 36 幅 7×7 的图像转换为一维的向量，长度是 7×7×36=1764，也就是 1764 个浮点数作为神经元的输入。

建立一个隐藏层，隐藏层有 128 个神经元，加入 Dropout 避免过拟合。

最后一个 softmax 输出层，共有 10 个神经元，对应数字 0~9。

在 TensorFlow 中必须自行设计每一层的张量运算，完整代码如下：

```
############################################################3
import tensorflow as tf
import tensorflow.examples.tutorials.mnist.input_data as input_data
mnist = input_data.read_data_sets("MNIST_data/", one_hot=True)
# 定义 weight 函数，用于建立权重张量
def weight(shape):
    return tf.Variable(tf.truncated_normal(shape, stddev=0.1),
                       name ='W')
```

```python
# 定义 bias 函数，用于建立偏置张量
def bias(shape):
    return tf.Variable(tf.constant(0.1, shape=shape)
                         , name = 'b')
# 定义 conv2d 函数，用于进行卷积运算
def conv2d(x, W):
    return tf.nn.conv2d(x, W, strides=[1,1,1,1],
                          padding='SAME')
# 定义 max_pool_2x2 函数，用于建立池化层
def max_pool_2x2(x):
    return tf.nn.max_pool(x, ksize=[1,2,2,1],
                            strides=[1,2,2,1],
                            padding='SAME')
# 建立输入层
with tf.name_scope('Input_Layer'):
    x = tf.placeholder("float",shape=[None, 784]
                         ,name="x")
    #x 原本是一维，后续要进行卷积与池化运算，必须转换为四维张量
    x_image = tf.reshape(x, [-1, 28, 28, 1])
# 建立卷积层 1
with tf.name_scope('C1_Conv'):
    W1 = weight([5,5,1,16])
    b1 = bias([16])
    Conv1=conv2d(x_image, W1)+ b1
    C1_Conv = tf.nn.relu(Conv1 )
# 建立池化层 1
with tf.name_scope('C1_Pool'):
    C1_Pool = max_pool_2x2(C1_Conv)
# 建立卷积层 2
with tf.name_scope('C2_Conv'):
    W2 = weight([5,5,16,36])
    b2 = bias([36])
    Conv2=conv2d(C1_Pool, W2)+ b2
    C2_Conv = tf.nn.relu(Conv2)
# 建立池化层 2
with tf.name_scope('C2_Pool'):
    C2_Pool = max_pool_2x2(C2_Conv)
# 建立平坦层
with tf.name_scope('D_Flat'):
    D_Flat = tf.reshape(C2_Pool, [-1, 1764])
# 建立隐藏层，加入 Dropout 避免过拟合
with tf.name_scope('D_Hidden_Layer'):
        W3 = weight([1764, 128])
        b3 = bias([128])
        D_Hidden = tf.nn.relu(
            tf.matmul(D_Flat, W3) + b3)
```

```
        D_Hidden_Dropout = tf.nn.dropout(D_Hidden,keep_prob=0.8)
# 建立输出层
with tf.name_scope('Output_Layer'):
    W4 = weight([128,10])
    b4 = bias([10])
    y_predict= tf.nn.softmax(
                tf.matmul(D_Hidden_Dropout,
                        W4)+b4)
# 定义模型训练方式
with tf.name_scope("optimizer"):
    y_label = tf.placeholder("float", shape=[None, 10],
                            name="y_label")
    loss_function = tf.reduce_mean(
        tf.nn.softmax_cross_entropy_with_logits
        (logits=y_predict,
         labels=y_label))
    optimizer = tf.train.AdamOptimizer(learning_rate=0.0001) \
        .minimize(loss_function)
# 定义评估模型的准确率
with tf.name_scope("evaluate_model"):
    correct_prediction = tf.equal(tf.argmax(y_predict, 1),
                                tf.argmax(y_label, 1))
    accuracy = tf.reduce_mean(tf.cast(correct_prediction, "float"))
# 定义训练参数
trainEpochs = 30
batchSize = 100
totalBatchs = int(mnist.train.num_examples/batchSize)
epoch_list=[];accuracy_list=[];loss_list=[];
from time import time
startTime=time()
sess = tf.Session()
sess.run(tf.global_variables_initializer())
# 进行训练
for epoch in range(trainEpochs):
    for i in range(totalBatchs):
        batch_x, batch_y = mnist.train.next_batch(batchSize)
        sess.run(optimizer, feed_dict={x: batch_x,y_label: batch_y})
        loss, acc = sess.run([loss_function, accuracy],
                        feed_dict={x: mnist.validation.images,
                                y_label: mnist.validation.labels})
    epoch_list.append(epoch)
    loss_list.append(loss);
    accuracy_list.append(acc)
    print("Train Epoch:", '%02d' % (epoch + 1), \
        "Loss=", "{:.9f}".format(loss), " Accuracy=", acc)
duration = time() - startTime
```

```
print("Train Finished takes:", duration)
# 画出准确率执行的结果
import matplotlib.pyplot as plt
plt.plot(epoch_list, accuracy_list,label="accuracy" )
fig = plt.gcf()
fig.set_size_inches(4,2)
plt.ylim(0.8,1)
plt.ylabel('accuracy')
plt.xlabel('epoch')
plt.legend()
plt.show()
# 使用 test 测试数据集评估模型的准确率
print("Accuracy:",
      sess.run(accuracy,feed_dict={x: mnist.test.images,
                                   y_label: mnist.test.labels}))

# 进行预测
prediction_result=sess.run(tf.argmax(y_predict,1),
                                 feed_dict={x: mnist.test.images ,
                                            y_label: mnist.test.labels})
print(" 查看预测结果的前 10 项数据 ")
print(prediction_result[:10])
print(" 查看预测结果的第 248 项数据 ")
print(prediction_result[247])
print(" 查看测试数据的第 248 项数据 ")
import numpy as np
print(np.argmax(mnist.test.labels[248]))
# 找出预测错误的
print(" 找出预测错误的 ")
for i in range(500):
    if prediction_result[i]!=np.argmax(mnist.test.labels[i]):
        print("i="+str(i)+
               "    label=",np.argmax(mnist.test.labels[i]),
               "predict=",prediction_result[i])
# 保存模型
saver = tf.train.Saver()
save_path = saver.save(sess, "saveModel/tensorflow_mlp_model1")
print("Model saved in file: %s" % save_path)
# 关闭会话
sess.close()
##################################################################
```

训练结果如下：

```
Train Epoch: 01 Loss= 1.592497230   Accuracy= 0.892
Train Epoch: 02 Loss= 1.542448878   Accuracy= 0.934
Train Epoch: 03 Loss= 1.526387930   Accuracy= 0.9436
Train Epoch: 04 Loss= 1.509701014   Accuracy= 0.9582
```

```
Train Epoch: 05 Loss= 1.505123258    Accuracy= 0.9614
Train Epoch: 06 Loss= 1.498368025    Accuracy= 0.966
Train Epoch: 07 Loss= 1.495814085    Accuracy= 0.9692
Train Epoch: 08 Loss= 1.491232157    Accuracy= 0.9734
Train Epoch: 09 Loss= 1.491030812    Accuracy= 0.973
Train Epoch: 10 Loss= 1.489010692    Accuracy= 0.9736
Train Epoch: 11 Loss= 1.486104131    Accuracy= 0.9778
Train Epoch: 12 Loss= 1.486713171    Accuracy= 0.976
Train Epoch: 13 Loss= 1.483739257    Accuracy= 0.9792
Train Epoch: 14 Loss= 1.483375430    Accuracy= 0.9806
Train Epoch: 15 Loss= 1.486829281    Accuracy= 0.9766
Train Epoch: 16 Loss= 1.482304454    Accuracy= 0.9808
Train Epoch: 17 Loss= 1.480912447    Accuracy= 0.9824
Train Epoch: 18 Loss= 1.479902387    Accuracy= 0.9826
Train Epoch: 19 Loss= 1.479429007    Accuracy= 0.9836
Train Epoch: 20 Loss= 1.481233954    Accuracy= 0.9804
Train Epoch: 21 Loss= 1.477774501    Accuracy= 0.9848
Train Epoch: 22 Loss= 1.479194760    Accuracy= 0.9838
Train Epoch: 23 Loss= 1.479267955    Accuracy= 0.9838
Train Epoch: 24 Loss= 1.477198005    Accuracy= 0.9848
Train Epoch: 25 Loss= 1.477845669    Accuracy= 0.9842
Train Epoch: 26 Loss= 1.477758288    Accuracy= 0.9842
Train Epoch: 27 Loss= 1.476124883    Accuracy= 0.9868
Train Epoch: 28 Loss= 1.478283405    Accuracy= 0.983
Train Epoch: 29 Loss= 1.476815462    Accuracy= 0.9856
Train Epoch: 30 Loss= 1.476340413    Accuracy= 0.9864
Train Finished takes: 2933.8104503154755
Accuracy: 0.9856
```

从训练结果可知准确率达到了 0.9856，相比之前的多层感知器模型，准确率得到进一步提高。画出准确率执行的结果，如图 5-14 所示。

查看预测结果的前 10 项数据：

```
[7 2 1 0 4 1 4 9 5 9]
```

查看预测结果的第 248 项数据：

```
2
```

查看测试数据的第 248 项数据：

```
4
```

找出预测错误的数据：

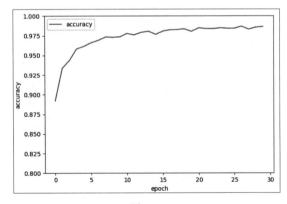

图 5-14

83

```
i=115    label= 4 predict= 9
i=151    label= 9 predict= 8
i=247    label= 4 predict= 2
i=320    label= 9 predict= 8
i=340    label= 5 predict= 3
i=445    label= 6 predict= 0
i=449    label= 3 predict= 5
i=492    label= 2 predict= 3
Model saved in file: saveModel/tensorflow_mlp_model1
```

总结：我们使用卷积神经网络来识别 MNIST 数据集的手写数字，其分类精确度接近 0.99。不过，如果使用 CPU 来进行训练，卷积神经网络训练需要很多时间；如果使用 GPU 来进行训练，可以减少训练所需的时间。

5.5 可视化工具 TensorBoard 的使用

TensorFlow 提供的 TensorBoard 可以让我们以可视化的方式来查看所建立的计算图。

TensorBoard 是一个非常有用的可视化工具，它对我们分析训练效果、理解训练框架和优化算法有很大的帮助。

首先，使用程序代码将要显示在 TensorBoard 的计算图写入 log 文件，代码如下：

```
merge_summary = tf.summary.merge_all()
writer = tf.summary.FileWriter("logs/", sess.graph)
```

然后，输入"pip list"命令查看 TensorFlow 和 TensorBoard 版本是否兼容。如果我们的 TensorBoard 是 2.1.0 版本，而 TensorFlow 是 1.3.0 版本，肯定不兼容。所以必须先输入"pip uninstall tensorboard"命令卸载当前的 TensorBoard 2.1.0 版本，如图 5-15 所示。

图 5-15

然后输入"pip install tensorboard==1.6.0"命令安装 TensorBoard 1.6.0 版本，如图 5-16 所示。

```
C:\Users\songl>pip install tensorboard==1.6.0
Collecting tensorboard==1.6.0
  Downloading tensorboard-1.6.0-py3-none-any.whl (3.0 MB)
    |████████████████████████████████| 3.0 MB 3.3 MB/s
Requirement already satisfied: numpy>=1.12.0 in c:\users\songl\appdata\local\programs\python\
python36\lib\site-packages (from tensorboard==1.6.0) (1.18.1)
Requirement already satisfied: html5lib==0.9999999 in c:\users\songl\appdata\local\programs\p
ython\python36\lib\site-packages (from tensorboard==1.6.0) (0.9999999)
Requirement already satisfied: six>=1.10.0 in c:\users\songl\appdata\local\programs\python\py
thon36\lib\site-packages (from tensorboard==1.6.0) (1.14.0)
Requirement already satisfied: wheel>=0.26 in c:\users\songl\appdata\local\programs\python\py
thon36\lib\site-packages (from tensorboard==1.6.0) (0.34.2)
Requirement already satisfied: markdown>=2.6.8 in c:\users\songl\appdata\local\programs\pytho
n\python36\lib\site-packages (from tensorboard==1.6.0) (3.1.1)
Requirement already satisfied: protobuf>=3.4.0 in c:\users\songl\appdata\local\programs\pytho
n\python36\lib\site-packages (from tensorboard==1.6.0) (3.11.2)
Requirement already satisfied: werkzeug>=0.11.10 in c:\users\songl\appdata\local\programs\pyt
hon\python36\lib\site-packages (from tensorboard==1.6.0) (0.16.1)
Requirement already satisfied: bleach==1.5.0 in c:\users\songl\appdata\local\programs\python\
python36\lib\site-packages (from tensorboard==1.6.0) (1.5.0)
Requirement already satisfied: setuptools>=36 in c:\users\songl\appdata\local\programs\python
\python36\lib\site-packages (from markdown>=2.6.8->tensorboard==1.6.0) (59.5.0)
Installing collected packages: tensorboard
Successfully installed tensorboard-1.6.0
```

图 5-16

下面用一个 TensorFlow 回归的例子来实践一下，画出它的流动图，代码如下：

```
################################################################
import tensorflow as tf
import numpy as np
#① prepare the original data
with tf.name_scope('data'):
     x_data = np.random.rand(100).astype(np.float32)
     y_data = 0.3*x_data+0.1
#② creat parameters
with tf.name_scope('parameters'):
     weight = tf.Variable(tf.random_uniform([1],-1.0,1.0))
     bias = tf.Variable(tf.zeros([1]))
#③ get y_prediction
with tf.name_scope('y_prediction'):
     y_prediction = weight*x_data+bias
#④ compute the loss
with tf.name_scope('loss'):
     loss = tf.reduce_mean(tf.square(y_data-y_prediction))
#⑤ creat optimizer
optimizer = tf.train.GradientDescentOptimizer(0.5)
#⑥ creat train ,minimize the loss
with tf.name_scope('train'):
     train = optimizer.minimize(loss)
#⑦ creat init
with tf.name_scope('init'):
     init = tf.global_variables_initializer()
#⑧ creat a Session
sess = tf.Session()
merge_summary = tf.summary.merge_all()
writer = tf.summary.FileWriter("logs/", sess.graph)
```

```
# ⑨ sess.run(init)
sess.run(init)
# ⑩ Loop
for step  in  range(101):
    sess.run(train)
    if step %10==0 :
        print (step ,'weight:',sess.run(weight),'bias:',sess.run(bias))
############################################################
```

程序代码解析如下：

（1）第一项是准备数据，使用了 NumPy 的函数，随机生成 100 个 float32 型的数据，并生成相应的观测值 y。

（2）第二项是生成训练参数，由 tf.Variable 函数生成 weight 和 bias，这个函数非常常用，变量都是用它来生成的。

（3）第三项是得到预测值，通过参数 weight、bias 与 x_data 运算得到。

（4）第四项是计算损失，观测值与预测值差值的平方取平均。

（5）第五项是生成一个优化器，使用的是梯度下降优化器。

（6）第六项是用优化器去最小化损失。

（7）第七项是生成初始化 op，相当于所有变量初始化的开关，在 sess 里运行则对所有变量进行初始化。

（8）第八项是生成会话。

（9）第九项是初始化所有变量，只要使用 tf.Variable 函数则都要用 sess.run(init) 进行初始化，如果参数没有进行初始化，则无法迭代更新。

（10）第十项是循环训练，执行 train，它会最小化损失。在这个过程中，参数也在不停地更新，我们用 print 打印出步数和参数值。

运行这个程序，具体输出如下：

```
0 weight: [0.5888286] bias: [-0.07670003]
10 weight: [0.4391125] bias: [0.0262666]
20 weight: [0.36481026] bias: [0.06564883]
30 weight: [0.33019403] bias: [0.08399636]
40 weight: [0.31406692] bias: [0.09254415]
50 weight: [0.30655354] bias: [0.09652644]
60 weight: [0.3030532] bias: [0.09838173]
70 weight: [0.30142245] bias: [0.09924606]
80 weight: [0.3006627] bias: [0.09964876]
90 weight: [0.30030873] bias: [0.09983636]
100 weight: [0.3001438] bias: [0.09992379]
```

启动 TensorBoard 的命令需要指定 log 文件目录，TensorBoard 会读取此目录并显示在"TensorBoard"界面上。

例如，执行 tensorboard --logdir=C:\Users\songl\PycharmProjects\tensorflow_demo\logs 命令，

可以看到在最后一行出现了访问链接（访问端口 6006），如图 5-17 所示，复制该链接，推荐使用 Google 浏览器将其打开。

```
C:\Users\song1\PycharmProjects\tensorflow_demo\logs>tensorboard --logdir=C:\Users\song1\PycharmProjects\tensorflow_demo\logs
W1212 22:11:07.314230 Reloader tf_logging.py:86] Found more than one graph event per run, or there was a metagraph containing
a graph_def, as well as one or more graph events. Overwriting the graph with the newest event.
W1212 22:11:07.314230 Reloader tf_logging.py:86] Found more than one metagraph event per run. Overwriting the metagraph with
the newest event.
TensorBoard 1.6.0 at http://LIHUANSONG-NB0:6006 (Press CTRL+C to quit)
```

图 5-17

在浏览器显示的 TensorBoard 界面中可以看到计算图，如图 5-18 所示。

这个就是上面代码的流动图，先初始化参数，算出预测，计算损失，然后训练，更新相应的参数。当然这个图还可以进一步展开，里面有更详细的显示。

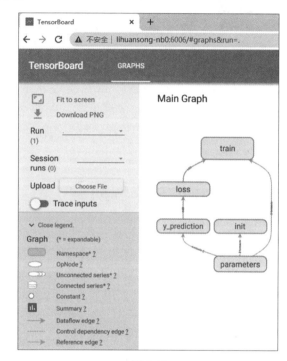

图 5-18

第 6 章
深度学习框架 Keras 入门

Keras 是一个极简的、高度模块化的神经网络库，采用 Python 开发，能够运行在 TensorFlow 平台，旨在完成深度学习的快速开发。Keras 的开发重点是支持快速的实验，能够以最小的时延把我们的想法转换为实验结果，是做好神经网络研究工作的关键。

6.1　Keras 架构简介

Keras 最初是作为 ONEIROS 项目（开放式神经电子智能机器人操作系统）研究工作的一部分而开发的。Keras 在希腊语中意为号角，是古希腊和拉丁文学中的一个文学形象，首次出现于《奥德赛》中，"梦神（Oneiroi，singular Oneiros）从这两类人中分离出来：那些用虚幻的景象欺骗人类、通过象牙之门抵达地球之人，以及那些宣告未来即将到来、通过号角之门抵达地球之人"。

Keras 是一款使用纯 Python 语言编写的神经网络 API，使用 Keras 能够快速实现我们的深度学习方案，所以 Keras 有着"为快速试验而生"的美称。Keras 以 TensorFlow、Theano、CNTK 为后端，即 Keras 的底层计算都是以这些框架为基础，这使得 Keras 能够专注于快速搭建神经网络模型。

众所周知，机器学习的三大要素是模型、策略、算法，如图 6-1 所示。模型是事先定义好的神经网络架构，深度学习的模型中一般有着上百万个权重，这些权重决定了输入数据 X 后模型会输出什么样的预测结果 Y，而所谓的"学习"就是寻找合适的权重，使得预测结果和真实目标尽可能接近。而说到接近就涉及了如何度量两个值的接近程度，这就是策略要做的事情，其实就是定义合适的目标函数（损失函数）。目标函数以真实目标 Y 和预测结果 Y′作为输入，输出一个损失值作为反馈信号来更新权重以减少这个损失值，而具体实现这一步骤的就是算法，即图中的优化器，优化器的典型例子就是梯度下降及其各种变种。

图 6-1 清晰地描绘了神经网络的整个训练过程，开始时权重被初始化为一些随机值，所以其预测结果和真实目标 Y 相差较大，相应的损失值也会很大。随着优化器不断地更新权重，使得损失值也越来越小，最后当损失值不再减少时，我们就得到了一个训练好的神经网络。

Keras 的设计基本上也是按照这个思路，先定义整个网络，具体表现为添加各种各样的层，再指定相应的损失函数和优化器，之后就可以开始训练了。可以把层想象成深度学习的乐高积木。

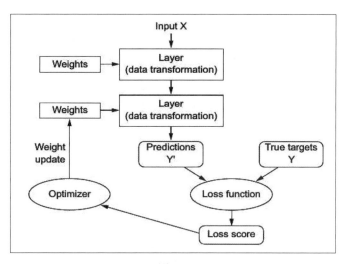

图 6-1

Keras 的设计原则如下：

（1）模块性：模型可以理解为一个独立的序列或图，使用完全可配置的模块以最少的代价自由地组合在一起。具体而言，网络层、损失函数、优化器、初始化策略、激活函数、正则化方法等都是独立的模块，我们可以使用它们来构建自己的模型。

（2）极简主义：每个模块都应该尽量简洁。每一段代码在初次阅读时都应该显得直观易懂，不能过于深奥难懂，否而它将给迭代和创新带来麻烦。

（3）易扩展性：添加新模块是一个超级简单和容易的操作，只需要仿照现有的模块编写新的类或函数即可。由于 keras 在创建新模块方面的便利性使其更适合于研究工作。

Keras 优先考虑开发人员的经验：

- Keras 是为人类而非机器设计的 API。Keras 遵循减少认知困难这一准则，提供一致且简单的 API。
- Keras 将常见案例所需的用户操作数量降至最低，并且在用户出现错误时提供清晰和可操作的反馈，这使 Keras 易于学习和使用。作为 Keras 用户，工作效率会更高，能够比竞争对手更快地尝试更多创意。
- Keras 的易用性并不以降低灵活性为代价。因为 Keras 与底层深度学习语言（特别是 TensorFlow）集成在一起，可以让我们实现任何可以用基础语言编写的东西。特别是 tf.keras 作为 Keras API 可以与 TensorFlow 工作流无缝集成。

6.2　Keras 常用概念

Keras 的核心数据结构是模型，也就是一种组织网络层的方式。在 Keras 中有两类主要的模型：Sequential（序贯或序列）模型和使用函数式 API 的 Model 类模型。最主要的是 Sequential 模型，创建好一个模型后就可以调用 add() 方法向模型里面添加层。层就像是深度学习的乐高积木块，将相互兼容的、相同或者不同类型的多个层拼接在一起，建立起各种神经网络模型。模型搭建完毕后，需要使用 complie() 方法米编译模型，之后就可以开始训练和预测了。Sequential 的第一层需要接收一个关于输入数据 shape 的参数，而后面的各个层可以自动推导出中间数据的 shape，这个参数可以由 input_shape()、input_dim() 等方法传递。

神经网络的基本数据结构就是层，常见的层简要说明如下：

- Dense 层：全连接层，全连接表示上一层的每一个神经元都和下一层的每一个神经元是相互连接的。卷积层和池化层的输出代表了输入图像的高级特征，全连接层的目的就是用这些特征将训练集进行分类。
- Activatiion 层：激活层，对一个层的输出使用激活函数。
- Dropout 层：对输入数据使用 Dropout。Dropout 将在训练过程的每次参数更新时按一定概率随机断开输入神经元。Dropout 层用于防止过拟合。
- Conv2D 层：卷积层，它的很多参数使用与 Dense 类似。kernel_size 参数表示卷积核在高度和宽度上的大小，strides 参数表示卷积核在图像上移动的步长，padding 参数定义当过滤器落在边界外时，如何做边界填充。
- Flatten 层：用来将输入"压平"，即把多维的输入一维化，常用在从卷积层到全连接层的过渡。
- Reshape 层：用来将输入 shape 转换为特定的 shape。
- MaxPooling2D 层：最大池化层，表示最大池化操作。
- GlobalAveragePooling2D 层：全局平平均池化层。

在深度学习中，输入数据一般都比较大，所以在训练模型时，一般采用批量数据而不是全部数据。深度学习的优化算法一般是梯度下降，通常需要把数据分为若干批，按批来更新参数，一个批中的一组数据共同决定本次梯度下降的方向，下降起来就不容易跑偏。Keras 中的 batch 参数指的就是这个批，每个 batch 对应网络的一次更新。epochs 参数指的就是所有批次的单次训练迭代，也就是总数据的训练次数，每个 epoch 对应网络的一轮更新。

构造好的模型需要进行编译，并且指定一些模型参数。compile() 方法用于编译模型，它接收三个参数：

- 优化器：已预定义的优化器名或一个 Optimizer 类对象，表示模型采用的优化方式。
- 损失函数：已预定义的损失函数名或一个损失函数，表示模型试图最小化的目标函数。
- 评估指标（Metrics）：已预定义指标的名字或用户定制的函数，用于评估模型性能。

fit() 方法用于训练模型，需要传入 NumPy 数组形式的输入数据和标签，可以指定 epochs（训练的轮数）和 batch_size（每个批包含的样本数）等参数。

6.3 Keras 创建神经网络基本流程

利用 Keras 创建神经网络模型是非常快速和高效的，其模型实现的核心流程可以用五个步骤来概括，如图 6-2 所示。

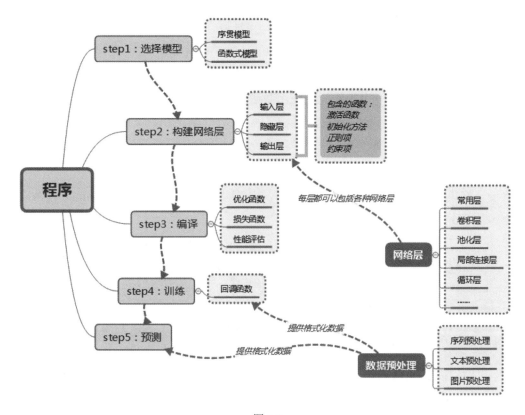

图 6-2

假设我们建立一个神经网络模型，输入层有 784 个神经元，隐藏层有 256 个神经元，输出层有 10 个神经元，建立这样的模型很简单，只需将神经网络层一层一层地加上去即可。

1. 第一步：选择模型

Keras 的核心数据结构是模型，一种组织网络层的方式。最简单的模型是 Sequential 模型，由多个网络层线性堆叠。对于更复杂的结构，我们应该使用 Keras 函数式 API，它允许构建任意的神经网络图。

导入所需的模块，建立一个线性堆叠模型，即 Sequential 模型，代码如下：

```
from keras import models
from keras import layers
model = models.Sequential()
```

后续只需要使用 model.add() 方法将各个神经网络层加入模型即可。

2. 第二步：构建网络层

其实就是设计我们的网络结构，调用 Keras 神经网络的各个模块来组装我们的模型架构，通过 add 方法来叠加。这一步是最需要仔细考虑的地方，关乎我们的神经网络的复杂性和高效与否。Kearas 已经内建各种神经网络层（例如 Dense 层、Conv2d 层），这里使用 moddel.add 方法加入 Dense 层。

如下代码，定义隐藏层神经元个数为 256，设置输入层神经元个数为 784：

```
model.add(layers.Dense(units=256,activation='relu',
                        input_dim=784,kernel_initializer='normal'))
```

加入输出层，该层有 10 个神经元，使用激活函数 softmax：

```
model.add(layers.Dense(units=10,kernel_initializer='normal',
                        activation='softmax'))
```

3. 第三步：编译模型

将设计好模型进行编译，即使用 compile 方法对训练模型进行设置。compile 方法需要设置以下三个基本参数：

- 优化器：用于找到使损失函数最小的权重。Keras 实现了梯度下降的优化算法，称为随机梯度下降（SGD），此外还有两种更高级的优化算法，RMSprop 和 Adam，三种算法中一般选用 Adam。优化器就是模型训练的指导教练，告诉模型该怎么调整权值，调整多大量，最终目标是将模型权值调整到最优。
- 损失函数：使用 cross_entropy（交叉熵，一种用于计算多分类问题误差的函数）作为损失函数。
- 评估指标：用于设置评估模型的方式，最为常用的分类评估指标是 accuracy（准确率），准确率就是正确的预测占全部数据的比重。

编译模型的代码如下：

```
model.compile(optimizer='adam',
                loss='categorical_crossentropy',
                metrics=['accuracy'])
```

4. 第四步：训练模型

使用 model.fit 方法对训练数据进行拟合训练，代码如下：

```
model.fit(X_train,Y_train,
        epochs=5,
        batch_size=200,
        validation_split=0.2,
        verbose=2)
```

其中：

- X_train,Y_train：表示用于训练的输入数据。
- epochs：表示训练的轮次。
- batch_size：用于指定数据批量，也就是每一次梯度下降更新参数时，所同时训练的样本数量。
- validation_split：表示训练数据和验证数据的比例，设置为 0.2 表示 80% 作为训练数据，20% 作为验证数据。

- verbose=2：表示显示训练过程。

5. 第五步：预测

对训练好的模型进行评估，使用 model.evaluate 评估模型的准确率，model.predict 是模型实际预测准确率，model.save 可以保存模型、权重、配置信息在一个 HDF5 文件中，models.load_model 可以重新实例化模型。

6.4 Keras 创建神经网络进行泰坦尼克号生还预测

本节用泰坦尼克号生还预测这样一个实际案例来介绍如何用 Keras 创建神经网络。

6.4.1 案例项目背景和数据集介绍

泰坦尼克号的沉没是当时人类和平时期航海史上最大的灾难之一。1912 年 4 月 15 日，在其首次航行期间，泰坦尼克号撞上冰山后沉没，2224 名乘客和机组人员中有 1502 人遇难。这场悲剧举世震惊，并促使各国制定出更好的船舶安全条例。海难导致生命损失的原因之一是没有足够的救生艇给乘客和机组人员。虽然幸存下来有一些运气的因素，但一些人比其他人更有可能获得生存机会，比如妇女、儿童和上层阶级。在本案例中，我们要完成对哪些人可能生存的分析，特别是要运用机器学习的工具来预测哪些乘客能幸免于难。

图 6-3 所示为本案例提供的训练数据集，主要包含 11 个字段，分别是：

- pclass：表示乘客所持票类（代表舱位等级），有三种值（1、2、3）。
- survived：表示是否存活，0 代表死亡，1 代表存活。
- name：表示乘客姓名。
- sex：表示乘客性别。
- age：表示乘客年龄（有缺失）。
- sibsp：表示乘客兄弟姐妹 / 配偶的个数（整数值）。
- parch：表示乘客父母 / 孩子的个数（整数值）。
- ticket：表示票号（字符串）。
- fare：表示乘客所持船票的价格（浮点数，范围为 0~500）。
- cabin：表示乘客所在船舱（有缺失）。
- embarked：表示乘客登船港口 S、C、Q（有缺失）。

A	B	C	D	E	F	G	H	I	J	K
pclass	survived	name	sex	age	sibsp	parch	ticket	fare	cabin	embarked
1	1	Allen, Miss. Elisabeth Walton	female	29	0	0	24160	211.3375	B5	S
1	1	Allison, Master. Hudson Trevo	male	0.9167	1	2	113781	151.5500	C22 C26	S
1	0	Allison, Miss. Helen Loraine	female	2	1	2	113781	151.5500	C22 C26	S
1	0	Allison, Mr. Hudson Joshua C	male	30	1	2	113781	151.5500	C22 C26	S
1	0	Allison, Mrs. Hudson J C (Bes	female	25	1	2	113781	151.5500	C22 C26	S
1	1	Anderson, Mr. Harry	male	48	0	0	19952	26.5500	E12	S

图 6-3

编写程序导入数据集，结果如图6-4所示。

由结果可知，Age 字段有 1046 人有记录，Cabin 字段有 295 人有记录，embarked 字段有少量缺失。

我们对数据集做探索性分析，代码如图6-5所示。

分析结果如图6-6所示，从图中我们可以形象地了解到乘客的信息，包括获救人数少于未获救人数、船上三等乘客人数最多、各等级的乘客的年龄分布、在 S 口岸上船的乘客最多，等等。

```
In [1]:    import pandas as pd   #数据分析
           import numpy as np   #科学计算
           from pandas import Series,DataFrame
           data_train = pd.read_csv(r'titanic3.csv')   #根据数据位置自行修改
           data_train.info()

<class 'pandas.core.frame.DataFrame'>
RangeIndex: 1310 entries, 0 to 1309
Data columns (total 14 columns):
 #   Column     Non-Null Count   Dtype
 0   pclass     1309 non-null    float64
 1   survived   1309 non-null    float64
 2   name       1309 non-null    object
 3   sex        1309 non-null    object
 4   age        1046 non-null    float64
 5   sibsp      1309 non-null    float64
 6   parch      1309 non-null    float64
 7   ticket     1309 non-null    object
 8   fare       1308 non-null    float64
 9   cabin      295 non-null     object
 10  embarked   1307 non-null    object
 11  boat       486 non-null     object
 12  body       121 non-null     object
 13  home.dest  745 non-null     object
dtypes: float64(7), object(7)
memory usage: 143.4+ KB
```

图 6-4

```
In [2]:    import matplotlib.pyplot as plt
           plt.rcParams['font.sans-serif'] = ['SimHei']   # 用来正常显示中文标签
           plt.rcParams['font.family']='sans-serif'
           plt.rcParams['axes.unicode_minus'] = False   # 用来正常显示负号
           fig = plt.figure()
           fig.set(alpha=0.2)   # 设定图表颜色alpha参数

           plt.subplot2grid((2,5),(0,0))   # 在一张大图里分列几个小图
           data_train.survived.value_counts().plot(kind='bar')   # 柱状图
           plt.title(u"获救情况（1为获救）")   # 标题
           plt.ylabel(u"人数")   # Y轴标签
           plt.subplot2grid((2,5),(0,3))
           data_train.pclass.value_counts().plot(kind="bar")   # 柱状图显示
           plt.ylabel(u"人数")
           plt.title(u"乘客等级分布")

           plt.subplot2grid((2,5),(1,0), colspan=3)
           data_train.age[data_train.pclass == 1].plot(kind='kde')   # 密度图
           data_train.age[data_train.pclass == 2].plot(kind='kde')
           data_train.age[data_train.pclass == 3].plot(kind='kde')
           plt.xlabel(u"年龄")   # plots an axis lable
           plt.ylabel(u"密度")
           plt.title(u"各等级的乘客年龄分布")
           plt.legend((u'头等舱', u'2等舱',u'3等舱'),loc='best')   # sets our legend for our graph.

           plt.subplot2grid((2,5),(1,4))
           data_train.embarked.value_counts().plot(kind='bar')
           plt.title(u"各登船口岸上船人数")
           plt.ylabel(u"人数")
           plt.show()
```

图 6-5

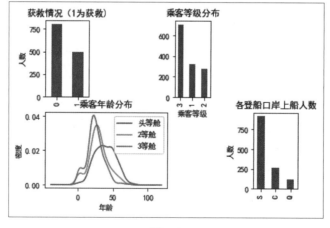

图 6-6

我们还要将乘客的各属性与其是否获救联系起来，比如，获救情况和乘客的舱位等级是否有关？获救情况和乘客性别、年龄是否有关？（允许妇女、小孩和老人优先搭乘救生艇）登船口岸是否是获救因素呢？（虽然感觉关系不大，但是也要考虑全面。）

不同舱位等级的乘客的获救情况如图 6-7 所示，从图中可以清楚看到舱位等级为 1 级的乘客获救人数多于未获救人数，而其他两个等级的乘客的获救人数则少于未获救人数。所以，乘客的舱位等级与获救情况有关联。

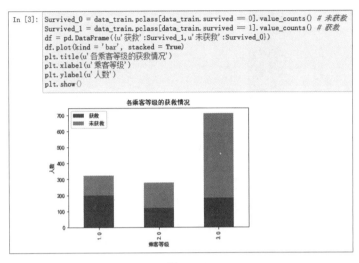

图 6-7

男性和女性的获救情况如图 6-8 所示，明显能够看出，未获救人员中男性乘客比例较大，获救人员中女性乘客比例较大。由此可以确定性别也是能否获救的一个重要因素。

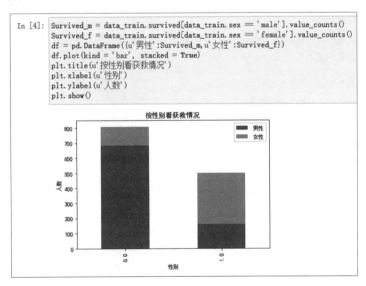

图 6-8

获救情况与登船口岸的关系如图 6-9 所示，从图中可以看出两者的相关性并不强，不能把登船口岸作为能否获救的一个因素。

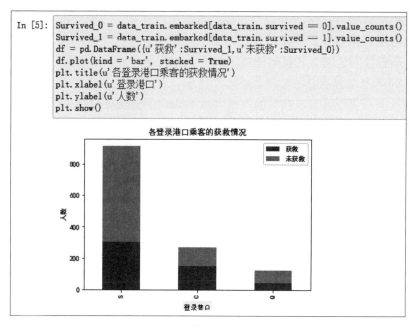

```
In [5]: Survived_0 = data_train.embarked[data_train.survived == 0].value_counts()
        Survived_1 = data_train.embarked[data_train.survived == 1].value_counts()
        df = pd.DataFrame({u'获救':Survived_1, u'未获救':Survived_0})
        df.plot(kind = 'bar', stacked = True)
        plt.title(u'各登录港口乘客的获救情况')
        plt.xlabel(u'登录港口')
        plt.ylabel(u'人数')
        plt.show()
```

图 6-9

乘客的兄弟姐妹、孩子、父母的人数，对是否获救的影响并不明显。

本案例是个不太复杂的数据处理题目，预测结果只有两种，但是题目所给因素较多，需要进行无关因素的排除，排除后再将数据进行预处理。预处理时，需要先补全缺失值。

■ 6.4.2 数据预处理 ■

在使用多层感知器模型进行训练和预测之前，必须完成数据预处理的工作。如图 6-10 所示，我们将之前数据预处理的命令全部收集在 PreprocessData 函数中，用这个函数对训练数据和测试数据进行预处理。其中，"numpy.random.seed(10)" 只是用来设置随机生成器的种子，如果使用相同的 seed() 值，则每次生成的随机数都相同；如果不设置这个值，则每次生成的随机数会因时间的差异而有所不同。

```
In [1]: import numpy;import pandas as pd
        from sklearn import preprocessing
        numpy.random.seed(10)

In [2]: all_df = pd.read_excel("titanic3.xls")
        cols=['survived','name','pclass','sex','age','sibsp',
              'parch','fare','embarked']
        all_df=all_df[cols]

In [3]: msk = numpy.random.rand(len(all_df)) < 0.8
        train_df = all_df[msk];test_df = all_df[~msk]

In [4]: def PreprocessData(raw_df):
            df=raw_df.drop(['name'], axis=1)
            age_mean = df['age'].mean()
            df['age'] = df['age'].fillna(age_mean)
            fare_mean = df['fare'].mean()
            df['fare'] = df['fare'].fillna(fare_mean)
            df['sex']= df['sex'].map({'female':0, 'male': 1}).astype(int)
            x_OneHot_df = pd.get_dummies(data=df,columns=["embarked" ])
            ndarray = x_OneHot_df.values
            Features = ndarray[:,1:]
            Label = ndarray[:,0]
            minmax_scale = preprocessing.MinMaxScaler(feature_range=(0, 1))
            scaledFeatures=minmax_scale.fit_transform(Features)
            return scaledFeatures, Label

In [5]: train_Features, train_Label=PreprocessData(train_df)
        test_Features, test_Label=PreprocessData(test_df)
```

图 6-10

在进行数据预处理时，name 字段在训练的时候不需要，因此先将其删除；age 和 fare 字段，如果其值是 null 则改为平均值；sex 字段是字符串，必须转换为 0 与 1；embarked 字段有 3 个分类，使用独热编码（one-hot encoding）进行转换。另外，由于数值特征字段的单位不同，例如年龄 29 岁、运费 211 元等，没有一个共同标准，需要使用标准化让所有数值都在 0 与 1 之间，使数值特征字段具有共同标准。使用标准化可以提高模型的准确率。

6.4.3 建立模型

导入所需模块，建立 Keras Sequential 模型，后续只需要将各个神经网络层加入模型即可。这里使用 model.add 方法加入全连接层，建立多层感知器模型，采用经典的"输入层→中间层（隐藏层）→输出层"结构，如图 6-11 所示。输入层有 9 个神经元（因为数据预处理后有 9 个特征字段）。隐藏层 1 有 80 个神经元，隐藏层 2 有 60 个神经元，隐藏层的激活函数用 ReLU 函数。输出层只有 1 个神经元，激活函数选择 sigmoid 函数，sigmoid 函数特别适用于需要预测概率作为输出的模型，我们后续要预测乘客是否存活，概率只存在于 0 到 1 之间，因此 sigmoid 函数是最适合我们这个模型选择。

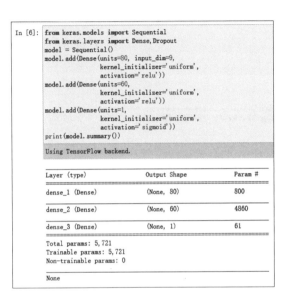

图 6-11

6.4.4 编译模型并进行训练

当我们建立好深度学习模型后，就可以使用反向传播算法进行训练。在训练模型之前，我们必须使用 compile 方法对模型进行参数设置，通过训练使近似分布逼近真实分布。如图 6-12 所示，设置 loss 为 binary_crossentropy（二元交叉熵函数，对于二分类问题来说，基本上固定选择 binary_crossentropy 作为损失函数），设置 optimizer 为 adam（adam 优化器可以让训练更快收敛），设置 metrics 为 accuracy。

使用 model.fit 方法对神经网络进行训练，训练过程会存储在 train_history 变量中。如图 6-12 所示，在 model.fit() 中输入训练数据参数，设置 validation_split 为 0.1、epoch 为 30、batch_size 为 30，显示训练过程。

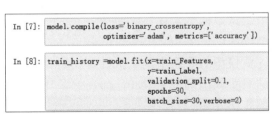

图 6-12

一共执行 30 个训练周期，每个周期完成后，计算本次训练周期后的误差与准确率，部分结果如图 6-13 所示。

```
Train on 930 samples, validate on 104 samples
Epoch 1/30
 - 0s - loss: 0.6812 - acc: 0.5882 - val_loss: 0.6160 - val_acc: 0.7885
Epoch 2/30
 - 0s - loss: 0.6159 - acc: 0.6602 - val_loss: 0.4893 - val_acc: 0.8077
Epoch 3/30
 - 0s - loss: 0.5342 - acc: 0.7667 - val_loss: 0.4607 - val_acc: 0.7788
Epoch 4/30
 - 0s - loss: 0.5026 - acc: 0.7484 - val_loss: 0.4611 - val_acc: 0.7885
Epoch 5/30
 - 0s - loss: 0.4862 - acc: 0.7656 - val_loss: 0.4534 - val_acc: 0.7885
Epoch 6/30
 - 0s - loss: 0.4799 - acc: 0.7688 - val_loss: 0.4382 - val_acc: 0.7981

Epoch 28/30
 - 0s - loss: 0.4525 - acc: 0.7839 - val_loss: 0.4195 - val_acc: 0.7981
Epoch 29/30
 - 0s - loss: 0.4454 - acc: 0.7957 - val_loss: 0.4216 - val_acc: 0.8173
Epoch 30/30
 - 0s - loss: 0.4555 - acc: 0.7935 - val_loss: 0.4254 - val_acc: 0.8173
```

图 6-13

6.4.5 模型评估

之前的训练步骤会将每一个训练周期的准确率与误差记录在 train_history 变量中，定义函数 show_train_history 读取 train_history 以图表显示训练过程。画出准确率评估的执行结果，可以发现无论是训练还是验证，准确率都越来越高，如图 6-14 所示。

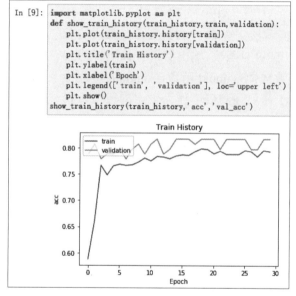

图 6-14

画出误差的执行结果，如图 6-15 所示，一共执行 30 个训练周期，可以发现，无论是训练还是验证，误差都越来越小。

训练完模型，现在要使用测试数据集来评估模型的准确率。使用 model.evaluate 评估模型的准确率，从执行结果可知准确率是 0.80，如图 6-16 所示。

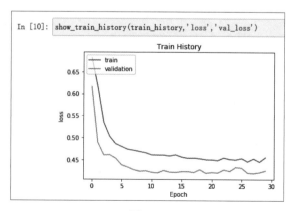

图 6-15

```
In [11]:   scores = model.evaluate(x=test_Features,
                                    y=test_Label)
           print(scores[1])

           275/275 [==============================] - 0s 43us/step
           0.803636364069852
```

图 6-16

6.4.6 预测和模型的保存

我们已经完成了模型的训练，该模型预测的准确率在我们的接受范围内，接下来将使用这个模型进行预测。增加两个虚拟人物 Jack（三等舱，男性，票价 5 元，年龄 23）和 Rose（一等舱，女性，票价 100 元，年龄 20），如图 6-17 所示。

```
In [13]:   #加入Jack & Rose数据,进行预测
           Jack = pd.Series([0 ,'Jack',3, 'male' , 23, 1, 0,  5.0000,'S'])
           Rose = pd.Series([1 ,'Rose',1, 'female', 20, 1, 0, 100.0000,'S'])

In [14]:   JR_df = pd.DataFrame([list(Jack),list(Rose)],
                       columns=['survived', 'name','pclass', 'sex',
                       'age', 'sibsp','parch', 'fare','embarked'])

In [15]:   all_df=pd.concat([all_df,JR_df])

In [16]:   all_df[-2:]
```

	survived	name	pclass	sex	age	sibsp	parch	fare	embarked
0	0	Jack	3	male	23.0	1	0	5.0	S
1	1	Rose	1	female	20.0	1	0	100.0	S

图 6-17

我们希望能用这个模型预测下他们的生存概率。由于 Jack 和 Rose 的数据是后面才加入的，所以必须再次执行数据预处理，使用 model.predict 传入参数 all_Features（特征字段）执行预测，如图 6-18 所示，返回预测结果 all_probability。

```
In [17]:   all_Features, Label=PreprocessData(all_df)

In [18]:   all_probability=model.predict(all_Features)

In [19]:   all_probability[:10]

Out[19]:   array([[0.9742587 ],
                  [0.6693111 ],
                  [0.9744076 ],
                  [0.39783973],
                  [0.9712522 ],
                  [0.26663923],
                  [0.94501126],
                  [0.3471673 ],
                  [0.9478666 ],
                  [0.25435448]], dtype=float32)
```

图 6-18

我们将 all_df（姓名与所有特征字段）与 all_probability（预测结果）整合，查看读取最后两列数据，该数据就是 Jack 与 Rose 的生存概率结果，如图 6-19 所示，Jack 的生存概率只有 0.15，Rose 的生存概率高达 0.96，符合电影《泰坦尼克号》的结局。

```
In [20]:   pd=all_df
           pd.insert(len(all_df.columns),
                   'probability',all_probability)
           #查看Jack & Rose数据的生存几率
           pd[-2:]
```

	survived	name	pclass	sex	age	sibsp	parch	fare	embarked	probability
0	0	Jack	3	male	23.0	1	0	5.0	S	0.153419
1	1	Rose	1	female	20.0	1	0	100.0	S	0.968450

图 6-19

最后保存模型，代码及其结果如图 6-20 所示。模型保存成功，以后可以直接载入模型，不用再定义网络和编译模型。

```
In [22]:   try:
               model.save('titanic_mlp_model.h5')
               print('模型保存成功！，以后可以直接载入模型，不用再定义网络和编译模型！')
           except:
               print('模型保存失败！')
```

模型保存成功！，以后可以直接载入模型，不用再定义网络和编译模型！

图 6-20

在这个案例里，我们对数据做探索分析，进行数据预处理，建立多层感知器模型，训练模型，使用训练完成的模型来预测乘客的生存概率，最后探究数据背后的真相。

6.5 Keras 创建神经网络预测银行客户流失率

本节用银行客户流失率预测这样一个实际案例来介绍如何用 Keras 创建神经网络。

6.5.1 案例项目背景和数据集介绍

客户流失意味着客户终止了和银行的各项业务。毫无疑问，一定量的客户流失会给银行带来巨大损失。考虑到避免一位客户流失的成本很可能远低于挖掘一位新客户，因此对客户流失情况的分析预测至关重要。

图 6-21 所示为本案例提供的数据集，分析了某银行的客户信息，主要包含 12 个字段，分别是：

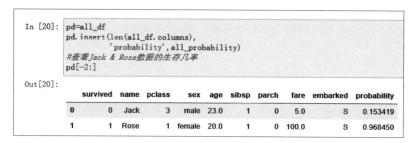

Name	Gender	Age	City	Tenure	ProductsNo	HasCard	ActiveMember	Credit	AccountBal	Salary	Exited
Kan Jian	Female	40	Beijing	9	2	0	1	516	6360.66	0	0
Xue Baoch	Male	69	Beijing	6	2	0	1	682	28605	0	0
Mao Xi	Female	32	Beijing	9	1	1	1	803	10378.09	236311.1	1
Zheng Ner	Female	37	Tianjin	0	2	1	1	778	25564.01	129909.8	1
Zhi Fen	Male	55	Tianjin	4	3	1	0	547	3235.61	136976.2	1

图 6-21

- Name：客户姓名。

- Gender：性别。
- Age：年龄。
- City：城市。
- Tenure：已经成为客户的年头。
- ProductsNo：拥有的产品数量。
- HasCard：是否有信用卡。
- ActiveMember：是否为活跃用户。
- Credit：信用评级。
- AccountBal：银行存款余额。
- Salary：薪水。
- Exited：客户是否会流失。

接下来，我们将从这些数据中探索客户流失的特征和原因，推测目前在客户管理、业务等方面可能存在的问题，建立预测模型来预警客户流失情况，为制定挽留策略提供依据。

首先读取文件，输出前 5 行数据，如图 6-22 所示。

```
import numpy as np #导入NumPy数学工具箱
import pandas as pd #导入Pandas数据处理工具箱
df_bank = pd.read_csv(r'BankCustomer.csv') # 根据实际位置修改，读取文件
df_bank.head() # 显示文件前5行
```

	Name	Gender	Age	City	Tenure	ProductsNo	HasCard	ActiveMember	Credit	AccountBal	Salary	Exited
0	Kan Jian	Female	40	Beijing	9	2	0	1	516	6360.66	0.0000	0
1	Xue Baochai	Male	69	Beijing	6	2	0	1	682	28605.00	0.0000	0
2	Mao Xi	Female	32	Beijing	9	1	1	1	803	10378.09	236311.0932	1
3	Zheng Nengliang	Female	37	Tianjin	0	2	1	1	778	25564.01	129909.8079	1
4	Zhi Fen	Male	55	Tianjin	4	3	1	0	547	3235.61	136976.1948	1

图 6-22

接下来显示数据的分布情况，这里使用 Matplotlib 画图工具包，代码如图 6-23 所示。

```
import matplotlib.pyplot as plt #导入matplotlib画图工具箱
import seaborn as sns #导入seaborn画图工具箱
# 显示不同特征的分布情况
features=['City', 'Gender','Age','Tenure',
         'ProductsNo', 'HasCard', 'ActiveMember', 'Exited']
fig=plt.subplots(figsize=(15,15))
for i, j in enumerate(features):
    plt.subplot(4, 2, i+1)
    plt.subplots_adjust(hspace = 1.0)
    sns.countplot(x=j,data = df_bank)
    plt.title("No. of costumers")
```

图 6-23

输出的数据的分布情况如图 6-24 所示，从图中可以看出北京的客户最多，客户男女比例相差不太，年龄和客户数量呈现正态分布，等等。

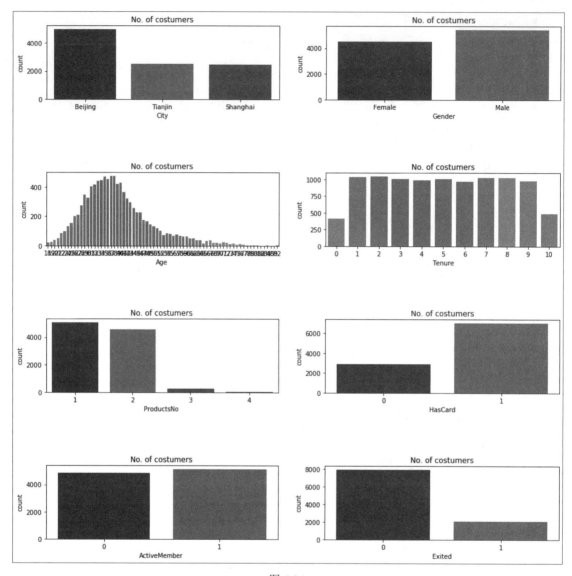

图 6-24

6.5.2 数据预处理

在创建模型之前必须做数据预处理，主要从以下三个方面进行数据清洗工作：

（1）性别：这是一个二元类别的特征，需要转换为 0/1 代码格式进行读取处理。

（2）城市：这是一个多元类别的特征，需要转换为多个二元类别的哑变量（Dummy Variable，又称虚拟变量、名义变量）。

（3）姓名：这个字段对于客户流失与否的预测应该是完全不相关的，可以在进一步处理之前将其忽略。

输出清洗之后的数据集的前五条数据，如图 6-25 所示。

```
# 把二元类别文本数字化
df_bank['Gender'].replace("Female", 0, inplace = True)
df_bank['Gender'].replace("Male", 1, inplace=True)
# 显示数字类别
print("Gender unique values", df_bank['Gender'].unique())
# 把多元类别转换成多个二元哑变量, 然后贴回原始数据集
d_city = pd.get_dummies(df_bank['City'], prefix = "City")
df_bank = [df_bank, d_city]
df_bank = pd.concat(df_bank, axis = 1)
# 构建特征和标签集合
y = df_bank ['Exited']
X = df_bank.drop(['Name', 'Exited','City'], axis=1)
X.head() #显示新的特征集
```

Gender unique values [0 1]

	Gender	Age	Tenure	ProductsNo	HasCard	ActiveMember	Credit	AccountBal	Salary	City_Beijing	City_Shanghai	City_Tianjin
0	0	40	9	2	0	1	516	6360.66	0.0000	1	0	0
1	1	69	6	2	0	1	682	28605.00	0.0000	1	0	0
2	0	32	9	1	1	1	803	10378.09	236311.0932	1	0	0
3	0	37	0	2	1	1	778	25564.01	129909.8079	0	0	1
4	1	55	4	3	1	0	547	3235.61	136976.1948	0	0	1

图 6-25

数据集拆分之后,下一步要做的就是特征缩放。神经网络不喜欢大的取值范围,需要将输入神经网络的数据标准化,把数据约束在较小的区间,这就是特征缩放。对数据进行标准化,其步骤是:对于输入数据的每个特征,减去特征平均值,再除以标准差,之后得到的特征平均值为 0,标准差为 1。这里可以直接调用 StandardScaler() 函数,如图 6-26 所示,它位于 sklearn 包下,StandardScaler 类是处理数据归一化和标准化的利器。

```
from sklearn.model_selection import train_test_split #拆分数据集
X_train, X_test, y_train, y_test = train_test_split(X, y,
                                    test_size=0.2, random_state=0)
from sklearn.preprocessing import StandardScaler # 导入特征缩放器
sc = StandardScaler() # 特征缩放器
X_train = sc.fit_transform(X_train) # 拟合并应用于训练集
X_test = sc.transform (X_test) # 训练集结果应用于测试集
```

图 6-26

注意 对于神经网络而言,特征缩放极为重要,特征缩放将最大程度地提高梯度下降的效率。

6.5.3 建立模型

导入所需模块,建立 Keras Sequential 模型,后续只需要将各个神经网络层加入模型中,这里使用 model.add 方法加入全连接层。Keras 构建出来的神经网络通过模块组装在一起,各个深度学习元件都是 Keras 模块,比如神经网络层、损失函数、优化器、参数初始化、激活函数、模型正则化等,都是可以组合起来构建新模型的模块。

全连接层是最常用的深度网络层的类型,即当前层和其下一层的所有神经元之间都有连接。这个网络只有 3 层,如图 6-27 所示。参数 Input_dim 是输入维度,输入维度必须与特征维度相同;参数 unit 是输出维度;参数 activation 是激活函数,这是每一层都需要设置的参数,

中间层常用 ReLU 函数。输出层，也是全连接层，指定的输出维度为 1，因为对于二分类问题，输出维度必须是 1；而对于多分类问题，有多少类别，维度就是多少。对于二分类问题的输出层，激活函数固定选择 sigmoid 函数。如果是神经网络多分类输出，激活函数是 softmax 函数，它是 sigmoid 的扩展版。

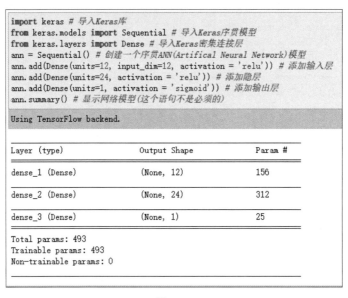

```
import keras # 导入Keras库
from keras.models import Sequential # 导入Keras序贯模型
from keras.layers import Dense # 导入Keras密集连接层
ann = Sequential() # 创建一个序贯ANN(Artifical Neural Network)模型
ann.add(Dense(units=12, input_dim=12, activation = 'relu')) # 添加输入层
ann.add(Dense(units=24, activation = 'relu')) # 添加隐层
ann.add(Dense(units=1, activation = 'sigmoid')) # 添加输出层
ann.summary() # 显示网络模型(这个语句不是必须的)

Using TensorFlow backend.


Layer (type)                 Output Shape              Param #

dense_1 (Dense)              (None, 12)                156

dense_2 (Dense)              (None, 24)                312

dense_3 (Dense)              (None, 1)                 25

Total params: 493
Trainable params: 493
Non-trainable params: 0
```

图 6-27

6.5.4 编译模型并进行训练

如图 6-28 所示，用 Sequential 模型的 compile 方法对整个网络进行编译时，设置 loss 为 binary_crossentropy，optimizer 为 adam，metrics 为 accuracy。

```
# 编译神经网络，指定优化器，损失函数，以及评估标准
ann.compile(optimizer = 'adam',                    #优化器
            loss = 'binary_crossentropy', #损失函数
            metrics = ['acc'])            #评估指标
```

图 6-28

训练神经网络也是通过 fit 方法实现，这里通过 history 变量把训练过程中的信息保存下来留待以后分析，如图 6-29 所示。这里的主要参数包括 epoch、batch_size 和 validation_data（用于指定验证集）。

```
history = ann.fit(X_train, y_train, # 指定训练集
                  epochs=30,         # 指定训练的轮次
                  batch_size=64,     # 指定数据批量
                  validation_data=(X_test, y_test)) #指定验证集,这里为了简化模型,直接用测试集数据进行验证
```

图 6-29

部分输出结果如图 6-30 所示，从图中可以看到预测准确率达到 86%。

```
Epoch 27/30
8000/8000 [==============================] - 0s 24us/step - loss: 0.3259 - acc: 0.8664 - val_loss: 0.3466 - val_acc: 0.8605
Epoch 28/30
8000/8000 [==============================] - 0s 23us/step - loss: 0.3259 - acc: 0.8648 - val_loss: 0.3474 - val_acc: 0.8575
Epoch 29/30
8000/8000 [==============================] - 0s 23us/step - loss: 0.3253 - acc: 0.8653 - val_loss: 0.3469 - val_acc: 0.8565
Epoch 30/30
8000/8000 [==============================] - 0s 27us/step - loss: 0.3250 - acc: 0.8666 - val_loss: 0.3465 - val_acc: 0.8600
```

图 6-30

6.5.5 模型评估

之前的训练步骤会将每一个训练周期的准确率与误差记录在 history 变量中，定义函数 show_history 读取 history 以图表显示训练过程，代码如图 6-31 所示。

```python
def show_history(history): # 显示训练过程中的学习曲线
    loss = history.history['loss']
    val_loss = history.history['val_loss']
    epochs = range(1, len(loss) + 1)
    plt.figure(figsize=(12,4))
    plt.subplot(1, 2, 1)
    plt.plot(epochs, loss, 'bo', label='Training loss')
    plt.plot(epochs, val_loss, 'b', label='Validation loss')
    plt.title('Training and validation loss')
    plt.xlabel('Epochs')
    plt.ylabel('Loss')
    plt.legend()
    acc = history.history['acc']
    val_acc = history.history['val_acc']
    plt.subplot(1, 2, 2)
    plt.plot(epochs, acc, 'bo', label='Training acc')
    plt.plot(epochs, val_acc, 'b', label='Validation acc')
    plt.title('Training and validation accuracy')
    plt.xlabel('Epochs')
    plt.ylabel('Accuracy')
    plt.legend()
    plt.show()
show_history(history) # 调用这个函数，并将神经网络训练历史数据作为参数输入
```

图 6-31

查看损失曲线和准确率曲线，曲线比较平滑，如图 6-32 所示。

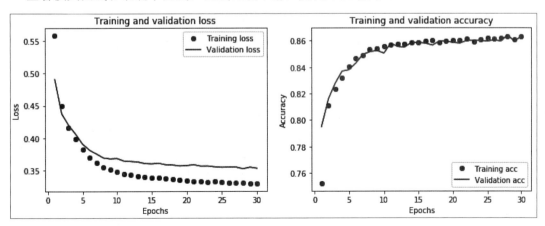

图 6-32

105

用神经网络模型的 predict 方法预测测试集的分类标签，然后把真实值和预测值做比较，利用 sklearn 中的分类报告功能（Classification Report）来计算 precision（精准率）、recall（召回率）和 F1-score（精准率和召回率的调和均值），如图 6-33 所示。

```
y_pred = ann.predict(X_test,batch_size=10) # 预测测试集的标签
y_pred = np.round(y_pred) # 四舍五入，将分类概率值转换成0/1整数值
from sklearn.metrics import classification_report # 导入分类报告
def show_report(X_test, y_test, y_pred): # 定义一个函数显示分类报告
    if y_test.shape != (2000,1):
        y_test = y_test.values # 把Panda series转换成Numpy array
        y_test = y_test.reshape((len(y_test),1)) # 转换成与y_pred相同的形状
    print(classification_report(y_test,y_pred,labels=[0, 1])) #调用分类报告
```

```
show_report(X_test, y_test, y_pred)

              precision    recall  f1-score   support

           0       0.88      0.96      0.92      1583
           1       0.75      0.49      0.59       417

avg / total       0.85      0.86      0.85      2000
```

图 6-33

我们关注阳性正样本类别（标签为 1），所对应的 F1-score 分数达到 0.59。

6.5.6 模型优化——使用深度神经网络辅以 Dropout 正则化

上文构建的单隐层神经网络模型还有提高的空间，比如从单隐层神经网络提高到深度神经网络。另外，在加深神经网络的同时辅以 Dropout 正则化策略，这会比用单隐层神经网络更好。

构建多层深度神经网络，并添加 Dropout 层（实现网络正则化，避免过拟合，随机删除一部分神经元），代码如图 6-34 所示。

```
import keras # 导入Keras库
from keras.models import Sequential # 导入Keras序贯模型
from keras.layers import Dense # 导入Keras密集连接层
from keras.layers import Dropout # 导入Dropout
ann = Sequential() # 创建一个序贯ANN模型
ann.add(Dense(units=12, input_dim=12, activation = 'relu')) # 添加输入层
ann.add(Dense(units=24, activation = 'relu')) # 添加隐层
ann.add(Dropout(0.5)) # 添加Dropout
ann.add(Dense(units=48, activation = 'relu')) # 添加隐层
ann.add(Dropout(0.5)) # 添加Dropout
ann.add(Dense(units=96, activation = 'relu')) # 添加隐层
ann.add(Dropout(0.5)) # 添加Dropout
ann.add(Dense(units=192, activation = 'relu')) # 添加隐层
ann.add(Dropout(0.5)) # 添加Dropout
ann.add(Dense(units=1, activation = 'sigmoid')) # 添加输出层
print(ann.summary())
```

图 6-34

构建多层深度神经网络，输出模型如图 6-35 所示。

```
Layer (type)                    Output Shape               Param #

dense_10 (Dense)                (None, 12)                 156

dense_11 (Dense)                (None, 24)                 312

dropout_5 (Dropout)             (None, 24)                 0

dense_12 (Dense)                (None, 48)                 1200

dropout_6 (Dropout)             (None, 48)                 0

dense_13 (Dense)                (None, 96)                 4704

dropout_7 (Dropout)             (None, 96)                 0

dense_14 (Dense)                (None, 192)                18624

dropout_8 (Dropout)             (None, 192)                0

dense_15 (Dense)                (None, 1)                  193

Total params: 25,189
Trainable params: 25,189
Non-trainable params: 0

None
```

图 6-35

模型编译训练，代码如图 6-36 所示，这里使用 adam 优化器算法。

```
ann.compile(optimizer = 'adam', # 优化器
            loss = 'binary_crossentropy', #损失函数
            metrics = ['acc']) # 评估指标
history = ann.fit(X_train, y_train, epochs=30, batch_size=64, validation_data=(X_test, y_test))
```

图 6-36

添加 Dropout 层，过拟合现象被抑制，针对客户流失样本的 F1-score 达到 0.61，如图 6-37 所示。

```
y_pred = ann.predict(X_test,batch_size=10) # 预测测试集的标签
y_pred = np.round(y_pred) # 四舍五入，将分类概率值转换成0/1整数值
from sklearn.metrics import classification_report # 导入分类报告
def show_report(X_test, y_test, y_pred): # 定义一个函数显示分类报告
    if y_test.shape != (2000,1):
        y_test = y_test.values # 把Panda series转换成Numpy array
        y_test = y_test.reshape((len(y_test),1)) # 转换成与y_pred相同的形状
    print(classification_report(y_test,y_pred,labels=[0, 1])) #调用分类报告
show_report(X_test, y_test, y_pred)

             precision   recall  f1-score   support

          0      0.89      0.94      0.91      1583
          1      0.69      0.54      0.61       417

avg / total      0.84      0.85      0.85      2000
```

图 6-37

这印证了在加深神经网络的同时辅以 Dropout 正则化的策略，比只用单隐层神经网络的结果更好。

第7章
数据预处理和模型评估指标

数据预处理是进行数据分析的第一步，获取干净的数据是得到良好分析效果的前提。如果我们想要自己的模型获得更好的预测，就必须对数据做预处理。模型评估是指对训练好的模型性能进行评估，用于评价模型的好坏。当然使用不同的性能指标对模型进行评估时往往会有不同的结果，也就是说模型的好坏是相对的，不仅取决于算法和数据，还取决于任务需求。因此，选取一个合适的模型评价指标是非常有必要的。

7.1 数据预处理的重要性和原则

不专业的人工智能开发者，往往在获得数据后就直接想使用一个算法模型，当他迫不及待地把数据输入模型，信心满满地运行模型后，结果看到一行一行的红色字体，意味着这些数据无效，这时候心态就崩了。数据科学家把他们的 50% ~ 80% 的时间花费在收集和准备不规则数据的平凡任务中，然后才能把余下的时间用来探索数据的有用价值。

在真实数据中，我们拿到的数据可能包含大量的缺失值，可能包含大量的噪音，也可能因为人工录入错误导致有异常点存在，这些都对我们挖掘有效信息造成了一定的困扰，所以我们需要通过一些方法来尽量提高数据的质量。较好的数据经过不同的模型训练后，其预测结果差距不是太大。在人工智能学习中，数据的质量关乎着学习任务的成败，直接影响着预测的结果。

对于数据的预处理，常用的处理原则和方法如下：

（1）针对数据缺失的问题，我们虽然可以将存在缺失的行直接删除，但这不是一个好办法，很容易引发问题，因此需要一个更好的解决方案。最常用的方法是，用其所在列的均值来填充缺失。

（2）不属于同一量纲即数据的规格不一样的数据，不能够放在一起比较。

（3）对于某些定量数据，其包含的有效信息为区间划分，例如学习成绩，假如只关心"及格"或"不及格"，那么需要将定量的考分转换成"1"和"0"来表示及格和不及格。二值化可以解决这一问题。

（4）大部分人工智能学习算法要求输入的数据必须是数字，不能是字符串，因为大部分算法无法直接处理描述变量，因此需要将描述变量转化为数字型变量。

（5）某些算法对数据归一化敏感，标准化可大大提高模型的精度。标准化即将样本缩放到指定的范围，标准化可消除样本间不同量级带来的影响（大数量级的特征占据主导地位；量级的差异将导致迭代收敛速度减慢；所有依赖于样本距离的算法对数据的量级都非常敏感）。

（6）在数据集中，样本往往会有很多特征，并不是所有特征都有用，只有一些关键的特征对预测结果起决定性作用。

7.2 数据预处理方法介绍

当我们对一批原始的数据进行预处理时，具体步骤如下：

步骤 01 首先要明确有多少特征，哪些是连续的，哪些是类别的。

步骤 02 检查有没有缺失值，对缺失的特征选择恰当方式进行填补，使数据完整。

步骤 03 对连续的数值型特征进行标准化，使得均值为 0，方差为 1。

步骤 04 对类别型的特征进行独热编码。

步骤 05 将需要转换成类别型数据的连续型数据进行二值化。

步骤 06 为防止过拟合或者其他原因，选择是否要将数据进行正则化。

数据预处理的工具有许多，比较常用的主要有两种：Pandas 库的数据预处理和 sklearn 库中的 sklearn.preprocessing 数据预处理。本章主要介绍使用 sklearn.preprocessing 包进行数据预处理。

7.2.1 数据预处理案例——标准化、归一化、二值化

在人工智能学习算法实践中，我们往往有着将不同规格的数据转换到同一规格，或不同分布的数据转换到某个特定分布的需求，这种需求统称为将数据"无量纲化"。无量纲化的目的是为了消除各评价指标间量纲和数量级的差异，以保证结果的可靠性，这就需要对各指标的原始数据进行特征缩放（特征缩放即数据标准化、数据归一化的笼统说法）。

如图 7-1 所示，对于房屋面积 x_1，其数值明显很大，若 x_1 不做处理，那么当 $x_1=2104$ 和 $x_2=3$ 时，x_2 就没意义了（x_2 的值太小），因此要做特征缩放。

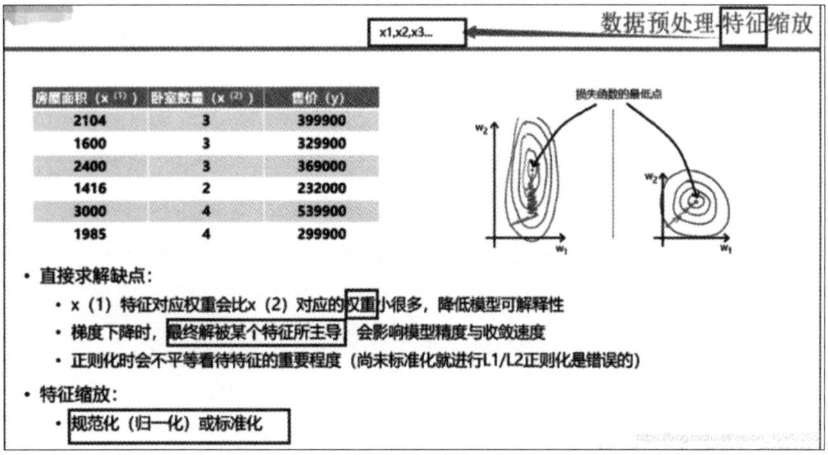

图 7-1

标准化是将数据按照比例缩放，使之放到一个特定区间中，标准化后的数据的均值为 0，标准差为 1。这里解释一下均值和标准差的概念。均值的概念很简单：所有数据之和除以数据点的个数，以此表示数据集的平均大小；其数学定义如图 7-2 所示。

说到标准差这个概念，我们先要了解一下方差的概念，方差的目的是为了表示数据集中数据点的离散程度，其数学定义如图 7-3 所示。

标准差与方差一样，表示的也是数据点的离散程度，其在数学上定义为方差的平方根，如图 7-4 所示。

$$\bar{x} = \frac{x_1 + x_2 + \cdots + x_n}{n}$$

$$s_N^2 = \frac{1}{N}\sum_{i=1}^{N}(x_i - \bar{x})^2$$

$$s_N = \sqrt{\frac{1}{N}\sum_{i=1}^{N}(x_i - \bar{x})^2}$$

图 7-2　　　　　　　　　　　图 7-3　　　　　　　　　　　图 7-4

我们想要的是标准差，方差只是中间计算过程，方差单位和数据单位不一致，没法使用。标准差和衡量的数据单位一致，使用起来会很方便。

标准化的数据可正可负，只不过归一化将数据映射到了 [0,1] 这个区间中，如图 7-5 所示。

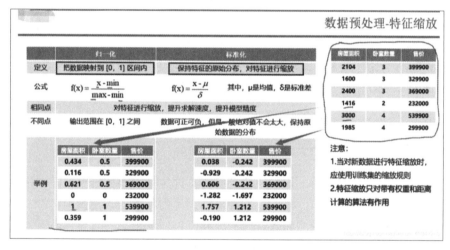

图 7-5

把数据缩放到给定的范围内，通常在 0 和 1 之间，或者使用每个特征的最大绝对值按比例缩放到单位大小。标准化后的数据是类似标准正态分布！标准化比归一化更加常用，因为归一化后数据会为 0。

在大多数算法中，会选择 sklearn.preprocessing.StandardScaler 函数来进行特征缩放，因为 MinMaxScaler 函数对异常值非常敏感。在聚类、逻辑回归、神经网络这些算法中，StandardScaler 往往是最好的选择。MinMaxScaler 在不涉及距离度量、梯度、协方差计算以及数据需要被压缩到特定区间时使用广泛，比如数字图像处理中量化像素强度时，都会使用 MinMaxScaler 将数据压缩在 [0,1] 区间中。

示例代码如下：

```
###########################################
import numpy as np
```

```
data = np.array([[3,-1.7,3.5,-6],
                 [0,4,-0.3,2.5],
                 [1,3.5,-1.8,-4.5]])
print(' 原始数据: ')
print(data)
from sklearn.preprocessing import StandardScaler
data_standardscaler=StandardScaler().fit_transform(data)
print(' 原始数据使用 StandardScaler 进行数据标准化处理后 :')
print(data_standardscaler)
from sklearn.preprocessing import MinMaxScaler
data_minmaxscaler=MinMaxScaler(feature_range=(0,1)).fit_transform(data)
print(' 原始数据使用 MinMaxScaler 进行归一化处理（范围缩放到 [0-1]）后 :')
print(data_minmaxscaler)
from sklearn.preprocessing import Binarizer
data_binarizer=Binarizer().fit_transform(data)
print(' 原始数据使用 binarizer 进行二值化处理后 :')
print(data_binarizer)
############################################################
```

运行代码，结果如图 7-6 所示。

```
原始数据：
[[ 3.   -1.7   3.5  -6. ]
 [ 0.    4.   -0.3   2.5]
 [ 1.    3.5  -1.8  -4.5]]
原始数据使用StandardScaler进行数据标准化处理后：
[[ 1.33630621 -1.4097709   1.35987612 -0.89984254]
 [-1.06904497  0.80188804 -0.34370495  1.39475594]
 [-0.26726124  0.60788287 -1.01617117 -0.4949134 ]]
原始数据使用MinMaxScaler进行归一化处理（范围缩放到[0-1]）后：
[[1.         1.         1.         0.        ]
 [0.         1.         0.28301887 1.        ]
 [0.33333333 0.9122807  0.         0.17647059]]
原始数据使用binarizer进行二值化处理后：
[[1. 0. 1. 0.]
 [0. 1. 0. 1.]
 [1. 1. 0. 0.]]
```

图 7-6

StandardScaler 标准化的原理是将特征数据的分布调整成标准正态分布（也叫高斯分布），也就是使得数据的均值为 0，方差为 1，这样就可以确保数据的"大小"都是一致的，更有利于模型的训练。而 MinMaxScaler 把所有的数据缩放到 0 和 1 之间。除了对数据进行缩放之外，我们还可以使用 Binarizer 对数据进行二值化处理，将不同的数据全部处理为 0 或 1 这两个数值。归一化其实就是标准化的一种方式，只不过归一化是将数据映射到了 [0,1] 这个区间中。

▌7.2.2 数据预处理案例——缺失值补全、标签化▌

很多情况下，真实的数据集中会存在缺失值，此时需要对缺失值进行处理。一种方法是将存在缺失值的整条记录直接删除，但是这样做可能会丢失一部分有价值的信息。另一种也是更好的一种方法是推定缺失数据，例如根据已知数据推算缺失的数据。SKImputer 类能够提供一些处理缺失值的基本方法，例如使用缺失值所处的一行或者一列的均值、中位数或者出现频率最高的值作为缺失数据的取值。

Label Encoder 就是把标签进行编码。比如标签是一串地名，无法直接输入到 sklearn 的分类模型里作为训练标签，所以需要先把地名转换成数字。LabelEncoder 方法就是帮我们处理这个问题的。

示例代码如下：

```
####################################
import numpy as np
from sklearn.preprocessing import Imputer
print("########### 缺失值补全 #############")
imp = Imputer(missing_values='NaN', strategy='mean', axis=0)
# 训练模型，拟合出作为替换值的均值
imp.fit([[1, 2], [np.nan, 3], [7, 6]])
x = [[np.nan, 2], [6, np.nan], [7, 6]]
print(x)
# 处理需要补全的数据
print(imp.transform(x))
print("##LabelEncoder_ 标准化标签，将标签值统一转换成 range( 标签值个数 -1) 范围内 #")
from sklearn import preprocessing
data=["Japan", "china", "Japan", "Korea","china"]
print(data)
le = preprocessing.LabelEncoder()
le.fit(data)
print(' 标签个数 :%s' % le.classes_)
print(' 标签值标准化 :%s' % le.transform(data))
data2=["Japan", "china", "china", "Korea", "Korea"]
print(data2)
print(' 标签值标准化 :%s' % le.transform(data2))
#################################################
```

运行代码，结果如图 7-7 所示。

```
###########缺失值补全#############
[[nan, 2], [6, nan], [7, 6]]
[[4.         2.        ]
 [6.         3.66666667]
 [7.         6.        ]]
###LabelEncoder_标准化标签，将标签值统一转换成range(标签值个数-1)范围内#
['Japan', 'china', 'Japan', 'Korea', 'china']
标签个数:['Japan' 'Korea' 'china']
标签值标准化:[0 2 0 1 2]
['Japan', 'china', 'china', 'Korea', 'Korea']
标签值标准化:[0 2 2 1 1]
```

图 7-7

上述代码中使用了 sklearn.preprocessing 库中的 Imputer 类，Imputer 中的参数解释如下：

- missing_values：缺失值，可以为整数或 NaN，默认为 NaN。
- strategy：替换策略，默认用均值 "mean" 替换，还可以选择中位数 "median" 或众数 "most_frequent"。
- axis：指定轴数，默认 axis=0 代表列，axis=1 代表行。

■ 7.2.3　数据预处理案例——独热编码 ■

在人工智能学习算法中,经常会遇到分类特征,例如,人的性别有男女,国家有中国、美国、法国等。这些特征值并不是连续的,而是离散的,无序的,通常需要对其进行特征数字化处理。其中一种可能的解决方法是采用独热编码。独热编码即 one-hot 编码,又称一位有效编码,其方法是使用 N 位状态寄存器来对 N 个状态进行编码,每个状态都有它独立的寄存器位,并且在任意时候,其中只有一位有效。可以这样理解,对于每一个特征,如果它有 m 个可能值,那么经过独热编码后,就变成了 m 个二元特征(如成绩这个特征有好、中、差,变成独热编码就是 100、010、001)。并且,这些特征互斥,每次只有一个被激活,因此,数据会变稀疏。

示例如下:

性别特征:[" 男 ", " 女 "]
国家特征:[" 中国 ", " 美国, " 法国 "]
体育运动特征:[" 足球 ", " 篮球 ", " 羽毛球 ", " 乒乓球 "]

假如某个样本(某个人),她的特征是 [" 女 "," 中国 "," 羽毛球 "],如何对这个样本进行特征数字化呢?即转化为数字表示后,样本要能直接用在分类器中,而分类器往往默认数据数据是连续的,并且是有序的。

用独热编码解决上述问题,做法如下:

按照 N 位状态寄存器来对 N 个状态进行编码的原理进行处理后转换为,性别特征:[" 男 ", " 女 "](这里只有两个特征,所以 N=2):

男　=>　10
女　=>　01

国家特征:[" 中国 "," 美国 "," 法国 "](N=3)转换为:

中国　=>　100
美国　=>　010
法国　=>　001

运动特征:[" 足球 "," 篮球 "," 羽毛球 "," 乒乓球 "](N=4)转换为:

足球　=>　1000
篮球　=>　0100
羽毛球　=>　0010
乒乓球　=>　0001

所以,当一个样本为 [" 女 "," 中国 "," 羽毛球 "] 的时候,其完整的特征数字化的结果为:

[0, 1, 1, 0, 0, 0, 0, 1, 0]

程序代码如下:

```
####################################
from sklearn import preprocessing
```

```
enc = preprocessing.OneHotEncoder()
data=[[0, 0, 3], [1, 1, 0], [0, 2, 1], [1, 0, 2]]
print(' 数据矩阵是 4*3，即 4 个数据，3 个特征维度 :')
print(data)
enc.fit(data)        # 使用 fit 来学习编码
x=[[0, 1, 3]]
print(' 再来看要进行编码的参数 :')
print(x)
print('onehot 编码的结果 :')
print(enc.transform(x).toarray())
#######################################
```

运行代码，结果如图 7-8 所示。数据矩阵是 4×3，即 4 个数据，3 个特征维度。观察数据矩阵，第一列为第一个特征维度，有两种取值 0\1，所以对应的编码方式为 10、01。同理，第二列为第二个特征维度，有三种取值 0\1\2，所以对应编码方式为 100、010、001。同

理，第三列为第三个特征维度，有四种取值 0\1\2\3，所以对应编码方式为 1000、0100、0010、0001。再来看要进行编码的参数 [0, 1, 3]，0 作为第一个特征编码为 10，1 作为第二个特征编码为 010，3 作为第三个特征编码为 0001，故此编码结果为 [1 0 0 1 0 0 0 0 1]。

```
数据矩阵是 4*3，即 4 个数据，3 个特征维度 :
[[0, 0, 3], [1, 1, 0], [0, 2, 1], [1, 0, 2]]
再来看要进行编码的参数 :
[[0, 1, 3]]
onehot编码的结果 :
[[1. 0. 0. 1. 0. 0. 0. 0. 1.]]
```

图 7-8

独热编码解决了分类器不好处理属性数据的问题，在一定程度上也起到了扩充特征的作用。它的值只有 0 和 1，不同的类型存储在垂直的空间。其缺点是当类别的数量很多时，特征空间会变得非常大。

独热编码用来解决类别型数据的离散值问题。将离散型特征进行独热编码是为了让距离计算更合理。但如果特征是离散的，并且不用独热编码就可以很合理地计算出距离，那么就没必要进行独热编码。例如，有些基于树的算法在处理变量时并不是基于向量空间度量，数值只是个类别符号，即没有偏序关系，所以不用进行独热编码。

7.2.4 通过数据预处理提高模型准确率

数据预处理的意义究竟有多大？我们使用红酒的数据集来测试一下，这里使用多层神经网络模型（使用基于 Python 的 sklearn 机器学习算法库来构建多层神经网络模型），通过示例给读者一个数据预处理对模型的准确率的影响究竟有多大的理性认识。

程序代码和详细注释如下：

```
#############################################
# 导入红酒数据集
from sklearn.datasets import load_wine
# 导入 MLP 多层神经网络
from sklearn.neural_network import MLPClassifier
# 导入数据集拆分工具
```

```
from sklearn.model_selection import train_test_split
# 红酒数据集
wine = load_wine()
# 把数据集拆分为训练集和数据集
X_train, X_test, y_train, y_test = train_test_split(wine.data,
                                              wine.target,
                                              random_state=62)
print(X_train.shape, X_test.shape)
# 设定神经网络的参数
# MLP 的隐藏层为 2 个，每层有 100 个节点，最大迭代数为 400
# 指定 random_state 的数值为 62，为了重复使用模型，其训练的结果都是一致的
mlp = MLPClassifier(hidden_layer_sizes=[100,100],max_iter=400,
                 random_state=62)
# 拟合数据训练模型
mlp.fit(X_train, y_train)
# 输出模型得分
print(' 数据没有经过预处理模型得分 :{:.2f}'.format(mlp.score(X_test, y_test)))
from sklearn.preprocessing import MinMaxScaler
scaler = MinMaxScaler()
scaler.fit(X_train)
X_train_pp = scaler.transform(X_train)
X_test_pp = scaler.transform(X_test)
mlp.fit(X_train_pp, y_train)
print(' 数据预处理后的模型得分 :{:.2f}'.format(mlp.score(X_test_pp,y_test)))
MinMaxScaler(feature_range=(0, 1), copy=True)
MaxAbsScaler(copy=True)
#####################################################
```

运行代码，结果如图 7-9 所示，训练集样本数目为 133，
而测试集中样本数量为 45。我们用训练数据集来训练一个
MLP 多层神经网络（后面章节会详细介绍神经网络），在没
有经过预处理的情况下，模型的得分只有 0.24。当对数据集
进行预处理后，模型的得分大幅提高，直接提升到了 1.00。

```
(133, 13) (45, 13)
数据没有经过预处理模型得分:0.24
数据预处理后的模型得分:1.00
```

图 7-9

7.3 常用的模型评估指标

"没有测量，就没有科学。"这是科学家门捷列夫的名言。在计算机科学中，特别是在
机器学习领域，对模型的测量和评估同样至关重要。只有选择与问题相匹配的评估方法，才
能够快速发现在模型选择和训练过程中可能出现的问题，迭代地对模型进行优化。本节将总
结机器学习、深度学习中最常见的模型评估指标，其中包括：

- Confusion Matrix（混淆矩阵）。
- Precision。

- Recall。
- F1-score。
- PRC（Precision Recall Curve，精准率召回率曲线）。
- ROC（Receiver Operating Characteristic，受试者工作特征）和 AUC（Area Under Curve，曲线下方面积）。
- IoU（Intersection over Union，交并比）。

1. 混淆矩阵

看一看下面这个例子：假定水果批发商拉来一车苹果，我们用训练好的模型对这些苹果进行判别，显然可以使用错误率来衡量有多少比例的苹果被判别错误。但如果我们关心的是"挑出的苹果中有多少比例是优质的苹果"，或者"所有优质的苹果中有多少比例被挑出来了"，那么错误率显然就不够用了，这时我们需要引入新的评估指标，比如"精准率""召回率"等更适合此类需求的性能度量。

在引入召回率和精准率之前，必须先理解什么是混淆矩阵，初学者很容易被这个矩阵搞得晕头转向。如图 7-10 所示，图（a）Conufusion Matrix 就是有名的混淆矩阵，而图（b）Definitions of metrics 则是由混淆矩阵推出的一些有名的评估指标。

	actual positive	actual negative
predicted positive	TP	FP
predicted negative	FN	TN

(a) Confusion Matrix

$$Recall = \frac{TP}{TP+FN}$$

$$Precision = \frac{TP}{TP+FP}$$

$$True\ Positive\ Rate = \frac{TP}{TP+FN}$$

$$False\ Positive\ Rate = \frac{FP}{FP+TN}$$

(b) Definitions of metrics

图 7-10

首先解读一下混淆矩阵里的一些名词及其含义。根据混淆矩阵我们可以得到 TP、FN、FP、TN 四个值，显然 TP+FP+TN+FN= 样本总数。这四个值中都带两个字母，单纯记忆这四种情况是很难记得牢的，我们可以这样理解：第一个字母表示本次预测的正确性，T 就是正确，F 就是错误；第二个字母则表示由分类器预测的类别，P 代表预测为正例，N 代表预测为反例。比如，TP 可以理解为分类器预测为正例（P），而且这次预测是对的（T）；FN 可以理解为分类器的预测是反例（N），而且这次预测是错误的（F），正确结果是正例，即一个正样本被错误预测为负样本。我们使用以上的理解方式来记住 TP、FP、TN、FN 的意思，应该就不再困难了。对混淆矩阵的四个值总结如下：

- True Positive（TP，真正）：被模型预测为正的正样本。
- True Negative（TN，真负）：被模型预测为负的负样本。
- False Positive（FP，假正）：被模型预测为正的负样本。
- False Negative（FN，假负）：被模型预测为负的正样本。

2. Precision、Recall、PRC、F1-score

Precision 即为精准率（或查准率），Recall 即为召回率（或查全率）。精准率 P 和召回率 R 的定义如图 7-11 所示。

具体含义如下：

- 精准率：是指在所有系统判定的"真"的样本中，确实是真的占比。
- 召回率：是指在所有确实为真的样本中，被判定为"真"的占比。

而 Accuracy（准确率）的公式如图 7-12 所示。

$$P = \frac{TP}{TP + FP}$$

$$R = \frac{TP}{TP + FN}$$

图 7-11

$$accuracy = \frac{TP + TN}{TP + FP + FN + TN}$$

图 7-12

精准率和准确率是不一样的。准确率针对所有样本；精准率针对部分样本，即正确的预测 / 总的正反例。

精准率和召回率是一对矛盾的度量。一般而言，精准率高时，召回率往往偏低；而召回率高时，精准率往往偏低。从直观理解确实如此：我们如果希望优质的苹果尽可能多地被选出来，则可以通过增加选苹果的数量来实现；如果将所有苹果都选上了，那么所有优质苹果也必然被选上，但是这样精准率就会降低；若希望选出的苹果中优质的苹果的比例尽可能高，则只选最有把握的苹果，但这样难免会漏掉不少优质的苹果，导致召回率较低。通常只有在一些简单任务中，才可能使召回率和精准率都很高。

再来看 PRC，它是以精准率为 Y 轴、召回率为 X 轴作的曲线图，是综合评价整体结果的评估指标。哪种类型（正或者负）样本多，权重就大，也就是通常说的"对样本不均衡敏感""容易被多的样品带走"。

如图 7-13 所示就是一幅 PrecisionRecall 表示图（简称 P-R 图），它能直观地显示出学习器在样本总体上的召回率和精准率，显然它是一条总体趋势递减的曲线。在进行比较时，若一个学习器的 PR 曲线被另一个学习器的 PR 曲线完全包住，则可断言后者的性能优于前者，比如图 7-13 中曲线 A 优于 C。但是 B 和 A 谁更好呢？因为 A、B 两条曲线交叉了，所以很难比较，这时比较合理的判据就是比较 PR 曲线下的面积，该指标在一定程度上表征了学习器在精准率和召回率上取得相对"双高"的比例。因为这个值不容易估算，所以人们引入"平衡点"（BEP）来度量，它表示"精准率 = 召回率"时的取值，值越大表明分类器性能越好，以此来比较我们一下子就能判断出 A 较 B 好。

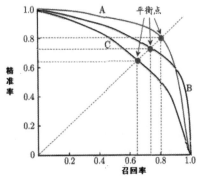

图 7-13

以 BEP 来度量有点过于简单了，更常用的是 F1-score 度量，其公式如图 7-14 所示。F1-score 是一个综合考虑 Precision 和 Recall 的指标，比 BEP 更为常用。

$$F1 = \frac{1}{\frac{1}{P} + \frac{1}{R}} = \frac{2 \times P \times R}{P + R}$$

图 7-14

3. ROC 与 AUC

ROC 全称是 Receiver Operating Characteristic（受试者工作特征）曲线，ROC 曲线以真正例率（True Positive Rate，TPR）为 Y 轴，以假正例率（False Positive Rate，FPR）为 X 轴，对角线对应于随机猜测模型，而 (0, 1) 则对应理想模型，ROC 形式如图 7-15 所示。

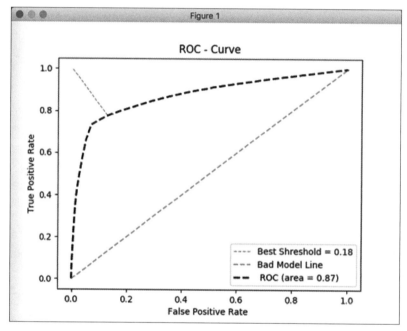

图 7-15

TPR 和 FPR 的定义如图 7-16 所示。

从形式上看，TPR 就是之前提到的召回率 Recall，而 FPR 的含义就是所有确实为"假"的样本中被误判"真"的样本的比例。

$$TPR = \frac{TP}{TP + FN}$$

$$FPR = \frac{FP}{TN + FP}$$

图 7-16

进行学习器比较时，ROC 与 P-R 图相似，若一个学习器的 ROC 曲线被另一个学习器的 ROC 曲线包住，那么我们可以断言后者性能优于前者；若两个学习器的 ROC 曲线发生交叉，则可以比较 ROC 曲线下的面积，即 AUC，面积大的曲线对应的分类器性能更好。

AUC 表示 ROC 曲线下方的面积，其值越接近 1 表示分类器越好，若分类器的性能极好，则 AUC 为 1。但现实生活中尤其是工业界不会有如此完美的模型，一般 AUC 的取值范围为 0.5～1。AUC 越高，模型的区分能力越好。

图 7-17 展现了三种 AUC 的值。

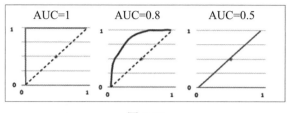

图 7-17

- AUC = 1，是完美分类器，采用这个预测模型时，不管设定什么阈值都能得出完美预测。绝大多数预测的场合，不存在完美分类器。
- 0.5 < AUC < 1，优于随机猜测。这个分类器（模型）妥善设定阈值的话，具有预测价值。
- AUC = 0.5，跟随机猜测一样（例：丢铜板），模型没有预测价值。
- AUC<0.5，比随机猜测还差，但只要总是反预测而行，就能优于随机猜测，因此不存在 AUC<0.5 的情况。

AUC 对于每一个做机器学习的人来说一定不陌生，它是衡量二分类模型优劣的一种评价指标，表示正例排在负例前面的概率。之前我们说过评估指标有精确率、召回率，而 AUC 比这两者更为常用。因为一般在分类模型中，预测结果都是以概率的形式表现，如果要计算准确率，通常都会手动设置一个阈值来将对应的概率转化成类别，这个阈值在很大程度上影响了模型计算的准确率。

不妨举一个极端的例子：一个二类分类问题一共 10 个样本，其中 9 个样本为正例，1 个样本为负例，在全部判正的情况下精确率将高达 90%，而这并不是我们希望的结果，尤其是在这个负例样本得分还是最高的情况下，模型的性能本应极差，从精确率上看却截然相反。AUC 能很好描述模型整体性能的高低，这种情况下，模型的 AUC 值将等于 0（当然，通过取反可以解决小于 50% 的情况，不过这就是另一回事了）。

怎么选择评估指标？

当然是具体问题具体分析，单纯地回答谁好谁坏没有意义，我们需要结合实际场景作出合适的选择。

例如如下两个场景：

（1）地震的预测。对于地震的预测，我们希望的是召回率非常高，也就是说每次地震我们都希望预测出来。这个时候可以牺牲精确率，情愿发出 1000 次警报，把 10 次地震都预测正确了，也不要预测 100 次对了 8 次漏了 2 次。所以我们可以设定在合理的精确率下，最高的召回率作为最优点，找到这个对应的阈值。

（2）嫌疑人定罪。基于不错怪一个好人的原则，对于嫌疑人的定罪我们希望非常准确，没有证据就不能给嫌疑人定罪（召回率低）。

ROC 和 PRC 在模型性能评估上效果都差不多，但需要注意的是，在正负样本分布得极不均匀（Highly Skewed Datasets）的情况下，PRC 比 ROC 能更有效地反映分类器的好坏。在数据极度不平衡的情况下，譬如说 1 万封邮件中只有 1 封垃圾邮件，那么如果我们挑出 10 封、50 封、100 封……垃圾邮件（假设我们每次挑出的 N 封邮件中都包含真正的那封垃圾邮件），召回率都是 100%，FPR 分别是 9/9999、49/9999、99/9999（FPR 越低越好），而精确率却只有 1/10、1/50、1/100（精确率越高越好）。所以在数据非常不均衡的情况下，根据 ROC 的 AUC 可能判定不出好坏，而 PRC 就要敏感得多。

4. IoU

IoU 是目标检测任务中常用的评价指标。举例如图 7-18 所示，浅色框（偏上方）是真实感兴趣区域，深色框（偏下方）是预测区域。有时候预测区域并不能准确预测物体位置，因为预测区域总是试图覆盖目标物体而不是正好预测出物体位置，虽然二者的交集确实是最大的。这时如果我们能除以一个并集的大小，就可以规避这种问题。这就是 IoU 要解决的问题了。

IoU 的具体意义如图 7-19 所示，即预测框与标注框的交集与并集之比，数值越大表示该检测器的性能越好。

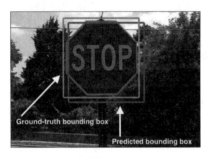

图 7-18

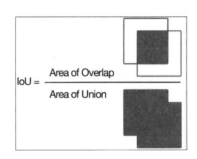

图 7-19

使用 IoU 评价指标，我们需要控制并集，不要让并集太大，这对准确预测是有益的，因为这样做有效抑制了一味地追求交集最大的情况发生。如图 7-20 所示的第 2 个和第 3 个小图就是目标检测效果比较好的情况。

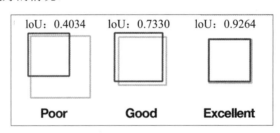

图 7-20

总结来说，IoU 值可以理解为系统预测出来的框与原来图片中标记的框的重合程度。它的计算方法也很简单，检测结果（Detection Result）与标注数据（Ground Truth）的交集比上它们的并集，即为检测的准确率。

第 8 章
图像分类识别

深度学习在计算机图像识别领域上的应用非常成功。特别是卷积神经网络,它是专门为计算机视觉领域设计的架构,适合处理诸如图像分类、图像识别之类的任务,在历年 ImageNet 比赛中大多数获胜团队都使用这一架构。如今,最先进的卷积神经网络算法在进行图像识别时,其准确率甚至可以超过人类肉眼识别的准确率。在机器视觉和其他很多问题上,卷积神经网络都取得了当前最好的效果,因此其被广泛运用于各个领域。

8.1 图像识别的基础知识

人类是怎么识别图像的?当我们看到一个东西,大脑会迅速判断是不是见过这个东西或者与之类似的东西。这个过程有点儿像搜索,我们把看到的东西和记忆中相同或相类的东西进行匹配,从而识别它。机器的图像识别过程也是这样的,通过分类并提取重要特征并且排除多余的信息来识别图像,这就是图像识别的原理。

8.1.1 计算机是如何表示图像

比如图像中有一只猫,但是计算机可以真正看到猫吗?答案是否定的,计算机看到的是数字矩阵。一般来说,我们可以将图像分类为灰度图像或彩色图像。先讨论灰度图像,计算机将灰度图像看作 2D 矩阵。日常生活中我们说一幅画的大小是 1800×700 或 1300×700,这个大小表示的是画的宽度和高度。换句话说,如果图像的大小为 1300×700,则表示水平方向为 1300 像素,垂直方向为 700 像素,总共有 910000(1300×700)像素,矩阵的维数将为(1300, 700)。矩阵中的每个元素表示该像素中的亮度强度,取值范围为 0～255,0 表示黑色,255 表示白色,数字越小,越接近黑色(数字大小决定黑色的强弱程度)。

例如,一幅大小为 18×18 的图像,对于其上的每一个像素,都可以用一个数字来描述它的灰度(或者亮度),通常灰度会用 0～255 中的一个数字来表示,这样一幅图像就可以转化为一个矩阵,如图 8-1 所示。

```
[[  9   1  29  70 114  76   0   8   4   5   5   0 111 162   9   8  62  62]
 [  3   0  33  61 102 106  34   0   0   0   0  49 182 150   1  12  65  59]
 [  1   0  40  54 123  90  72  77  52  51  49 121 205  98   0  15  67  59]
 [  3   1  41  57  74  54  96 181 220 170  90 149 208  56   0  16  69  59]
 [  6   1  32  36  47  81  85  90 176 206 140 171 186  22   3  15  72  63]
 [  4   1  31  39  66  71  71  97 147 214 203 190 198  22   6  17  73  65]
 [  2   3  15  30  52  57  68 123 161 197 207 200 179   8   8  18  73  66]
 [  2   2  17  37  34  40  78 103 148 187 205 225 165   1   8  19  76  68]
 [  2   3  20  44  37  37  35  26  78 156 214 145 200  38   2  21  78  69]
 [  2   2  20  34  21  43  70  21  43 139 205  93 211  70   0  23  78  72]
 [  3   4  16  24  14  21 102 175 120 130 226 212 236  75   0  25  78  72]
 [  6   5  13  21  28  28  97 216 184  90 196 255 255  84   4  24  79  74]
 [  6   5  15  25  30  39  63 105 140  66 113 252 251  74   4  28  79  75]
 [  5   5  16  32  38  57  69  85  93 120 128 251 255 154  19  26  80  76]
 [  6   5  20  42  55  62  66  76  86 104 148 242 254 241  83  26  80  77]
 [  2   3  20  38  55  64  69  80  78 109 195 247 252 255 172  40  78  77]
 [ 10   8  23  34  44  64  88 104 119 173 234 247 253 254 227  66  74  74]
 [ 32   6  24  37  45  63  85 114 154 196 226 245 251 252 250 112  66  71]]
```

图 8-1

在灰度图像中，每个像素仅表示一种颜色的强度，换句话说，它只有 1 个通道。而在彩色图像中，有 3 个通道，即 RGB（红，绿，蓝）通道。标准数码相机都有 3 通道（RGB），即彩色图像由红色、绿色和蓝色 3 个通道组成。那么计算机如何看待彩色图像呢？同样，它们看到的是矩阵。那么我们要如何在矩阵中表示这个图像呢？彩色图像有 3 个通道，与只有 1 个通道的灰度图像不同，在这种情况下，我们利用 3D 矩阵来表示彩色图像。一个通道就是一个矩阵，我们将三个矩阵堆叠在一起，例如 700×700 大小的彩色图像的矩阵维数将为（700，700，3）。通常，彩色图像中的每个像素具有与其相关联的 3 个数字（0～255），这些数字表示该特定像素中的红色、绿色和蓝色的强度。至于为什么是红、绿、蓝这三色，因为它们是色光三原色，其他颜色都可以通过三原色按照不同的比例混合而产生。

图像的存储方式涉及一个专业术语——张量。张量是一种更广义的概念，如果我们希望排列方式不仅有行和列，还有更多的维度，就需要用到张量。一个向量其实就是一组数字，它实际上就是一阶张量。矩阵也是一组数字，它由行和列构成，矩阵就是二阶张量。一幅彩色图像通常由一个三阶张量表示，即除了行和列的维度之外，另外一个维度就是通道。我们可以在深度为 3 的 3D 矩阵中表示彩色图像。

我们人看到的是图像，计算机看到的是一个数字矩阵，所谓"图像识别"，就是从一大堆数字中找出规律。

8.1.2 卷积神经网络为什么能称霸计算机图像识别领域

计算机识别图像的过程与人的判断过程非常类似，通过与已有标签的图像做比较，来对新的图像作出判断。与人的判断过程不同的是，计算机科学家会设计算法来捕获与图像形状、颜色相关的各种特征，通过这些特征来判断图像的相似度。这个捕获特征来判断相似程度的算法的效果，能够很大程度地决定图像识别的效果。例如，利用图像矩阵之间的欧式距离表达图像的相似度，对于复杂的图像，比如歪扭、不规整的图像，效果就会大打折扣。所以真正解决计算机图像识别的技术还是卷积神经网络。

人的大脑在识别图片的过程中，并不是一下子整幅图同时识别，而是首先局部感知图片中的每一个特征，然后在更高层次对局部进行综合处理，从而得到全局信息。比如，人首先理解的是颜色和亮度，然后是边缘、角点、直线等局部细节特征，接下来是纹理、几何形状等更复杂的信息和结构，最后形成整个物体的概念。卷积神经网络通过卷积和池化操作，自动学习图像在各个层次上的特征，这符合我们理解的图像识别。

视觉神经科学（Visual Neuroscience）对于视觉机理的研究验证了这一结论，即动物大脑的视觉皮层具有分层结构。眼睛将看到的景象成像在视网膜上，视网膜把光学信号转换成电信号，传递到大脑的视觉皮层（Visual Cortex），视觉皮层是大脑中负责处理视觉信号的部分。1959 年，David 和 Wiesel 进行了一次实验，他们在猫的大脑初级视觉皮层内插入电极，在猫的眼前展示各种形状、空间位置、角度的光带，然后测量猫大脑神经元放出的电信号。实验发现，不同的神经元对各种空间位置和方向偏好不同。这一研究成果让他们获得了诺贝尔奖。

视觉皮层的层次结构如图 8-2 所示。从视网膜传来的信号首先到达初级视觉皮层（Primary Visual Cortex），即 V1 皮层。V1 皮层的神经元对一些细节、特定方向的图像信号敏感。经 V1 皮层处理之后，将信号传递到 V2 皮层。V2 皮层将边缘和轮廓信息表示成简单形状，然后由 V4 皮层中的神经元进行处理，该皮层的神经元对颜色信息敏感。最终复杂物体在 IT 皮层（Inferior Temporal Cortex）被表示出来。

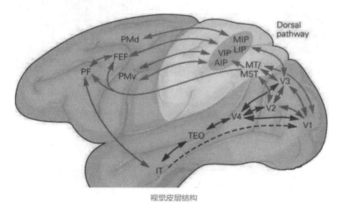

图 8-2

卷积神经网络的灵感来自视觉皮层，可以看成是对视觉机理的简单模仿。每当我们看到某些东西时，一系列神经元被激活，每一层都会检测到一组特征，如线条、边缘，而高层次的层将检测更复杂的特征，以便识别我们所看到的内容。

卷积神经网络的概念最早出自 19 世纪 60 年代科学家提出的感受野。当时，科学家通过对猫的视觉皮层细胞的研究发现，每一个视觉神经元只会处理一小块区域的视觉图像，即感受野。到了 20 世纪 80 年代，日本科学家提出神经认知机的概念，可以算作是卷积网络最初的实现原型。神经认知机中包含两类神经元，用来抽取特征的 S-cells 和用来抗形变的 C-cells，其中 S-cells 对应现在主流卷积神经网络中的卷积核滤波操作，而 C-cells 则对应激活函数、最大池化等操作。

卷积神经网络由多个卷积层构成，每个卷积层包含多个卷积核，用这些卷积核从左向右、从上往下依次扫描整个图像，得到称为特征图的输出数据。第一个卷积层会直接接收图像像素级的输入，每一个卷积操作只处理一小块图像，进行卷积变化后再传到后面的网络，每一层卷积（也可以说是滤波器）都会提取数据中最有效的特征。这种方法可以提取到图像中最基础的特征，比如不同方向的边或者拐角，而后再进行组合和抽象形成更高阶的特征。网络前面的卷积层捕捉图像局部、细节信息，后面的卷积层的感受野逐层加大，用于捕获图像更复杂、更抽象的信息。经过多个卷积层的运算，最后得到图像在各个尺度的抽象表示。

在图像处理领域，卷积也是一种常用的运算，不仅可用于图像去噪、增强、边缘检测等问题，还可以提取图像的特征。卷积运算用一个卷积核矩阵自上而下、自左向右地在图像上滑动，将卷积核矩阵的各个元素与它在图像上覆盖的对应位置的元素相乘，然后求和，得到输出像素值。

通过卷积核作用于输入图像的所有位置，我们可以得到图像的边缘图。边缘图在边缘位置有更大的值，在非边缘处的值接近于 0。如图 8-3 所示为对图像卷积的结果，左边为输入图像，右边为卷积后的结果。

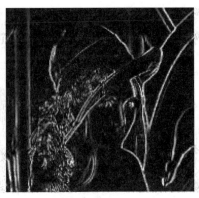

图 8-3

从图 8-3 中可以看到，通过卷积操作将图像的边缘信息凸显出来了。在图像处理中，这些卷积核矩阵的数值是人工设计的。而在机器学习中，我们可以通过某种方法来自动生成这些卷积核，从而描述各种不同类型的特征。卷积神经网络就是通过这种自动学习的手段来得到各种有用的卷积核。

2012 年，在有计算机视觉界"世界杯"之称的 ImageNet 图像分类竞赛中，Geoffrey E. Hinton 等人凭借卷积神经网络 Alex-Net，力挫日本东京大学、英国牛津大学 VGG 组等劲旅，且以超过第二名近 12% 的准确率一举夺得该竞赛冠军，霎时间在学界、业界引起极大的轰动，自此便揭开了卷积神经网络在计算机视觉领域逐渐称霸的序幕，此后每年 ImageNet 竞赛的冠军非深度卷积神经网络莫属。到了 2015 年，在改进了卷积神经网络中的激活函数后，卷积神经网络在 ImageNet 数据集上的预测错误率（4.94%）第一次低于了人类预测错误率（5.1%）。近年来，随着神经网络特别是卷积神经网络相关领域研究人员的增多、技术的日新月异，卷积神经网络也变得愈宽愈深愈加复杂。在各种深度神经网络结构中，卷积神经网络是应用最广泛的一种。卷积神经网络在 1998 年就被成功应用于手写字符图像识别。到了 2012 年，更深层次的 AlexNet 网络取得成功之后，卷积神经网络更是蓬勃发展，被广泛用于各个领域，在很多问题上都获得了当前最好的性能。

8.2 实例一：手写数字识别

本节通过手写数字识别这一案例来介绍卷积神经网络。

8.2.1 MNIST 手写数字识别数据集介绍

MNIST 数据集来自美国国家标准与技术研究所（National Institute of Standards and Technology，NIST）。该数据集中包含的训练集来自 250 个不同人手写的数字，其中 50% 来自高中学生，50% 来自人口普查局（Census Bureau）的工作人员。数据集是大量手写的从 0 到 9 的黑白数字图像，尺寸为 28×28（784）像素。

下面我们利用代码对 MNIST 数据集进行可视化。

首先导入一些必需的库，如 NumPy 支持数组与矩阵运算，Matplotlib 是一个 Python 的 2D 绘图库，其中的 pyplot 包封装了很多画图的函数，Keras 的 mnist 模块可以帮我们下载并读取 MNIST 数据库，代码如图 8-4 所示。

```
import numpy as np
from matplotlib import pyplot as plt
from keras.datasets import mnist

Using TensorFlow backend.
```

图 8-4

下载 MNIST 后获取数据就很方便，只需保持互联网畅通即可。使用 Keras 的 mnist 模块下载 MNIST 数据集，调用 mnist.load_data() 方法，就可在第一次调用时自动下载 MNIST 数据集至用户的 ~/.keras/datasets 文件夹下，文件名是 mnist.npz，如图 8-5 所示。

```
(X_train, y_train), (X_test, y_test) = mnist.load_data()

Downloading data from https://s3.amazonaws.com/img-datasets/mnist.npz
11493376/11490434 [==============================] - 4s 0us/step
```

图 8-5

下载的 MNIST 数据集已经被分为训练数据与测试数据，分别包含了输入 x（image 是单色的数字图像）和输出 y（labels 是数字图像的真实值数字）。训练数据和测试数据如图 8-6 所示，训练数据中包含 60000 个数据点，其中输入 x 是 60000 幅用 28×28=784 像素组成的图像，由于是灰度图，所以每个像素仅由一个数字表示；输出 y 是 60000 个数字，代表了每一幅图像对应的数字。而测试数据则包含 1000 个数据点。

我们将训练数据中的前 10 幅图像画出来，代码如图 8-7 所示。

```
print('X_train:',X_train.shape)
print('y_train:',y_train.shape)
print('X_test:',X_test.shape)
print('y_test:',y_test.shape)

X_train: (60000, 28, 28)
y_train: (60000,)
X_test: (10000, 28, 28)
y_test: (10000,)
```

图 8-6

```
fig,axes = plt.subplots(10,5,figsize=(8,8)) #新建一个包含50张子图的10行5列的画布
for i in range(10): #对于每一个数字
    indice = np.where(y_train==i)[0] # 找到标签为数字i的图像下标
    for j in range(5): #输出前5张图像
        axes[i][j].imshow(X_train[indice[j]],cmap="gray_r")
        #将x_train_image的第i张图画在第i个子图上，这里用反灰度图，数字越大颜色越黑
        axes[i][j].set_xticks([]) #移除图像的x轴刻度
        axes[i][j].set_yticks([]) #移除图像的y轴刻度
plt.tight_layout() # 采用更紧凑美观的布局方式
plt.show() #显示图像
```

图 8-7

125

运行结果如图 8-8 所示，可以看到 MNIST 数据集中包含了书写笔画各异的数字图像。

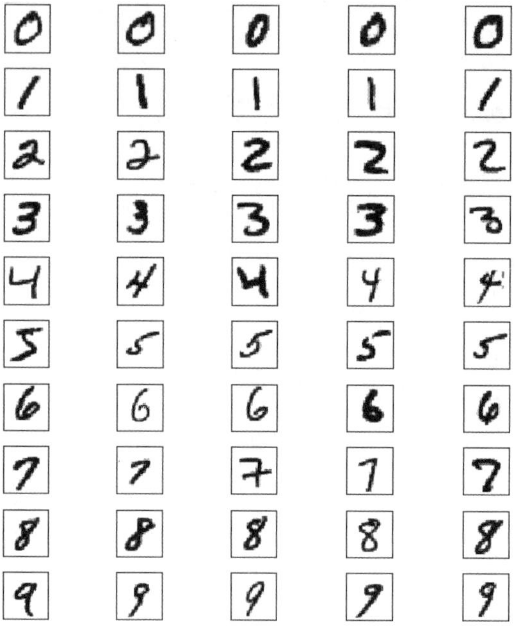

图 8-8

8.2.2　数据预处理

我们必须先做一些数据预处理，才能使用卷积神经网络模型进行训练和预测。

首先，由于 MNIST 数据集是灰度图，图像是 28×28 矩阵，而 CNN 的输入是四维的张量，所以需要做形状变换。如图 8-9 所示，将数字图像特征值转换为 6000×28×28×1 的四维矩阵。

```
# 将数据reshape，CNN的输入是4维的张量（可看做多维的向量）
#第一维是样本规模，第二维和第三维是长度和宽度。第四维是像素通道
X_train = X_train.reshape(X_train.shape[0], 28, 28, 1).astype('float32')
X_test = X_test.reshape(X_test.shape[0], 28, 28, 1).astype('float32')
print('X_train:',X_train.shape)
print('X_test:',X_test.shape)

X_train: (60000, 28, 28, 1)
X_test: (10000, 28, 28, 1)
```

图 8-9

然后还要将数字图像特征值做标准化处理，因为原本图像中每个像素的取值是一个 0~255 的整数，当图片输入卷积神经网络模型，一般要转化为 0~1 的数。因此，将输入数据统一除以 255，如图 8-10 所示。

```
#将输入转换到0~1范围的数
X_train = X_train / 255
X_test = X_test / 255
```

图 8-10

另外对于输出数据，不再简单地用一个数字来表示，而是采用独热编码作为输出，即对于训练数据与测试数据的标签进行独热编码转换，这里可以使用 Keras 提供的函数 np_tuils.

to_categorical 来完成。如图 8-11 所示，查看训练数据标签字段前 5 项训练数据，我们可以看到是 0~9 的数字，使用 np_utils.to_categorical 分别传入参数 y_train_label（训练数据标签）和 y_test_label（测试数据标签），进行独热编码转换后，再查看训练数据标签字段的前 5 项数据，全部转换为了由 0 和 1 组成的矩阵，例如第 1 项数据，原来的真实值是 5，经过独热编码转换后是 000010000，即只有第 5 个数字是 1，其余都是 0。

```
from keras.utils import np_utils
# 类别标签采用独热编码one-hot
# 类别标签采用独热编码one-hot
y_train_onehot = np_utils.to_categorical(y_train)
y_test_onehot = np_utils.to_categorical(y_test)
print(y_train[:5])
print(y_train_onehot[:5])

[5 0 4 1 9]
[[0. 0. 0. 0. 0. 1. 0. 0. 0. 0.]
 [1. 0. 0. 0. 0. 0. 0. 0. 0. 0.]
 [0. 0. 0. 0. 1. 0. 0. 0. 0. 0.]
 [0. 1. 0. 0. 0. 0. 0. 0. 0. 0.]
 [0. 0. 0. 0. 0. 0. 0. 0. 0. 1.]]
```

图 8-11

8.2.3 建立模型

处理完数据以后，开始搭建卷积神经网络模型，使用 Keras 中 Sequential 模型搭建一个基础的卷积神经网络。该网络的架构如下：

- 卷积层 1：16 个 5×5 的卷积核，输入图像形状为 28×28 的单色图像，使用 ReLU 作为激活函数。
- 池化层 1：2×2 大小的池化核，对图像缩减采样，但不会改变图像的数量。
- 卷积层 2：执行第 2 次卷积运算，36 个 5×5 的卷积核，使用 ReLU 作为激活函数。
- 池化层 2：2×2 大小的池化核，再次对图像缩减采样。
- 加入 Dropout 层避免过拟合，每次训练过程，会随机放弃一定数量神经元。
- 平坦层：将数据形状转为向量。
- 全连接层（隐藏层）：维度为 128，即 128 个神经元，使用 ReLU 作为激活函数。
- 加入 Dropout 层避免过拟合，每次训练过程，会随机放弃一定数量神经元。
- 全连接层（输出层）：维度为 10（共有 10 个神经元，对应 0~9 共 10 个数字），使用 softmax 作为激活函数，输出每个分类的概率。对于分类问题，最后一层往往会使用一个维度与类别数量相同、激活函数为 softmax 的层作为全连接层。

程序代码如图 8-12 所示，Keras 提供了非常方便的搭建卷积神经网络的方法，建立一个 Sequential 线性堆叠模型，后续只需要使用 model.add() 方法将各个神经网络层加入模型即可。

查看这个卷积神经网络模型摘要，显示结果如图 8-13 所示。这个卷积神经网络包含了输入层、卷积层 1、池化层 1、卷积层 2、池化层 2、平坦层、全连接层（隐藏层）、全连接层（输出层），并且加入 Dropout 层来避免过拟合。

```
from keras.models import Sequential
from keras.layers import Dense
from keras.layers import Dropout
from keras.layers import Flatten
from keras.layers.convolutional import Conv2D
from keras.layers.convolutional import MaxPooling2D
def baseline_model():
    model = Sequential()
    model.add(Conv2D(filters=16,kernel_size=(5, 5), input_shape=(28, 28,1), padding='same',activation='relu'))
    model.add(MaxPooling2D(pool_size=(2, 2)))
    model.add(Conv2D(filters=36,kernel_size=(5, 5), padding='same', activation='relu'))
    model.add(MaxPooling2D(pool_size=(2, 2)))
    model.add(Dropout(0.25))
    model.add(Flatten())
    model.add(Dense(128, activation='relu'))
    model.add(Dropout(0.5))
    model.add(Dense(10, activation='softmax'))
    return model
# 建立模型
model = baseline_model()
print(model.summary())#查看模型摘要
```

图 8-12

Layer (type)	Output Shape	Param #
conv2d_1 (Conv2D)	(None, 28, 28, 16)	416
max_pooling2d_1 (MaxPooling2	(None, 14, 14, 16)	0
conv2d_2 (Conv2D)	(None, 14, 14, 36)	14436
max_pooling2d_2 (MaxPooling2	(None, 7, 7, 36)	0
dropout_1 (Dropout)	(None, 7, 7, 36)	0
flatten_1 (Flatten)	(None, 1764)	0
dense_1 (Dense)	(None, 128)	225920
dropout_2 (Dropout)	(None, 128)	0
dense_2 (Dense)	(None, 10)	1290

```
Total params: 242,062
Trainable params: 242,062
Non-trainable params: 0

None
```

图 8-13

示例模型说明如下：

- 输入层输入二维的图像，一个 28×28 的矩阵。
- 在卷积层 1，采用 16 个由过滤器随机产生的 5×5 的零一矩阵和输入层的 28×28 的矩阵相乘后相加，变成 16 个 28×28 的矩阵图像。卷积层的作用就是提取输入图像的特征，如边缘、线条和角。
- 在池化层 1，将卷积层 1 输出的 16 个矩阵图像进行最大池化缩减采样，每 4 个单元选出最大值进行缩减，变成 14×14 的矩阵图像，共 16 个。缩减采样可以减少所需处理的数据点，让图像位置差异变小，参数的数量和计算量下降。
- 在卷积层 2，将池化层 1 输入的 16 个 14×14 矩阵图像与采用 36 个由过滤器随机生成的 5×5 的零一矩阵相乘后相加，产生 36 个 14×14 的矩阵图像。

- 在池化层 2，将卷积层 2 产生的 36 个矩阵图像进行最大池化缩减采样，每 4 个单元选出最大值进行缩减，变成 7×7 的矩阵图像，共 36 个。
- 在平坦层，作为神经网络的输入部分，有 36×7×7=1764 个神经元。
- 隐藏层有 128 个神经元。
- 输出层有 10 个神经元。

8.2.4 进行训练

搭建完卷积神经网络模型，就可以使用反向传播法进行训练，神经网络的目的就是通过训练使近似分布逼近真实分布。在训练模型之前，我们需要用 compile 方法对训练模型进行设置。如图 8-14 所示，设置 loss 为 crossentropy，设置 optimizer 为 adam，设置 metrics 为 accuracy。

```
# 对训练模型进行设置
#使用adam优化器，使用交叉熵做为损失函数
model.compile(loss='categorical_crossentropy', optimizer='adam', metrics=['accuracy'])
```

图 8-14

Keras 提供 fit 函数用于训练卷积神经网络，如图 8-15 所示，将训练的输入与输出传给 fit 函数，设置训练数据与验证数据比例 validatio_split（Keras 会自动按比例将数据分成训练数据和验证数据），指定批量大小 batch_size 为 300，训练轮数 epochs 为 10，verbose=2 表示显示训练过程，训练过程存储在 train_history 变量中。

```
train_history=model.fit(x=X_train, y=y_train_onehot,validation_split=0.2, epochs=10, batch_size=300, verbose=2)
```

图 8-15

程序运行结果如图 8-16 所示。使用 60000×（1−0.2）=48000 项训练数据进行训练，每一批次为 300 项，所以共分为 48000/300=160 个批次进行训练，共执行 10 个训练周期。训练完成后，计算每一个训练周期的准确率与误差，可以发现无论是使用训练数据还是验证数据，结果都是误差越来越小，准确率越来越高。

```
Train on 48000 samples, validate on 12000 samples
Epoch 1/10
 - 68s - loss: 0.5045 - acc: 0.8419 - val_loss: 0.1015 - val_acc: 0.9687
Epoch 2/10
 - 67s - loss: 0.1399 - acc: 0.9590 - val_loss: 0.0645 - val_acc: 0.9807
Epoch 3/10
 - 71s - loss: 0.1010 - acc: 0.9690 - val_loss: 0.0529 - val_acc: 0.9848
Epoch 4/10
 - 77s - loss: 0.0796 - acc: 0.9764 - val_loss: 0.0423 - val_acc: 0.9874
Epoch 5/10
 - 67s - loss: 0.0657 - acc: 0.9799 - val_loss: 0.0385 - val_acc: 0.9881
Epoch 6/10
 - 66s - loss: 0.0595 - acc: 0.9827 - val_loss: 0.0401 - val_acc: 0.9874
Epoch 7/10
 - 66s - loss: 0.0528 - acc: 0.9846 - val_loss: 0.0350 - val_acc: 0.9909
Epoch 8/10
 - 67s - loss: 0.0489 - acc: 0.9859 - val_loss: 0.0332 - val_acc: 0.9902
Epoch 9/10
 - 68s - loss: 0.0420 - acc: 0.9869 - val_loss: 0.0323 - val_acc: 0.9912
Epoch 10/10
 - 69s - loss: 0.0402 - acc: 0.9874 - val_loss: 0.0346 - val_acc: 0.9899
```

图 8-16

8.2.5 模型保存和评估

完成训练后保存模型，代码如图 8-17 所示。

现在使用测试数据集来评估模型的准确度，如图 8-18 所示。

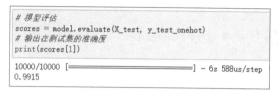

```
# 保存模型
filename='keras_mnistcnndemomodel.h5'
model.save(filename)
```

图 8-17

```
# 模型评估
scores = model.evaluate(X_test, y_test_onehot)
# 输出在测试集的准确度
print(scores[1])
```
```
10000/10000 [================================] - 6s 588us/step
0.9915
```

图 8-18

8.2.6 进行预测

至此我们建立了模型，完成了模型的训练，接下来将使用该模型进行预测。如图 8-19 所示，使用 model.predict_classes 输入参数（已标准化测试数据的数字图像）进行预测。

为了显示混淆矩阵，我们导入 Pandas 模块，执行代码结果如图 8-20 所示。观察此混淆矩阵，对角线是预测正确的数字，我们发现：真实值是 1，被正确预测为 1 的项数最高，为 1134 项；非对角线的数字，真实值是 9 的数字被预测为 4 的项数为 13，最容易混淆。

```
prediction=model.predict_classes(X_test)
print('测试数据前10项的真实值:',y_test[:10])
print('测试数据前10项的预测值:',prediction[:10])
print('测试数据第340项的真实值:',y_test[340])
print('测试数据第340项的预测值:',prediction[340])
print('测试数据第341项的真实值:',y_test[341])
print('测试数据第341项的预测值:',prediction[341])
print('测试数据第342项的真实值:',y_test[342])
print('测试数据第342项的预测值:',prediction[342])
```
```
测试数据前10项的真实值: [7 2 1 0 4 1 4 9 5 9]
测试数据前10项的预测值: [7 2 1 0 4 1 4 9 5 9]
测试数据第340项的真实值: 5
测试数据第340项的预测值: 5
测试数据第341项的真实值: 6
测试数据第341项的预测值: 6
测试数据第342项的真实值: 1
测试数据第342项的预测值: 1
```

图 8-19

```
import pandas as pd
pd.crosstab(y_test,prediction,rownames=['label'],colnames=['predict'])
```

predict label	0	1	2	3	4	5	6	7	8	9
0	975	1	0	0	0	0	3	1	0	0
1	0	1134	1	0	0	0	0	0	0	0
2	1	1	1027	0	0	0	0	3	0	0
3	0	0	1	1005	0	1	0	1	2	0
4	0	0	0	0	980	0	0	0	0	2
5	2	0	0	5	0	880	4	0	0	1
6	3	3	0	0	1	0	950	0	1	0
7	0	3	4	1	0	0	0	1018	1	1
8	3	0	1	0	0	0	0	2	965	3
9	1	4	0	1	13	2	0	6	1	981

图 8-20

8.3 实例二：CIFAR-10 图像识别

我们还是使用 Keras 建立卷积神经网络模型，并且训练模型，然后用训练完成的模型来识别 CIFAR-10 图像数据集，并且会进行更多次的卷积和池化来提高识别准确率。

8.3.1 CIFAR-10 图像数据集介绍

CIFAR-10 数据集是 60000 个 32×32 的彩色图像，分为 10 类，分别是 airplane、automobile、bird、cat、deer、dog、frog、horse、boat、ship、truck，如图 8-21 所示。其中 50000 幅用作训练图像，10000 幅用作测试图像。

图 8-21

Keras 提供了 cifar10.load_data() 方法，用于下载并读取 CIFAR-10 数据，如图 8-22 所示。第一次调用 cifar10.load_data() 方法，程序会检查是否存在 cifar-10-batches-py.tar.gz 文件，如果没有，就会下载该文件，并且解压缩下载的文件。

```
from keras.datasets import cifar10
import numpy as np
(x_img_train,y_label_train),(x_img_test,y_label_test)=cifar10.load_data()

Downloading data from https://www.cs.toronto.edu/~kriz/cifar-10-python.tar.gz
```

图 8-22

下载的 CIFAR-10 数据文件如图 8-23 所示。

	名称	修改日期	类型
	cifar-10-batches-py	2021/2/19 17:12	文件夹
	cifar-10-batches-py.tar.gz	2020/3/11 23:37	WinRAR 压缩文件
	mnist.npz	2021/2/19 13:21	NPZ 文件

此电脑 > Windows (C:) > 用户 > songl > .keras > datasets >

图 8-23

如图 8-24 所示，可以看到训练集中有 50000 个大小为 32×32 的三原色图，而测试集有 10000 个大小为 32×32 的三原色图，数字 3 代表图像是一个 RGB 三原色图。

131

```
print("train data:",'images:',x_img_train.shape,
        " labels:",y_label_train.shape)
print("test  data:",'images:',x_img_test.shape ,
        " labels:",y_label_test.shape)
```

```
train data: images: (50000, 32, 32, 3)  labels: (50000, 1)
test  data: images: (10000, 32, 32, 3)  labels: (10000, 1)
```

图 8-24

8.3.2 数据预处理

我们必须先做些数据预处理，才能使用卷积神经网络模型进行训练和预测。

首先，将图像的数字进行标准化，因为原本图像中每个像素的取值是一个 0~255 的整数，当图片输入卷积神经网络模型时，一般要转化为 0~1 的数，因此将输入数据统一除以 255，如图 8-25 所示。

```
x_img_train_normalize = x_img_train.astype('float32') / 255.0
x_img_test_normalize = x_img_test.astype('float32') / 255.0
```

图 8-25

另外，对于 CIFAR-10 数据集，我们希望预测图像的类型，可以将图像的标签以一位有效编码进行转换，即转换为 10 个由 0 和 1 组成的组合，分别代表 10 个不同的分类。例如，0000000000 代表 airplay，0100000000 代表 automobile，等等。10 个数字正好对应输出层的 10 个神经元。进行独热编码转换的代码如图 8-26 所示。

```
from keras.utils import np_utils
y_label_train_OneHot = np_utils.to_categorical(y_label_train)
y_label_test_OneHot = np_utils.to_categorical(y_label_test)
```

图 8-26

查看转换后的结果，如图 8-27 所示，第 1 项数据原来的真实值是 6，执行独热编码转换后变成 000001000。

```
print(y_label_train_OneHot.shape)
print(y_label_train_OneHot[:5])
```

```
(50000, 10)
[[0. 0. 0. 0. 0. 0. 1. 0. 0. 0.]
 [0. 0. 0. 0. 0. 0. 0. 0. 0. 1.]
 [0. 0. 0. 0. 0. 0. 0. 0. 0. 1.]
 [0. 0. 0. 0. 1. 0. 0. 0. 0. 0.]
 [0. 1. 0. 0. 0. 0. 0. 0. 0. 0.]]
```

图 8-27

8.3.3 建立模型

处理完数据以后，开始搭建卷积神经网络模型。在模型中我们交替增加两个卷积层、两个池化层，进行两次卷积运算，然后再增加全连接层（包括一个平坦层、两个隐藏层和一个输出层），并且在每个卷积层和池化层之间、两个隐藏层之间都增加一个 Dropout 层，其目的是选择性地放弃一些神经元，防止模型过拟合。

建立卷积神经网络的代码如图 8-28 所示。

```python
from keras.models import Sequential
from keras.layers import Dense, Dropout, Activation, Flatten
from keras.layers import Conv2D, MaxPooling2D, ZeroPadding2D
model = Sequential()
#建立卷积层1, 输入图像大小32*32
model.add(Conv2D(filters=32,kernel_size=(3,3),input_shape=(32, 32,3),
                 activation='relu',padding='same'))
#加入Dropout
model.add(Dropout(rate=0.25))
#建立池化层1
model.add(MaxPooling2D(pool_size=(2, 2)))
#建立卷积层2
model.add(Conv2D(filters=64, kernel_size=(3, 3), activation='relu', padding='same'))
#加入Dropout
model.add(Dropout(0.25))
#建立池化层2
model.add(MaxPooling2D(pool_size=(2, 2)))
#建立平坦层
model.add(Flatten())
#加入Dropout
model.add(Dropout(rate=0.25))
#建立隐藏层
model.add(Dense(1024, activation='relu'))
#加入Dropout
model.add(Dropout(rate=0.25))
#建立输出层
model.add(Dense(10, activation='softmax'))
```

图 8-28

Keras 提供了非常方便搭建卷积神经网络的方法，建立一个 Sequential 线性堆叠模型，后续只需要使用 model.add() 方法将各个神经网络层加入模型即可。通过 print(model.summary()) 查看这个卷积神经网络模型摘要，结果如图 8-29 所示，这个卷积神经网络包含了输入层、卷积层 1、池化层 1、卷积层 2、池化层 2、平坦层、隐藏层、隐藏层（输出层），并且把 Dropout 层加入了模型。Dropout(0.25) 表示每次训练迭代时，会随机地在神经网络中放弃 25% 的神经元，避免过拟合。

```
Layer (type)                 Output Shape              Param #
conv2d_1 (Conv2D)            (None, 32, 32, 32)        896
dropout_1 (Dropout)          (None, 32, 32, 32)        0
max_pooling2d_1 (MaxPooling2 (None, 16, 16, 32)        0
conv2d_2 (Conv2D)            (None, 16, 16, 64)        18496
dropout_2 (Dropout)          (None, 16, 16, 64)        0
max_pooling2d_2 (MaxPooling2 (None, 8, 8, 64)          0
flatten_1 (Flatten)          (None, 4096)              0
dropout_3 (Dropout)          (None, 4096)              0
dense_1 (Dense)              (None, 1024)              4195328
dropout_4 (Dropout)          (None, 1024)              0
dense_2 (Dense)              (None, 10)                10250
Total params: 4,224,970
Trainable params: 4,224,970
Non-trainable params: 0

None
```

图 8-29

8.3.4 进行训练

搭建完卷积神经网络模型，就可以使用反向传播法进行训练了。在训练模型之前，我们需要用 compile 方法对训练模型进行设置，如图 8-30 所示。

```
# 对训练模型进行设置
#使用adam优化器，使用交叉熵做为损失函数
model.compile(loss='categorical_crossentropy', optimizer='adam', metrics=['accuracy'])
```

图 8-30

Keras 提供 fit 函数用于训练卷积神经网络，如图 8-31 所示，将训练的输入与输出传给 fit 函数，设置训练与验证数据比例 validatio_split，指定批量大小 batch_size 为 128，训练轮数 epochs 为 10，训练过程存储在 train_history 变量中。

```
train_history=model.fit(x_img_train_normalize, y_label_train_OneHot,
                        validation_split=0.2,
                        epochs=10, batch_size=128, verbose=1)
```

图 8-31

程序运行结果如图 8-32 所示。使用 5000×（1–0.2）=4000 项训练数据进行训练，每一批次为 128 项，共分为 40000/128=313 个批次进行训练，共执行 10 个训练周期。训练完成后，计算每一个训练周期的准确率与误差。

```
train_history=model.fit(x_img_train_normalize, y_label_train_OneHot,
                        validation_split=0.2,
                        epochs=10, batch_size=128, verbose=1)

Train on 40000 samples, validate on 10000 samples
Epoch 1/10
40000/40000 [==============================] - 221s 6ms/step - loss: 1.5936 - acc: 0.4280 - val_loss: 1.3579 - val_acc: 0.5429
Epoch 2/10
40000/40000 [==============================] - 208s 5ms/step - loss: 1.1990 - acc: 0.5767 - val_loss: 1.1924 - val_acc: 0.5960
Epoch 3/10
40000/40000 [==============================] - 213s 5ms/step - loss: 1.0538 - acc: 0.6270 - val_loss: 1.0416 - val_acc: 0.6686
Epoch 4/10
40000/40000 [==============================] - 210s 5ms/step - loss: 0.9395 - acc: 0.6669 - val_loss: 0.9944 - val_acc: 0.6869
Epoch 5/10
40000/40000 [==============================] - 210s 5ms/step - loss: 0.8509 - acc: 0.7020 - val_loss: 0.9693 - val_acc: 0.6788
Epoch 6/10
40000/40000 [==============================] - 227s 6ms/step - loss: 0.7640 - acc: 0.7309 - val_loss: 0.8799 - val_acc: 0.7174
Epoch 7/10
40000/40000 [==============================] - 183s 5ms/step - loss: 0.6901 - acc: 0.7579 - val_loss: 0.8488 - val_acc: 0.7192
Epoch 8/10
40000/40000 [==============================] - 191s 5ms/step - loss: 0.6184 - acc: 0.7821 - val_loss: 0.8215 - val_acc: 0.7263
Epoch 9/10
40000/40000 [==============================] - 198s 5ms/step - loss: 0.5427 - acc: 0.8103 - val_loss: 0.8005 - val_acc: 0.7247
Epoch 10/10
40000/40000 [==============================] - 206s 5ms/step - loss: 0.4784 - acc: 0.8318 - val_loss: 0.7651 - val_acc: 0.7418
```

图 8-32

每一个训练周期的准确率与误差记录在 train_history 变量中，可以使用如图 8-33 所示的程序代码读取 train_history，以图表显示训练过程。

如图 8-34 所示，绘制出准确率执行的结果和误差的执行结果。

在 Epoch 训练后期，"loss 训练的误差"比"val_loss 验证的误差"小，如图 8-35 所示。

```
import matplotlib.pyplot as plt
def show_train_history(train_acc,test_acc):
    plt.plot(train_history.history[train_acc])
    plt.plot(train_history.history[test_acc])
    plt.title('Train History')
    plt.ylabel('Accuracy')
    plt.xlabel('Epoch')
    plt.legend(['train', 'test'], loc='upper left')
    plt.show()
```

图 8-33

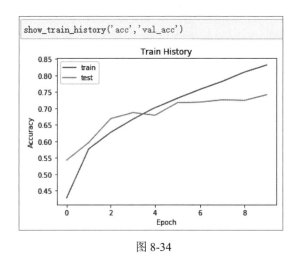

图 8-34

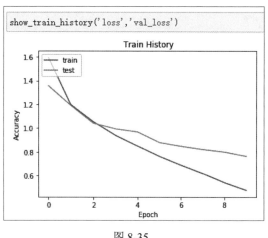

图 8-35

8.3.5 模型评估

完成了模型的训练，现在使用测试数据集来评估模型的准确度，如图 8-36 所示。

可以看到训练的准确率不是很高，想要提高准确率可能要增加卷积核的数目，或者是卷积层的数目，等等。

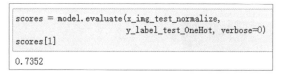

图 8-36

8.3.6 进行预测

使用模型进行预测，可以使用 model. predict_classes 函数，输入测试数据的图像来进行预测。查看预测结果的前 10 项数据，可以看到第 1 项预测的结果是 3，第 2 项是 8，等等，如图 8-37 所示。

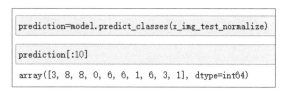

图 8-37

要进行预测，首先以 Python 字典 dict 定义每一个数字所代表的图像类别的名称，定义 plot_images_labels_prediction 函数显示前 10 项预测结果，传入测试数据图像、label（真实值）及 prediction（预测结果），代码如图 8-38 所示。

其次，定义 show_Predicted_Probability 函数，显示预测每一种类别的概率，显示真实值与预测结果，显示图像，显示预测概率，如图 8-39 所示。

如图 8-40 所示，查看第 0 项数据预测的概率，可从知道预测为 cat 的概率最高，所以最后预测结果是 cat，预测正确。

如图 8-41 所示，查看第 20 项数据预测概率，可以知道预测为 deer 的概率最高，所以预测结果是 deer，但真实值是 horse，此项预测是错误的。

```
label_dict={0:"airplane",1:"automobile",2:"bird",3:"cat",4:"deer",
            5:"dog",6:"frog",7:"horse",8:"ship",9:"truck"}
```

```
import matplotlib.pyplot as plt
def plot_images_labels_prediction(images, labels, prediction,
                                  idx, num=10):
    fig = plt.gcf()
    fig.set_size_inches(12, 14)
    if num>25: num=25
    for i in range(0, num):
        ax=plt.subplot(5,5, 1+i)
        ax.imshow(images[idx], cmap='binary')

        title=str(i)+','+label_dict[labels[i][0]]
        if len(prediction)>0:
            title+='=>'+label_dict[prediction[i]]

        ax.set_title(title,fontsize=10)
        ax.set_xticks([]);ax.set_yticks([])
        idx+=1
    plt.show()
```

图 8-38

```
Predicted_Probability=model.predict(x_img_test_normalize)
```

```
def show_Predicted_Probability(y,prediction,
                               x_img,Predicted_Probability,i):
    print('label:',label_dict[y[i][0]],
          'predict:',label_dict[prediction[i]])
    plt.figure(figsize=(2,2))
    plt.imshow(np.reshape(x_img_test[i],(32, 32,3)))
    plt.show()
    for j in range(10):
        print(label_dict[j]+
              ' Probability:%1.9f'%(Predicted_Probability[i][j]))
```

图 8-39

```
show_Predicted_Probability(y_label_test,prediction,
                           x_img_test,Predicted_Probability,0)
```

label: cat predict: cat

```
airplane Probability:0.001212501
automobile Probability:0.005048339
bird Probability:0.002015128
cat Probability:0.819681168
deer Probability:0.001312125
dog Probability:0.148376912
frog Probability:0.001076718
horse Probability:0.000923077
ship Probability:0.018333757
truck Probability:0.002020348
```

图 8-40

```
show_Predicted_Probability(y_label_test,prediction,
                           x_img_test,Predicted_Probability,20)
```

label: horse predict: deer

```
airplane Probability:0.084685601
automobile Probability:0.085753739
bird Probability:0.025651244
cat Probability:0.219371825
deer Probability:0.273784131
dog Probability:0.032510079
frog Probability:0.000138847
horse Probability:0.260789543
ship Probability:0.006445847
truck Probability:0.010869170
```

图 8-41

我们想要进一步知道所建立的模型中哪些图像类别的预测准确率最高，哪些图像类别最容易混淆。但是 pd.crosstab 的输入都必须是一维数组，预测结果也是一维数组，而 y_label_test 真实值的形状是二维数组，所以要使用 reshape(-1) 将 y_label_test 转换为一维数组，如图 8-42 所示。

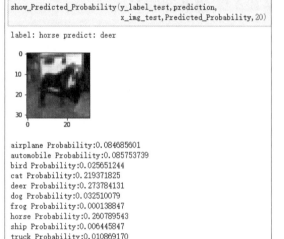

```
print(prediction.shape)
```
```
(10000,)
```
```
print(y_label_test.shape)
```
```
(10000, 1)
```
```
print(y_label_test)
```
```
[[3]
 [8]
 [8]
 ...
 [5]
 [1]
 [7]]
```
```
print(y_label_test.reshape(-1))
```
```
[3 8 8 ... 5 1 7]
```

图 8-42

显示输出类别字典以方便对照，如图 8-43 所示。

```
print(label_dict)
{0: 'airplane', 1: 'automobile', 2: 'bird', 3: 'cat', 4: 'deer', 5: 'dog', 6: 'frog', 7: 'horse', 8: 'ship', 9: 'truck'}
```

图 8-43

导入 Pandas 模块，执行代码建立混淆矩阵，结果如图 8-44 所示。

观察混淆矩阵的结果，对角线是预测正确的数字，我们发现：真实值是 6 "frog"，被正确预测的项数为 786，不容易混淆。非对角线的数字，真实值是 3 "cat"，但被预测是 5 "dog"，项数为 171，猫和狗最容易混淆。

```
import pandas as pd
pd.crosstab(y_label_test.reshape(-1),prediction,
            rownames=['label'],colnames=['predict'])
```

predict label	0	1	2	3	4	5	6	7	8	9
0	775	16	31	14	27	16	9	11	67	34
1	15	826	4	10	5	11	10	4	24	91
2	63	4	584	59	142	64	37	27	14	6
3	17	12	44	547	111	171	53	28	7	10
4	14	2	38	41	794	31	26	43	9	2
5	11	2	35	161	72	640	21	48	5	5
6	4	5	46	65	61	23	786	4	5	1
7	11	0	19	33	81	60	7	781	4	4
8	58	36	11	15	19	10	2	2	824	20
9	33	69	8	22	4	17	8	22	22	795

图 8-44

8.4 实例三：猫狗识别

要说到深度学习图像分类的经典案例之一，那就是猫狗识别大战了。猫和狗在外观上的差别还是挺明显的，无论是体型、四肢、脸庞和毛发等，都是能通过肉眼很容易进行区分的。那么如何让机器来识别猫和狗呢？这就需要用到卷积神经网络，具体实现可以使用 Keras 框架。

8.4.1 猫狗数据集介绍

下载猫狗训练集与验证集的压缩包，提取到项目目录下。这个文件夹里面包含训练数据和验证数据集的子目录，而且每个子目录都包含猫和狗的子目录。训练集文件夹 training_set，包含了成千幅猫和狗的图片，每幅图片都含有标签，这个标签是作为文件名的一部分。我们将用这个文件夹来训练和评估模型。

测试集文件夹中每幅图片都以数字来命名。对于数据集中的每幅图片来说，我们的模型都要预测这幅图片上是狗还是猫（1= 狗，0= 猫）。

猫狗数据可视化的程序代码如下：

```
import os
base_dir = 'cat-and-dog'
# 构造路径存储训练数据，校验数据以及测试数据
train_dir = os.path.join(base_dir, 'training_set')
```

```
validation_dir = os.path.join(base_dir, 'validation_set')
train_cats_dir = os.path.join(train_dir, 'cats')
train_dogs_dir = os.path.join(train_dir, 'dogs')
validation_cats_dir = os.path.join(validation_dir, 'cats')
validation_dogs_dir = os.path.join(validation_dir, 'dogs')
train_cat_fnames = os.listdir(train_cats_dir)
train_dog_fnames = os.listdir(train_dogs_dir)
import matplotlib.pyplot as plt
import matplotlib.image as mpimg
# 输出图表的参数，将以 4×4 的配置输出猫狗数据集的部分图片
nrows = 4
ncols = 4
# 迭代图像的当前索引
pic_index = 0
# 设置 matplotlib（Python 的 2D 绘图库）图，并将其设置为适合 4×4 图片大小
fig = plt.gcf()
fig.set_size_inches(ncols * 4, nrows * 4)
pic_index += 8
next_cat_pix = [os.path.join(train_cats_dir, fname)
                for fname in train_cat_fnames[pic_index-8:pic_index]]
next_dog_pix = [os.path.join(train_dogs_dir, fname)
                for fname in train_dog_fnames[pic_index-8:pic_index]]
for i, img_path in enumerate(next_cat_pix+next_dog_pix):
    # 设置子图，子图的索引从 1 开始
    sp = plt.subplot(nrows, ncols, i + 1)
    # 不显示轴（网格线）
    sp.axis('Off')
    img = mpimg.imread(img_path)
    plt.imshow(img)
plt.show()
```

输出的实际效果如图 8-45 所示，每次重新运行都会查看到新的一批图片。

图 8-45

观察这些图片，可以发现图片种类各异，分辨率也各不相同。图片中的猫和狗的形状、所处位置、体表颜色各不一样；它们的姿态不同，有的坐着有的站着；它们的情绪可能是开心的也可能是伤心的；猫可能在睡觉，而狗可能在汪汪叫着；照片可能以任一焦距从任意角度拍下。这些图片有着无限种可能，对于我们人类来说，在一系列不同种类的照片中识别出一个场景中的宠物自然是毫不费力的事情，然而这对于一台机器来说这可不是一件小事。实际上，如果要机器实现自动分类，那么我们需要知道如何强有力地描绘出猫和狗的特征，也就是说为什么我们认为这幅图片中的是猫，而那幅图片中的却是狗。这需要描绘每个动物的内在特征。深度神经网络在图像分类任务上效果很好的原因是，它们有着能够自动学习多重抽象层的能力，这些抽象层在给定一个分类任务后，又可以对每个类别给出更简单的特征表示。

使用很少的数据来训练一个图像分类模型，这是很常见的情况。猫狗数据集中包含 4000 幅猫和狗的图像（2000 幅猫的图像，2000 幅狗的图像）。我们将 3000 幅图像用于训练（猫 1500 幅，狗 1500 幅），1000 幅图像（猫和狗各 500 幅）用于验证，代码执行结果如图 8-46 所示。

```
In [1]:  import os
         base_dir = 'cat-and-dog'
         #构造路径存储训练数据，校验数据以及测试数据
         train_dir = os.path.join(base_dir, 'training_set')
         os.makedirs(train_dir, exist_ok = True)
         validation_dir = os.path.join(base_dir, 'validation_set')
         os.makedirs(validation_dir, exist_ok = True)
         train_cats_dir = os.path.join(train_dir, 'cats')
         train_dogs_dir = os.path.join(train_dir, 'dogs')
         validation_cats_dir = os.path.join(validation_dir, 'cats')
         validation_dogs_dir = os.path.join(validation_dir, 'dogs')
         #我们来检查一下，看看每个分组（训练／验证）中分别包含多少张图像
         print('total trainning cat images: ', len(os.listdir(train_cats_dir)))
         print('total trainning dog images: ', len(os.listdir(train_dogs_dir)))
         print('total validation cat images: ', len(os.listdir(validation_cats_dir)))
         print('total validation dog images: ', len(os.listdir(validation_dogs_dir)))

         total trainning cat images:  1500
         total trainning dog images:  1500
         total validation cat images:  500
         total validation dog images:  500
```

图 8-46

8.4.2 建立模型

我们基于 Keras 深度学习框架创建卷积神经网络模型来识别猫和狗。在以前 MNIST 手写数字识别示例中，我们创建了一个小型卷积神经网络，现在将复用相同的总体结构，即卷积神经网络由卷积层（使用 ReLU 激活函数）和最大池化层交替堆叠构成。

但由于这里要处理的是更大的图像和更复杂的问题，因此需要相应地增大网络，即再增加一个卷积层＋卷积层最大池化层的组合。这样既可以增大网络容量，也可以进一步减小特征图的尺寸，使其在连接平坦层时尺寸不会太大。本例中初始输入的尺寸为 150×150，最后在平坦层之前的特征图大小为 7×7。

通过 Sequential 对象创建卷积神经网络模型的程序代码如图 8-47 所示。

```
from keras import layers
from keras import models
model = models.Sequential()
#输入图片大小是150*150 3表示图像像素用(R, G, B)表示
model.add(layers.Conv2D(32, (3,3), activation='relu', input_shape=(150, 150, 3)))
model.add(layers.MaxPooling2D((2,2)))

model.add(layers.Conv2D(64, (3,3), activation='relu'))
model.add(layers.MaxPooling2D((2,2)))

model.add(layers.Conv2D(128, (3,3), activation='relu'))
model.add(layers.MaxPooling2D((2,2)))

model.add(layers.Conv2D(128, (3,3), activation='relu'))
model.add(layers.MaxPooling2D((2,2)))

model.add(layers.Flatten())
model.add(layers.Dense(512, activation='relu'))
model.add(layers.Dense(1, activation='sigmoid'))

Using TensorFlow backend.
```

图 8-47

通过 print(model.summary()) 输出我们创建的整个卷积神经网络模型的框架，如图 8-48 所示，网络中特征图的深度在逐渐增大（从 32 增大到 128），而特征图的尺寸在逐渐减小（从 148×148 减小到 7×7），这几乎是所有卷积神经网络的模式。因为面对的是一个二分类问题，所以网络最后一层是使用 sigmoid 激活的单一单元（大小为 1 的链接层）。这个单元将对某个类别的概率进行编码。

```
print(model.summary())
```

Layer (type)	Output Shape	Param #
conv2d_1 (Conv2D)	(None, 148, 148, 32)	896
max_pooling2d_1 (MaxPooling2	(None, 74, 74, 32)	0
conv2d_2 (Conv2D)	(None, 72, 72, 64)	18496
max_pooling2d_2 (MaxPooling2	(None, 36, 36, 64)	0
conv2d_3 (Conv2D)	(None, 34, 34, 128)	73856
max_pooling2d_3 (MaxPooling2	(None, 17, 17, 128)	0
conv2d_4 (Conv2D)	(None, 15, 15, 128)	147584
max_pooling2d_4 (MaxPooling2	(None, 7, 7, 128)	0
flatten_1 (Flatten)	(None, 6272)	0
dense_1 (Dense)	(None, 512)	3211776
dense_2 (Dense)	(None, 1)	513

```
Total params: 3,453,121
Trainable params: 3,453,121
Non-trainable params: 0

None
```

图 8-48

8.4.3 数据预处理

图片不能直接放入神经网络中进行学习，学习之前应该把数据格式化为经过预处理的浮点数张量。数据预处理大致分为 4 个步骤：

步骤 01 读取图像文件。

步骤 02 将 JPEG 文件解码为 RGB 像素网格。

步骤 03 将这些像素网格转换为浮点数张量。

步骤 04 将像素值（0~255）缩放到 [0,1] 区间（神经网络喜欢处理较小的数据输入值）。

这些处理步骤可能看起来有点多，但幸运的是，Keras 中的 keras.preprocessing.image 包含有图像处理辅助工具 ImageDataGenerator 类，它可以快速创建 Python 生成器，能够将硬盘上的图像文件自动转换为预处理好的张量批量。程序代码如图 8-49 所示。

```
from keras.preprocessing.image import ImageDataGenerator
#把像素点的值除以255, 使之在0到1之间
train_datagen = ImageDataGenerator(rescale = 1. / 255)
test_datagen = ImageDataGenerator(rescale = 1. / 255)
#generator 实际上是将数据批量读入内存, 使得代码能以for in 的方式去方便的访问
# 使用flow_from_directory()方法可以实例化一个针对图像batch的生成器
train_generator = train_datagen.flow_from_directory(
    train_dir, target_size=(150, 150),# # 将所有图像大小调整为150*150
    batch_size=20,
    class_mode = 'binary')#因为使用了binary_crossentropy损失, 所以需要使用二进制标签
validation_generator = test_datagen.flow_from_directory(
    validation_dir, target_size = (150, 150), batch_size = 20,
    class_mode = 'binary')

Found 3000 images belonging to 2 classes.
Found 1000 images belonging to 2 classes.
```

图 8-49

执行代码生成了由 150×150 的 RGB 图像［形状为 (20, 150, 150, 3)］与二进制标签［形状为 (20,)］组成的批量，每个批量中包含 20 个样本（批量大小）。

8.4.4 进行训练

搭建完卷积神经网络模型，就可以使用反向传播法进行训练。在训练模型之前，我们需要用 compile 方法对训练模型进行设置。如图 8-50 所示，使用交叉熵损失函数（binary_crossentropy）训练我们的模型，优化器算法使用 adam，评估指标使用 accuracy。

```
# 对训练模型进行设置
#使用adam优化器, 使用交叉熵做为损失函数
model.compile(loss='categorical_crossentropy', optimizer='adam', metrics=['accuracy'])
```

图 8-50

如图 8-51 所示，使用 fit_generator 方法来拟合数据（在生成器上的效果和 fit 函数一样），它的第一个参数应该是 Python 生成器。因为数据是不断生成的，所以 Keras 模型需要知道每一轮需要从生成器中抽取多少个样本，这就用到了 step_per_epoch 参数。从生成器中抽取 steps_per_epoch 个批量后（即运行了 steps_per_epoch 次梯度下降），拟合过程将进入下一个轮次。我们还可以向里面传入一个 validataion_data 参数，这个参数可以是一个生成器，也可以是 NumPy 数组组成的元组，如果是生成器的话，还需要指定 validation_steps 参数用来说明需要从验证的生成器中抽取多少个批次用于评估。

```
train_history = model.fit_generator(train_generator, steps_per_epoch = 150,
                    epochs = 30, validation_data = validation_generator,
                    verbose=2, validation_steps = 100)
```

图 8-51

部分训练结果如图 8-52 所示。

```
Epoch 17/30
 - 469s - loss: 0.2059 - acc: 0.9170 - val_loss: 0.5607 - val_acc: 0.7700
Epoch 18/30
 - 476s - loss: 0.1914 - acc: 0.9277 - val_loss: 0.4539 - val_acc: 0.8320
Epoch 19/30
 - 466s - loss: 0.1632 - acc: 0.9390 - val_loss: 0.5326 - val_acc: 0.8070
Epoch 20/30
 - 463s - loss: 0.1442 - acc: 0.9467 - val_loss: 0.9897 - val_acc: 0.6970
Epoch 21/30
 - 481s - loss: 0.1206 - acc: 0.9543 - val_loss: 0.5666 - val_acc: 0.8190
Epoch 22/30
 - 489s - loss: 0.1098 - acc: 0.9620 - val_loss: 0.5575 - val_acc: 0.8190
Epoch 23/30
 - 467s - loss: 0.0863 - acc: 0.9743 - val_loss: 0.5466 - val_acc: 0.8330
Epoch 24/30
 - 467s - loss: 0.0839 - acc: 0.9707 - val_loss: 0.5636 - val_acc: 0.8330
Epoch 25/30
 - 483s - loss: 0.0644 - acc: 0.9793 - val_loss: 0.6034 - val_acc: 0.8290
Epoch 26/30
 - 498s - loss: 0.0556 - acc: 0.9823 - val_loss: 0.6696 - val_acc: 0.8240
Epoch 27/30
 - 520s - loss: 0.0496 - acc: 0.9857 - val_loss: 0.7360 - val_acc: 0.8120
Epoch 28/30
 - 569s - loss: 0.0452 - acc: 0.9857 - val_loss: 0.7220 - val_acc: 0.8300
Epoch 29/30
 - 553s - loss: 0.0336 - acc: 0.9913 - val_loss: 0.8264 - val_acc: 0.8040
Epoch 30/30
 - 557s - loss: 0.0325 - acc: 0.9907 - val_loss: 0.7702 - val_acc: 0.8250
```

图 8-52

8.4.5 模型保存和评估

在训练完成后保存模型，这是一种良好习惯，保存模型的代码如图 8-53 所示。接下来我们分别绘制训练过程中模型在训练数据和验证数据上的损失和准确率，程序代码如图 8-54 所示。

```
try:
    model.save('cats_and_dogs_cnn.h5')
    print('保存模型成功！')
except:
    print('保存模型失败！')
```
保存模型成功！

图 8-53

执行代码后，结果如图 8-55 所示。

```
import matplotlib.pyplot as plt
acc = train_history.history['acc']
val_acc = train_history.history['val_acc']
loss = train_history.history['loss']
val_loss = train_history.history['val_loss']
epochs = range(1, len(acc) + 1)
#绘制模型对训练数据和校验数据判断的准确率
plt.plot(epochs, acc, 'bo', label = 'trainning acc')
plt.plot(epochs, val_acc, 'b', label = 'validation acc')
plt.title('Trainning and validation accuary')
plt.legend()
plt.show()
plt.figure()
#绘制模型对训练数据和校验数据判断的错误率
plt.plot(epochs, loss, 'bo', label = 'Trainning loss')
plt.plot(epochs, val_loss, 'b', label = 'Validation loss')
plt.title('Trainning and validation loss')
plt.legend()
plt.show()
```

图 8-54

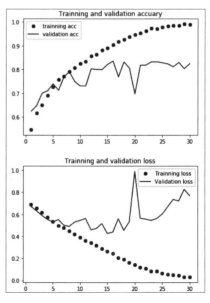

图 8-55

从图中我们可以看到出现了过拟合的现象，训练准确率随着时间线性增加，而验证准确率则基本停留在 70%~72%，验证损失在 5 轮后就达到最小值，然后保持不变，而训练损失则一直线性下降，直到接近于 0。

因为训练样本相对来说比较少（3000 个），所以过拟合是一个十分重要的问题。过拟合的原因是学习样本太少，导致无法训练出能够泛化到新数据的模型。如果拥有大量的数据，那么模型就能观察到数据分布的所有内容，这样就不会出现过拟合。

8.4.6 进行预测

调用训练的模型，对猫和狗的图片进行预测。预测时的图片大小需要统一为模型建立时训练集的大小，否则会因为输入图片不符合模型要求而出错。由于示例模型构建时样本大小统一为 150×150，故在预测时对图片大小也做了相应调整。预测猫、狗图片的代码如下：

```
import os
from keras.models import load_model
from keras.preprocessing import image
import  matplotlib.pyplot as plt
import numpy as np
os.environ['TF_CPP_MIN_LOG_LEVEL'] = '2'
# 单幅图片的识别
model = load_model('cats_and_dogs_cnn.h5')
filename='CatorDog.jpg'
img = image.load_img(filename, target_size=(150, 150))
plt.imshow(img)
plt.show()
# 将图片转化为 4d tensor 形式
x = image.img_to_array(img)
print(x.shape) #(224, 224, 3)
x = np.expand_dims(x, axis=0)
print(x.shape) #(1, 224, 224, 3)
pres = model.predict(x)
print(int(pres[0][0]))
if int(pres[0][0]) > 0.5:
    print(' 识别的结果是狗 ')
else:
    print(' 识别的结果是猫 ')
#################################################
```

运行代码，识别结果如图 8-56 所示。

143

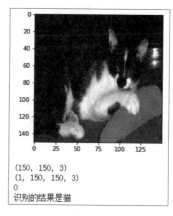

图 8-56

8.4.7 模型的改进优化

首先，在 3000 个训练样本上训练一个简单的小型卷积神经网络，不做任何正则化，此时主要的问题在于过拟合。我们改进优化方法，采用数据增强（Data Augmentation）的方法来降低过拟合。数据增强是针对计算机视觉处理过拟合的新方法，在计算机视觉领域是一种非常强大的降低过拟合的技术，在深度学习处理图像时几乎都会用到。数据增强的原理是从现有的训练样本中生成更多的训练数据，其方法是利用多种能够生成可信图像的随机变换来增加样本，其目标是让模型在训练时不会两次查看完全相同的图像。这让模型能够观察到数据的更多内容，从而具有更好的泛化能力。

在 Keras 中，我们可以通过对 ImageDataGenerator 实例读取的图像执行多次随机变换，来实现数据增强。

示例代码如下：

```
from keras.preprocessing.image import ImageDataGenerator
# 使用数据增强，对 ImageDataGenerator 实例读取的图像执行多次随机变换来实现
train_datagen = ImageDataGenerator(
    rescale=1./255,
    rotation_range=40,
    width_shift_range=0.2,
    height_shift_range=0.2,
    shear_range=0.2,
    zoom_range=0.2,
    horizontal_flip=True,)
```

ImageDataGenerator 中几个参数的含义如下：

- rescale：将像素值缩放，这里是将像素值（0~255）缩放到 [0, 1] 区间。
- rotation_range：角度值（0~180），表示图像随机旋转的角度范围。
- width_shift 和 height_shift：图像在水平或垂直方向上平移的范围（相对于总宽度或总高度的比例）。

- shear_range：随机错切变换的角度。
- zoom_range：图像随机缩放的范围。
- horizontal_flip：随机将一半图像水平翻转。如果没有水平不对称的假设（比如真实世界的图像），这种做法是有意义的。

完整的程序代码如下：

```python
###################################################
import os
base_dir = 'cat-and-dog'
# 构造路径存储训练数据、校验数据以及测试数据
train_dir = os.path.join(base_dir, 'training_set')
os.makedirs(train_dir, exist_ok = True)
validation_dir = os.path.join(base_dir, 'validation_set')
os.makedirs(validation_dir, exist_ok = True)
train_cats_dir = os.path.join(train_dir, 'cats')
train_dogs_dir = os.path.join(train_dir, 'dogs')
validation_cats_dir = os.path.join(validation_dir, 'cats')
validation_dogs_dir = os.path.join(validation_dir, 'dogs')
# 检查一下每个分组（训练 / 验证 ）中分别包含多少幅图像
print('total trainning cat images: ', len(os.listdir(train_cats_dir)))
print('total trainning dog images: ', len(os.listdir(train_dogs_dir)))
print('total validation cat images: ', len(os.listdir(validation_cats_
dir)))
print('total validation dog images: ', len(os.listdir(validation_dogs_
dir)))
from keras import layers
from keras import models
model = models.Sequential()
model.add(layers.Conv2D(32, (3, 3), activation='relu',
                        input_shape=(150, 150, 3)))
model.add(layers.MaxPooling2D((2, 2)))
model.add(layers.Conv2D(64, (3, 3), activation='relu'))
model.add(layers.MaxPooling2D((2, 2)))
model.add(layers.Conv2D(128, (3, 3), activation='relu'))
model.add(layers.MaxPooling2D((2, 2)))
model.add(layers.Conv2D(128, (3, 3), activation='relu'))
model.add(layers.MaxPooling2D((2, 2)))
model.add(layers.Flatten())
model.add(layers.Dropout(0.5))
model.add(layers.Dense(512, activation='relu'))
model.add(layers.Dense(1, activation='sigmoid'))
print(model.summary())
from keras import optimizers
model.compile(loss='binary_crossentropy', optimizer=optimizers.
RMSprop(lr=1e-4),
```

```
                    metrics=['acc'])
from keras.preprocessing.image import ImageDataGenerator
train_datagen = ImageDataGenerator(
    rescale=1./255,
    rotation_range=40,
    width_shift_range=0.2,
    height_shift_range=0.2,
    shear_range=0.2,
    zoom_range=0.2,
    horizontal_flip=True,)
#Note that the validation data should not be augmented! (注意不能增强验证数据)
test_datagen = ImageDataGenerator(rescale = 1. / 255)
train_generator = train_datagen.flow_from_directory(
    train_dir, target_size=(150, 150), # 将所有图像大小调整为150*150
    batch_size=20,
    class_mode = 'binary')
validation_generator = test_datagen.flow_from_directory(
    validation_dir,target_size = (150, 150),batch_size = 20,
    class_mode = 'binary')
train_history = model.fit_generator(train_generator,
                                    steps_per_epoch = 150,
                                    epochs = 30,
                                    validation_data = validation_generator,
                                    verbose=2,
                                    validation_steps = 100)
try:
    model.save('cats_and_dogs_cnn2.h5')
    print(' 保存模型成功! ')
except:
print(' 保存模型失败! ')
import matplotlib.pyplot as plt
acc = train_history.history['acc']
val_acc = train_history.history['val_acc']
loss = train_history.history['loss']
val_loss = train_history.history['val_loss']
epochs = range(1, len(acc) + 1)
# 绘制模型对训练数据和校验数据判断的准确率
plt.plot(epochs, acc, 'bo', label = 'trainning acc')
plt.plot(epochs, val_acc, 'b', label = 'validation acc')
plt.title('Trainning and validation accuary')
plt.legend()
plt.show()
plt.figure()
# 绘制模型对训练数据和校验数据判断的错误率
plt.plot(epochs, loss, 'bo', label = 'Trainning loss')
plt.plot(epochs, val_loss, 'b', label = 'Validation loss')
```

```
plt.title('Trainning and validation loss')
plt.legend()
plt.show()
#########################################################
```

运行程序代码，这个卷积神经网络模型如图 8-57 所示。代码中 Dropout(0.5) 的功能是，每次训练迭代时会随机地在神经网络中放弃 50% 的神经元，以避免过拟合。

部分训练结果如图 8-58 所示。

Layer (type)	Output Shape	Param #
conv2d_1 (Conv2D)	(None, 148, 148, 32)	896
max_pooling2d_1 (MaxPooling2	(None, 74, 74, 32)	0
conv2d_2 (Conv2D)	(None, 72, 72, 64)	18496
max_pooling2d_2 (MaxPooling2	(None, 36, 36, 64)	0
conv2d_3 (Conv2D)	(None, 34, 34, 128)	73856
max_pooling2d_3 (MaxPooling2	(None, 17, 17, 128)	0
conv2d_4 (Conv2D)	(None, 15, 15, 128)	147584
max_pooling2d_4 (MaxPooling2	(None, 7, 7, 128)	0
flatten_1 (Flatten)	(None, 6272)	0
dropout_1 (Dropout)	(None, 6272)	0
dense_1 (Dense)	(None, 512)	3211776
dense_2 (Dense)	(None, 1)	513

```
Total params: 3,453,121
Trainable params: 3,453,121
Non-trainable params: 0

None
```

图 8-57

```
Epoch 16/30
 - 476s - loss: 0.5105 - acc: 0.7440 - val_loss: 0.4577 - val_acc: 0.7940
Epoch 17/30
 - 473s - loss: 0.5131 - acc: 0.7437 - val_loss: 0.4411 - val_acc: 0.7940
Epoch 18/30
 - 470s - loss: 0.5094 - acc: 0.7520 - val_loss: 0.4387 - val_acc: 0.7840
Epoch 19/30
 - 466s - loss: 0.5031 - acc: 0.7480 - val_loss: 0.4511 - val_acc: 0.8080
Epoch 20/30
 - 464s - loss: 0.5053 - acc: 0.7520 - val_loss: 0.4514 - val_acc: 0.7880
Epoch 21/30
 - 497s - loss: 0.4959 - acc: 0.7553 - val_loss: 0.4305 - val_acc: 0.8110
Epoch 22/30
 - 473s - loss: 0.4910 - acc: 0.7607 - val_loss: 0.4176 - val_acc: 0.8160
Epoch 23/30
 - 467s - loss: 0.4832 - acc: 0.7647 - val_loss: 0.4234 - val_acc: 0.8140
Epoch 24/30
 - 469s - loss: 0.4911 - acc: 0.7687 - val_loss: 0.4122 - val_acc: 0.8230
Epoch 25/30
 - 492s - loss: 0.4898 - acc: 0.7633 - val_loss: 0.4306 - val_acc: 0.8070
Epoch 26/30
 - 502s - loss: 0.4989 - acc: 0.7527 - val_loss: 0.4135 - val_acc: 0.8170
Epoch 27/30
 - 544s - loss: 0.4908 - acc: 0.7647 - val_loss: 0.4203 - val_acc: 0.8150
Epoch 28/30
 - 556s - loss: 0.4823 - acc: 0.7723 - val_loss: 0.4462 - val_acc: 0.7770
Epoch 29/30
 - 548s - loss: 0.4808 - acc: 0.7737 - val_loss: 0.4339 - val_acc: 0.8130
Epoch 30/30
 - 461s - loss: 0.4748 - acc: 0.7830 - val_loss: 0.4199 - val_acc: 0.7990
```

图 8-58

绘制训练过程中模型在训练数据和验证数据上的损失和准确率，如图 8-59 所示。

我们可以发现，使用数据增强和 Dropout 之后，模型过拟合情况大大减少，比之前没有使用正则化和数据增强时的效果要好。

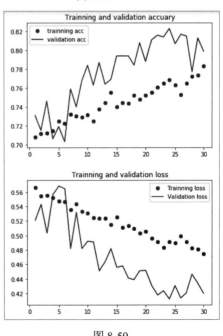

图 8-59

第9章
IMDB 电影评论情感分析

情感分析是自然语言处理中很重要的一个方向，目的是让计算机理解文本中包含的情感信息。情感分析有很多的应用场景，比如做一个电商网站，卖家需要时刻关心用户对于商品的评论是否是正面的。再比如做一个电影的宣传和策划，电影在观众中的口碑也至关重要。互联网上任何一个事件或物品，都有可能产生成千上万的文本评论，如何定义每一个文本的情绪是正面还是负面的，是一件很有挑战的事情。本章将通过 IMDB（Internet Movie Database，互联网电影资料库）收集的电影评论数据集，分析某部电影是一部受到好评的电影还是一部受到差评的电影，借此研究情感分析问题。

 9.1 IMDB 电影数据集和影评文字处理介绍

IMDB 是一个与电影相关的在线数据库，它包含了 25000 部电影的评价信息，该数据库是由斯坦福大学的研究院整理的。

IMDB 电影数据集含有 50000 个电影评论，训练数据与测试数据各 25000 项，每一项电影评论都被标记为"正面评价"和"负面评价"两类。我们希望建立一个模型，在经过大量的电影评论文字训练后，这个模型可以用来预测电影评论是正面评价或是负面评价。

因为深度学习模型是无法处理文字的，必须将文字转换成可以计算的数字，所以需要将"电影评论文字"转换成"数字列表"并建立一一对应关系。

比如，提取最常用的前 2000 个高频词语建立 token 字典，依照英文单词在所有影评中出现的次数进行排序，排序前 2000 名的英文单词会列入字典中，建立的字典如图 9-1 所示。

```
{'the': 1, 'and': 2, 'a': 3, 'of': 4, 'to': 5, 'is': 6, 'in': 7, 'it': 8, 'i': 9, 'this': 10, 'that': 11, 'was': 12, 'as': 13, 'for': 14,
'with': 15, 'movie': 16, 'but': 17, 'film': 18, 'on': 19, 'not': 20, 'you': 21, 'are': 22, 'his': 23, 'have': 24, 'be': 25, 'he': 26, 'on
e': 27, 'all': 28, 'at': 29, 'by': 30, 'an': 31, 'they': 32, 'who': 33, 'so': 34, 'from': 35, 'like': 36, 'her': 37, 'or': 38, 'just': 39,
'about': 40, 'it's': 41, 'out': 42, 'has': 43, 'if': 44, 'some': 45, 'there': 46, 'what': 47, 'good': 48, 'more': 49, 'when': 50, 'very':
51, 'up': 52, 'no': 53, 'time': 54, 'she': 55, 'even': 56, 'my': 57, 'would': 58, 'which': 59, 'only': 60, 'story': 61, 'really': 62, 'se
e': 63, 'their': 64, 'had': 65, 'can': 66, 'were': 67, 'me': 68, 'well': 69, 'than': 70, 'we': 71, 'much': 72, 'been': 73, 'get': 74, 'ba
d': 75, 'will': 76, 'also': 77, 'do': 78, 'into': 79, 'people': 80, 'other': 81, 'first': 82, 'because': 83, 'great': 84, 'how': 85, 'hi
m': 86, 'most': 87, 'don't': 88, 'made': 89, 'its': 90, 'then': 91, 'way': 92, 'make': 93, 'them': 94, 'too': 95, 'could': 96, 'any': 97,
'movies': 98, 'after': 99, 'think': 100, 'characters': 101, 'watch': 102, 'two': 103, 'films': 104, 'character': 105, 'seen': 106, 'many':
```

图 9-1

如果单词不在字典中，那这个单词就不用转换，我们只在乎在"电影评论文字"常用字典中出现的单词，因为最常用的单词对情感分析是最为重要的。

由于电影评论文字的字数都不固定，同时为了保持所用电影评论的"数字列表"的长度都是统一的（放入模型中的参数必须规格统一），因此我们采取截长补短法，短的在前面填 0，长的截取后面的元素。

我们还必须将"数字列表"转化为"向量列表"，因为数字列表无法显示出各个词语之间的相互联系，转化为向量之后便能够建立起各个词语之间的联系，相似度近的便靠得更近。这里需要用到自然语言处理技术——词嵌入。词嵌入是一种将词向量化的概念，原理是单词在高维空间中被编码为实值向量，词语之间的相似性意味着空间中的接近度。

之所以希望把每个单词都变成一个向量，目的还是为了方便计算。比如"猫""狗""爱情"三个词，对于我们人类而言，可以清楚地知道"猫"和"狗"表示的都是动物，而"爱情"表示的是一种情感，但是对于机器而言，这三个词都是用 0 和 1 表示的二进制的字符串而已，无法对其进行计算。而通过词嵌入这种方式将单词转变为词向量，机器便可对单词进行计算，通过计算不同词向量之间夹角的余弦值，从而得出单词之间的相似性。例如将"猫""狗""爱情"映射到向量空间中，"猫"对应的向量为 (0.1 0.2 0.3)，"狗"对应的向量为 (0.2 0.2 0.4)，"爱情"对应的向量为 (−0.4 −0.5 −0.2)（本数据仅为示意），这三个单词的相似性如图 9-2 所示。

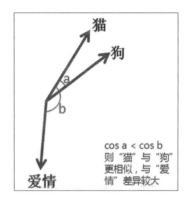

Keras 通过嵌入层（Embedding Layer）将"数字列表"转换为"向量列表"后，就可以将"向量列表"送入深度学习模型进行训练。

图 9-2

处理步骤如下：

步骤 01　读取 IMDB 数据集。

步骤 02　建立 token 字典。

步骤 03　使用 token 字典将"影评文字"转化为"数字列表"。

步骤 04　截长补短让所有"数字列表"长度都是 100。

步骤 05　嵌入层将"数字列表"转化为"向量列表"。

步骤 06　将向量列表送入深度学习模型（多层感知器、卷积神经网络等）进行训练。

以下程序代码 imdb_data_preprocessing.py 可作参考，代码作用是下载 IMDB 数据集，读取并进行数据预处理。

```
###################imdb_data_preprocessing.py###################
# 导入所需的模块
import urllib.request
import os
import tarfile
# 下载 IMDB 数据集
# 下载地址
url="http://ai.stanford.edu/~amaas/data/sentiment/aclImdb_v1.tar.gz"
# 设置存储文件的路径
```

```
filepath="aclImdb_v1.tar.gz"
# 判断文件不存在就下载文件
if not os.path.isfile(filepath):
    result=urllib.request.urlretrieve(url,filepath)
    print('downloaded:',result)
# 判断解压缩目录是否存在，打开压缩文件，解压缩到相应目录
if not os.path.exists("./aclImdb"):
    tfile = tarfile.open("./aclImdb_v1.tar.gz", 'r:gz')
    result = tfile.extractall('imdb/')
########## 读取 IMDB 数据，做数据预处理 ##################
from keras.preprocessing import sequence
from keras.preprocessing.text import Tokenizer
# 创建 rm_tag 函数删除文字中的 HTML 标签
import re
def rm_tags(text):
    re_tag = re.compile(r'<[^>]+>')
    return re_tag.sub('', text)
# read_files 函数读取 IMDB 文件目录
import os
def read_files(filetype):
    path = "imdb/aclImdb/"
    file_list=[]
    positive_path=path + filetype+"/pos/"
    for f in os.listdir(positive_path):
        file_list+=[positive_path+f]

    negative_path=path + filetype+"/neg/"
    for f in os.listdir(negative_path):
        file_list+=[negative_path+f]
    print('read',filetype, 'files:',len(file_list))
    all_labels = ([1] * 12500 + [0] * 12500)
    all_texts  = []
    for fi in file_list:
        with open(fi,encoding='utf8') as file_input:
            all_texts += [rm_tags(" ".join(file_input.readlines()))]

    return all_labels,all_texts
# 读取训练数据
y_train,train_text=read_files("train")
# 读取测试数据
y_test,test_text=read_files("test")
# 建立 token 字典，我们要建立一个有 2000 个单词的字典
token = Tokenizer(num_words=2000)
token.fit_on_texts(train_text)
# 将影评文字转换成数字列表
x_train_seq = token.texts_to_sequences(train_text)
```

```
x_test_seq  = token.texts_to_sequences(test_text)

# 让转换后的数字长度相同，长度都为 100
x_train = sequence.pad_sequences(x_train_seq, maxlen=100)
x_test  = sequence.pad_sequences(x_test_seq,  maxlen=100)
print(train_text[0])
print(x_train_seq[0])
print(x_train[0])
#################################################
```

程序代码运行结果如下：

```
downloaded: ('aclImdb_v1.tar.gz', <http.client.HTTPMessage object at
0x0000019FE3D44048>)
Using TensorFlow backend.
read train files: 25000
read test files: 25000
Bromwell High is a cartoon comedy. It ran at the same time as some other
programs about school life, such as "Teachers". My 35 years in the teaching
profession lead me to believe that Bromwell High's satire is much closer
to reality than is "Teachers". The scramble to survive financially, the
insightful students who can see right through their pathetic teachers' pomp,
the pettiness of the whole situation, all remind me of the schools I knew and
their students. When I saw the episode in which a student repeatedly tried to
burn down the school, I immediately recalled ......... at .......... High.
A classic line: INSPECTOR: I'm here to sack one of your teachers. STUDENT:
Welcome to Bromwell High. I expect that many adults of my age think that
Bromwell High is far fetched. What a pity that it isn't!
[308, 6, 3, 1068, 208, 8, 29, 1, 168, 54, 13, 45, 81, 40, 391, 109, 137,
13, 57, 149, 7, 1, 481, 68, 5, 260, 11, 6, 72, 5, 631, 70, 6, 1, 5, 1, 1530,
33, 66, 63, 204, 139, 64, 1229, 1, 4, 1, 222, 899, 28, 68, 4, 1, 9, 693, 2,
64, 1530, 50, 9, 215, 1, 386, 7, 59, 3, 1470, 798, 5, 176, 1, 391, 9, 1235,
29, 308, 3, 352, 343, 142, 129, 5, 27, 4, 125, 1470, 5, 308, 9, 532, 11, 107,
1466, 4, 57, 554, 100, 11, 308, 6, 226, 47, 3, 11, 8, 214]
[  29    1  168   54   13   45   81   40  391  109  137   13   57  149
    7    1  481   68    5  260   11    6   72    5  631   70    6    1
    5    1 1530   33   66   63  204  139   64 1229    1    4    1  222
  899   28   68    4    1    9  693    2   64 1530   50    9  215    1
  386    7   59    3 1470  798    5  176    1  391    9 1235   29  308
    3  352  343  142  129    5   27    4  125 1470    5  308    9  532
   11  107 1466    4   57  554  100   11  308    6  226   47    3   11
    8  214]
```

解析上述代码：首先下载并解压缩 IMDB 电影评论数据文件，使用 Tokenizer 建立一个共有 2000 个单词的 token 字典（读取所有的训练数据影评文字，按照每一个英文单词在影评中出现的次数进行排序，排序前 2000 名的英文单词会列入字典中）；然后使用 token.texts_to_sequences 将训练数据与测试数据的 "影评文字" 转换成数字列表；再使用 sequence.pad_ sequences 进行截长补短，如果"数字列表"长度小于 100 的就在其前面填 0，如果"数字列表"长度大于 100 的就将其前面的数字截弃，保持长度都是 100。读者可以自行验证查看一下第 0 项"影评文字"、第 0 项"数字列表"以及经过 pad_sequences 截长补短处理后的内容。

9.2 基于多层感知器模型的电影评论情感分析

本节建立一个多层感知器模型，使用该模型进行电影评论情感分析。

9.2.1 加入嵌入层

词嵌入的作用是将人类的语言映射到几何空间中，词与词之间的语义关系通过几何距离来表示。表示不同事物的词被嵌入到相隔很远的点，而相关的词则更加靠近（"花"与"植物"，"狗"与"动物"靠得近一些）。Keras 中的嵌入层可以将"数字列表"转换为"向量列表"。嵌入层可以理解为一个字典，将整数索引（表示特定单词）映射为密集向量，即它接收整数作为输入，并在内部字典中查找这些整数，然后返回相关联的向量。嵌入层的输入是一个二维整数张量，其形状为（samples, sequence_length），每个元素是一个整数序列；返回一个形状为 (samples, sequence_length, embedding_dimensionality) 的三维浮点数张量。

导入所需模块：

```
from keras.models import Sequential
from keras.layers.core import Dense, Dropout, Activation,Flatten
from keras.layers.embeddings import Embedding
```

建立一个线性堆叠模型，后续只需要将各个神经网络层加入模型即可：

```
model = Sequential()
```

将嵌入层加入模型，并且加入 Dropout 层避免过拟合。

```
model.add(Embedding(output_dim=32,
                    input_dim=2000,
                    input_length=100))
model.add(Dropout(0.2))
```

Dropout(0.2) 的功能是，每次训练迭代时会随机地在神经网络中放弃 20% 的神经元。

9.2.2 建立多层感知器模型

"数字列表"在嵌入层被转换为"向量列表"后，就可以用于深度学习模型进行训练与预测了。建立多层感知器模型的代码如下：

```
model.add(Flatten())
model.add(Dense(units=256,activation='relu' ))
model.add(Dropout(0.2))
```

```
model.add(Dense(units=1,activation='sigmoid' ))
```

通过 print(model.summary()) 来查看模型的摘要，如图 9-3 所示。

程序代码在模型中加入一平坦层。平坦层用来将输入"压平"，即把多维的输入一维化，常用在从卷积层到全连接层的过渡。平坦层不影响批的大小，因为"数字列表"每一项有 100 个数字，每个数字都转换为 32 维的向量，所以平坦层的神经元有 32×100=3200 个。然后在模型中加入隐藏层（Dense 层），这里隐藏层有 256 个神经元，激活函数为 ReLU。同时加入 Dropout 层以避免过拟合。再建立输出层（Dense 层），输出层只有 1 个神经元（输出 1 代表正面积极评价，输出 2 代表负面消极评价。最后定义激活函数 sigmoid。

```
Layer (type)                 Output Shape              Param #

embedding_1 (Embedding)      (None, 100, 32)           64000

dropout_1 (Dropout)          (None, 100, 32)           0

flatten_1 (Flatten)          (None, 3200)              0

dense_1 (Dense)              (None, 256)               819456

dropout_2 (Dropout)          (None, 256)               0

dense_2 (Dense)              (None, 1)                 257

Total params: 883,713
Trainable params: 883,713
Non-trainable params: 0

None
```

图 9-3

9.2.3 模型训练和评估

建立好神经网络模型，就可以使用反向传播算法进行训练，程序代码如下：

```
model.compile(loss='binary_crossentropy',
              optimizer='adam',
              metrics=['accuracy'])
```

定义好训练方式后使用 model.fit 进行训练，训练过程存储在 train_history 变量中。一共执行 10 个训练周期，每一批次 100 项数据，全部数据有 25000 项，其中 25000×0.8=20000 作为训练数据，25000×0.2=5000 作为验证数据，大约分为 20000/100=200 个批次。程序代码如下：

```
train_history =model.fit(x_train, y_train,batch_size=100,
                         epochs=10,verbose=2,
                         validation_split=0.2)
```

模型训练结果如下：

```
Train on 20000 samples, validate on 5000 samples
Epoch 1/10
 - 8s - loss: 0.4698 - acc: 0.7613 - val_loss: 0.5297 - val_acc: 0.7510
Epoch 2/10
 - 8s - loss: 0.2650 - acc: 0.8924 - val_loss: 0.4859 - val_acc: 0.7904
Epoch 3/10
 - 8s - loss: 0.1568 - acc: 0.9433 - val_loss: 0.5976 - val_acc: 0.7726
Epoch 4/10
 - 8s - loss: 0.0766 - acc: 0.9740 - val_loss: 0.9730 - val_acc: 0.7210
Epoch 5/10
 - 8s - loss: 0.0522 - acc: 0.9812 - val_loss: 1.0432 - val_acc: 0.7440
Epoch 6/10
 - 8s - loss: 0.0390 - acc: 0.9861 - val_loss: 0.9267 - val_acc: 0.7816
Epoch 7/10
 - 8s - loss: 0.0308 - acc: 0.9889 - val_loss: 1.1730 - val_acc: 0.7554
Epoch 8/10
 - 8s - loss: 0.0286 - acc: 0.9898 - val_loss: 1.2194 - val_acc: 0.7544
Epoch 9/10
 - 8s - loss: 0.0253 - acc: 0.9909 - val_loss: 1.1011 - val_acc: 0.7788
Epoch 10/10
 - 8s - loss: 0.0236 - acc: 0.9910 - val_loss: 1.4060 - val_acc: 0.7388
```

从输出结果可以看出，共执行 10 个训练周期，误差越来越小，准确率越来越高。

模型训练完成后，使用测试数据集评估模型的准确率，如图 9-4 所示，可知准确率为 0.81。

```
scores=model.evaluate(x_test,y_test,verbose=1)
print(scores[1])

25000/25000 [==============================] - 2s 94us/step
0.81244
```

图 9-4

读取 train_history，以图表显示训练过程，使用 Matplotlib 显示图形，代码如下：

```python
import matplotlib.pyplot as plt
def show_train_history(train_history,train,validation):
    plt.plot(train_history.history[train])
    plt.plot(train_history.history[validation])
    plt.title('Train History')
    plt.ylabel(train)
    plt.xlabel('Epoch')
    plt.legend(['train', 'validation'], loc='upper left')
plt.show()
```

绘制出准确率评估的执行结果，如图 9-5 所示，训练的准确率 acc（以训练的数据来计算准确率）是一直增加的，验证的准确率 val_acc（以验证数据来计算准备率，验证数据在之前的训练时并没有拿来训练）并没有增加多少。

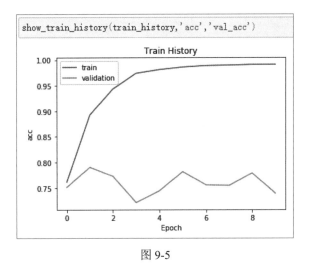

图 9-5

9.2.4 预测

我们使用电影《美女和野兽》的影评文字来进行预测，网站地址为 http://www.imdb.com/ title/ tt2771200/reviews，在影评页面上可以筛选影评，如图 9-6 所示。

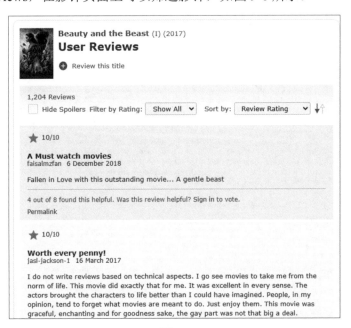

图 9-6

首先定义字典 SentimentDict，其中 1 表示正面的，0 表示负面的。然后创建 predict_ review 预测函数，函数中先要对影评文字做数据预处理，即使用 token.texts_to_sequences 将 影评文字转换成数字列表；再使用 sequence.pad_sequences 截取数字列表，使它长度为 100； 最后使用 model.predict_classes 传入参数进行预测。预测结果是个二维数组，使用 predict_ result[0][0] 来读取，用定义的 SentimentDict 字典将结果转换为文字。程序代码如下：

```
SentimentDict={1:'正面的',0:'负面的'}
def predict_review(input_text):
    input_seq = token.texts_to_sequences([input_text])
    pad_input_seq  = sequence.pad_sequences(input_seq , maxlen=100)
    predict_result=model.predict_classes(pad_input_seq)
print(SentimentDict[predict_result[0][0]])
```

复制一段正面的影评文字，用 predict_review() 函数来预测复制粘贴的影评文字，执行函数可以看到结果是"正面的"，如图 9-7 所示。

```
predict_review('''
I do not write reviews based on technical aspects. I go see movies to take me from the norm of life.
This movie did exactly that for me. It was excellent in every sense.
The actors brought the characters to life better than I could have imagined.
People, in my opinion, tend to forget what movies are meant to do. Just enjoy them.
This movie was graceful, enchanting and for goodness sake, the gay part was not that big a deal.
''')
```
正面的

图 9-7

再筛选一段负面的评价做验证，如图 9-8 所示，把该段影评文字复制下来。

图 9-8

再用 predict_review() 函数来预测复制粘贴的影评文字，执行函数后可以看到结果确实是"负面的"，如图 9-9 所示。

```
predict_review('''I reserve 1/10 ratings for films that offended me, and this one I was so disappointed about.
Beauty and the Beast is such a beautiful and universally adored classic Disney film.
I thought how can this be anything but great. But unfortunately they just chose the totally wrong Belle.
It made me realise that so much that is wonderful about the original relies on Belle because she is so wonderful,
Cutting her hair, talking about feminism, etc. This is fine, many women go through this stage.
But her Belle just lacks all of the wonderful femininity that shines through the real Belle. It was a restrained
''')
```
负面的

图 9-9

如果想进一步提高预测准确率，可以考虑增加字典的单词数，比如从 2000 增加到 3800，并且数字列表的长度也相应增加，由 100 增加到 380，这样就可以通过多认识一些单词，并且增加读取电影评论文字的单词数，来增加预测准确率。

 ## 9.3 基于 RNN 模型的电影评论情感分析

本节建立一个循环神经网络（Recurrent Neural Network，RNN）模型，使用该模型进行电影评论情感分析。

9.3.1 为什么要使用 RNN 模型

前面章节学习了全连接神经网络和卷积神经网络，以及它们的训练和使用方法。它们都只能单独处理一个个的输入，前一个输入和后一个输入是完全没有关系的。但是，某些任务需要能够更好地处理序列的信息，即前面的输入和后面的输入是有关系的。比如，当我们在理解一句话的意思时，孤立地理解这句话的每个词是不够的，我们需要处理这些词连接起来的整个序列；当我们处理视频的时候，也不能只单独地去分析每一帧，而要分析这些帧连接起来的整个序列。这时，就需要用到深度学习领域中另一类非常重要神经网络——循环神经网络。

RNN 是在自然语言处理领域中最先被用起来的，比如，RNN 可以为语言模型建模。那么，什么是语言模型呢？

我们和电脑玩这样一个游戏，我们写出一个句子前面的一些词，然后让电脑帮我们写接下来的一个词。比如下面这句：

我昨天上学迟到了，老师批评了＿＿。

在这个例子中，接下来的这个词最有可能是"我"，而不太可能是"小明"，甚至是"吃饭"。

语言模型是对一种语言的特征进行建模，简单地说就是给定一句话前面的部分，预测接下来最有可能的一个词是什么。

使用 RNN 之前，语言模型主要采用 N-Gram。N 可以是一个自然数，比如 2 或者 3。N-Gram 的含义是，假设一个词出现的概率只与前面 N 个词相关。以 2-Gram 为例，首先对前面的一句话进行切词：

我 昨天 上学 迟到 了，老师 批评 了＿＿。

如果用 2-Gram 进行建模，那么电脑在预测的时候，只会看到前面的"了"，然后，计算机会在语料库中搜索"了"后面最可能连接的一个词。不管最后计算机选的是不是"我"，我们都知道这个模型是不靠谱的，因为"了"前面的单词都没有用到。如果是 3-Gram 模型，则会搜索"批评了"后面最可能连接的词，感觉上比 2-Gram 靠谱了不少，但还是远远不够的。因为这句话最关键的信息"我"是在"了"前面的第 7 个词。

现在读者可能会想,我们可以继续提升 N 的值呀,比如 4-Gram、5-Gram,等等。实际上,这个想法是没有实用性的,因为如果我们想处理任意长度的句子,N 设为多少都不合适;另外,模型的大小和 N 的关系是指数级的,4-Gram 模型就会占用海量的存储空间。

所以,该轮到 RNN 出场了,RNN 在理论上可以往前看(往后看)任意多个词。RNN 网络因为使用了单词的序列信息,所以准确率比前向传递神经网络要高。

9.3.2 RNN 模型原理

循环神经网络的原理是将神经元的输出再接回神经元的输入,使得神经网络具备"记忆"功能。如图 9-10 所示是一个简单的循环神经网络,它由输入层、一个隐藏层和一个输出层组成。

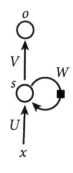

如果把图上 W 所在的那个带箭头的圈去掉,就变成了最普通的全连接神经网络。x 是一个向量,表示输入层的值(这里没有画出来表示神经元节点的圆圈);s 是一个向量,表示隐藏层的值(这里隐藏层画了一个节点,我们也可以想象这一层其实是多个节点,节点数与向量 s 的维度相同);U

图 9-10

是输入层到隐藏层的权重矩阵;o 也是一个向量,它表示输出层的值;V 是隐藏层到输出层的权重矩阵。那么,W 是什么呢?循环神经网络的隐藏层的值 s 不仅取决于当前这次的输入 x,还取决于上一次隐藏层的值 s。权重矩阵 W 就是隐藏层上一次的值作为这一次输入的权重。

循环神经网络也可以用另一种方式来表示,如图 9-11 所示。

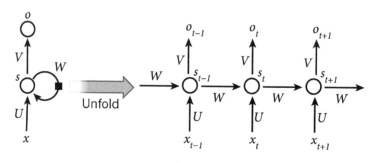

图 9-11

现在看上去就比较清楚了,循环神经网络在 t 时刻接收到输入 X_t 之后,隐藏层的值是 S_t,输出值是 O_t。关键一点是,S_t 的值不仅取决于当前时间点 X_t,还取决于前一个时间点的状态 S_{t-1} 和 U、W 的神经网络参数共同评估的结果。我们可以用下面的公式(见图 9-12)来表示循环神经网络的计算方法,其中,函数 f 是非线性函数,如 ReLU。

$$O_t = g(V \cdot S_t)$$
$$S_t = f(U \cdot X_t + W \cdot S_{t-1})$$

St的值不仅仅取决于Xt,还取决于St-1

图 9-12

循环神经网络因为具有一定的记忆功能，并且网络与序列和列表密切相关，因此可以被用来解决很多问题，例如，语音识别、语言模型、机器翻译等。

9.3.3　使用 RNN 模型进行影评情感分析

我们已经对 RNN 有了基本了解，接下来使用 RNN 模型进行 IMDB 情感分析。这里摘出使用 RNN 模型的代码，其他代码如下载 IMDB 数据集、数据预处理等都与之前的模型相同。

```
from keras.models import Sequential
from keras.layers.core import Dense, Dropout, Activation
from keras.layers.embeddings import Embedding
from keras.layers.recurrent import SimpleRNN
model = Sequential()
model.add(Embedding(output_dim=32,
                    input_dim=3800,
                    input_length=380))
model.add(Dropout(0.35))
model.add(SimpleRNN(units=16))
model.add(Dense(units=256,activation='relu' ))
model.add(Dropout(0.35))
model.add(Dense(units=1,activation='sigmoid' ))
```

以上代码使用 SimpleRNN(units=16) 建立具有 16 个神经元的 RNN 层，使用 print(model. summary) 指令查看模型，如图 9-13 所示。

Layer (type)	Output Shape	Param #
embedding_1 (Embedding)	(None, 380, 32)	121600
dropout_1 (Dropout)	(None, 380, 32)	0
simple_rnn_1 (SimpleRNN)	(None, 16)	784
dense_1 (Dense)	(None, 256)	4352
dropout_2 (Dropout)	(None, 256)	0
dense_2 (Dense)	(None, 1)	257

```
Total params: 126,993
Trainable params: 126,993
Non-trainable params: 0
```

图 9-13

训练模型，评估模型的准确率。我们会发现使用 RNN 模型后，模型准确率得以提高。

9.4　基于 LSTM 模型的电影评论情感分析

本节建立一个长短期记忆（Long Short Term Memory，LSTM）模型，使用该模型进行电影评论情感分析。

9.4.1 LSTM 模型介绍

RNN 模型有个长时依赖问题，长时依赖问题指的是当预测点与依赖的相关信息距离比较远的时候，就难以学到该相关信息。对于 RNN 模型，我们可以看到，每一时刻的隐藏状态都不仅由该时刻的输入决定，还取决于上一时刻的隐藏层的值。如果一个句子很长，到句子末尾时，RNN 模型将记不住这个句子的开头的详细内容。例如句子"我家住在福州……"，中间还有很多句子，若要在末尾预测"我在某个城市上班"，已经忘记之前写的内容，就无法理解我是在哪一个城市上班。

长短期记忆网络的思路比较简单：既然原始 RNN 的隐藏层只有一个状态，即 h，它对于短期的输入非常敏感，那么我们就再增加一个状态，即 c，让它来保存长期的状态，如图 9-14 所示。

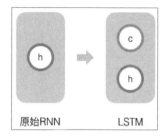

图 9-14

新增加的状态 c，称为单元状态（Cell State）。我们把图 9-14 按照时间维度展开，结果如图 9-15 所示。可以看出，在 t 时刻，LSTM 的输入有三个：当前时刻网络的输入值 x_t、上一时刻 LSTM 的输出值 h_{t-1}，以及上一时刻的单元状态 c_{t-1}。LSTM 的输出有两个：当前时刻 LSTM 的输出值 h_t 和当前时刻的单元状态 c_t。

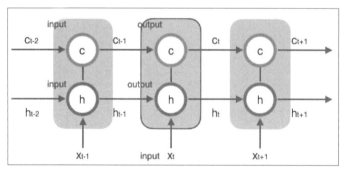

图 9-15

LSTM 的关键就是怎样控制长期状态 c。对此，LSTM 的思路是使用三个控制开关：第一个开关，负责控制继续保存长期状态 c；第二个开关，负责控制把即时状态输入到长期状态 c；第三个开关，负责控制是否把长期状态 c 作为当前的 LSTM 的输出。三个开关的作用如图 9-16 所示。

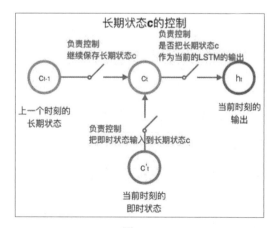

图 9-16

这些开关用门（gate）来实现，在现实生活中，门就是用来控制进出的，关上门，我们就进不去房子，打开门我们就能进去。同理，LSTM 的门用来控制每一时刻信息的记忆与遗忘。门实际上就是一层全连接层，输入是一个向量，输出是一个 0 到 1 之间的实数向量。门如何进行控制？方法是用门的输出向量按元素乘以我们需要控制的那个向量，其原理是：门的输出是 0 到 1 之间的实数向量，当门输出为 0 时，任何向量与之相乘都会得到 0 向量，这就相当于什么都不能通过；输出为 1 时，任何向量与之相乘都不会有任何改变，这就相当于什么都可以通过。

9.4.2 使用 LTSM 模型进行影评情感分析

完整的程序代码参考范例 keras_imdb_lstm.ipynb，这里摘出使用 LTSM 模型的代码，其他代码如下载 IMDB 数据集、数据预处理等都与之前的模型相同。

```python
from keras.models import Sequential
from keras.layers.core import Dense, Dropout, Activation
from keras.layers.embeddings import Embedding
from keras.layers.recurrent import LSTM
model = Sequential()
model.add(Embedding(output_dim=32,
                    input_dim=3800,
                    input_length=380))
model.add(Dropout(0.2))
model.add(LSTM(units=32))
model.add(Dense(units=256,activation='relu' ))
model.add(Dropout(0.2))
model.add(Dense(units=1,activation='sigmoid' ))
```

以上代码使用 LTSM(32) 建立具有 32 个神经元的 LTSM 层，使用 print(model.summary) 指令查看模型，如图 9-17 所示。

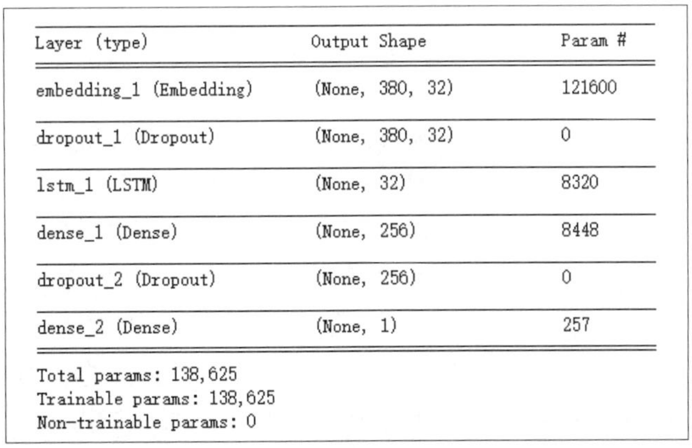

Layer (type)	Output Shape	Param #
embedding_1 (Embedding)	(None, 380, 32)	121600
dropout_1 (Dropout)	(None, 380, 32)	0
lstm_1 (LSTM)	(None, 32)	8320
dense_1 (Dense)	(None, 256)	8448
dropout_2 (Dropout)	(None, 256)	0
dense_2 (Dense)	(None, 1)	257

Total params: 138,625
Trainable params: 138,625
Non-trainable params: 0

图 9-17

训练模型，评估模型的准确率，我们会发现使用 LSTM 模型之后，模型准确率得以提高。多层感知器模型运用于文本情感分析时，其效果不如 RNN 和 LSTM 模型的效果好。

第 10 章
迁移学习

跟传统的监督式机器学习算法相比，深度神经网络目前最大的劣势是贵，尤其是当我们在尝试处理现实生活中诸如图像识别、声音辨识等实际问题的时候。一旦花费昂模型中包含一些隐藏层时，多增添一层隐藏层将会花费巨大的计算资源。庆幸的是，有一种叫作"迁移学习"的方式，可以使我们在他人训练过的模型基础上进行小改动便可投入使用。本章将会讲解如何使用迁移学习的常用方法来加速解决问题的过程。

10.1 迁移学习简介

所谓迁移学习，一般就是要将从源领域（Source Domain）学习到的东西应用到目标领域（Target Domain）上去，源领域的数据和目标领域的数据遵循不同的分布。迁移学习能够将适用于大数据的模型迁移到小数据上，实现个性化迁移。对于迁移学习，不妨拿老师与学生之间的关系做类比。一位老师通常在他所教授的领域有着多年的丰富经验，在这些经验积累的基础上，老师能够在课堂上教授给学生们该领域的核心知识。这个过程可以看作是老手与新手之间的"信息迁移"，这个过程对神经网络也适用。我们知道，神经网络需要用数据来进行训练，它从数据中获得信息，进而把信息转换成相应的权重。这些权重能够被提取出来，迁移到其他的神经网络中，我们"迁移"了这些学来的特征，就不需要再从零开始训练一个神经网络了。

所以想要将深度学习应用于小型图像数据集，一种常用且非常高效的方法就是使用预训练网络（Pretrained Network）。预训练网络是一个保存好的网络，之前已在大型数据集上训练好。如果原始数据集足够大且足够通用，那么就可以把预训练网络应用到我们的问题上。比如采用在 ImageNet 上预训练好的网络，然后通过微调（Fine Tune）整个网络来适应新任务。

迁移学习能解决哪些问题？比如说新开一个网店，卖一种新的糕点，但是目前没有任何的客户数据，无法建立模型对客户进行推荐。但客户买一个东西的行为会反映出客户可能还会买另外一个东西，所以如果客户在另外一个领域，比如说买饮料，已经有了很多的数据，利用这些数据建立一个模型，将客户买饮料的习惯和买糕点的习惯相关联，就可以把饮料的推荐模型成功地迁移到糕点的推荐模型上，这样，在数据不多的情况下也可以给一些客户推荐他们可能喜欢的糕点。

　　这个例子其实就是说有两个领域，一个领域已经有很多的数据，能成功地建立一个模型，另一个领域数据不多，但是和前面那个领域是关联的，就可以把前面那个领域模型给迁移过来。即利用上千万幅的图像训练好一个图像识别系统，当我们遇到一个新的图像领域，就不用再去找几千万幅图像来训练了，把原来的图像识别系统迁移到新的领域，在新的领域只用几万幅图片就能够获取相同的效果。模型迁移的一个好处是可以和深度学习结合起来，我们可以区分不同层次可迁移的度，相似度比较高的那些层次模型迁移的可能性就大一些。

10.2 什么是预训练模型

　　如果我们要做一个计算机视觉的应用，相比于从头训练权重，或者说从随机初始化权重开始，下载别人已经训练好的网络结构的权重，通常能够进展得更快些。即我们可以下载别人花费了好几周甚至几个月，并且经历了非常磨人的寻最优过程而做出来的开源的权重参数，作为预训练模型（Pre-Trained Model），用在自己的神经网络上。

　　所以简单来说，预训练模型是前人为了解决类似问题所创造出来的模型。我们在解决问题的时候，不用从零开始训练一个新模型，可以从类似问题中找到训练过的模型来入手。

　　比如说，我们想做一辆自动驾驶汽车，可以花费数年时间从零开始构建一个性能优良的图像识别算法，也可以从 Google 在 ImageNet 数据集上训练得到的 Inception Model（一个预训练模型）起步，直接用来识别图像。

　　一个预训练模型可能对于我们的应用来说并不是 100% 的对接准确，但是它可以为我们节省大量的功夫，我们不需要重新训练整个模型结构，只需要针对其中的几层进行训练即可。

　　以芯片图像分类为例，对采集的芯片图像进行三分类，分别为芯片底盘、焊接球以及芯片引脚连接丝图像。现在没有大量的图像，训练集也很小，该怎么办呢？我们可以从网上下载一些神经网络开源的实现，不仅把代码下载下来，也把权重下载下来。有许多训练好的网络，都可以下载。

　　ImageNet 数据集已经被广泛用作训练集，因为它的规模足够大（包括 120 幅图像），有助于训练普适模型。ImageNet 的训练目标是将所有的图像正确地划分到 1000 个分类条目下。这 1000 个分类基本上都来源于我们的日常生活，比如说猫和狗的种类、各种家庭用品、日常通勤工具，等等。

　　比如，我们采用在 ImageNet 数据集上预先训练好的 VGG16 模型，VGG16 模型是由 13 个卷积层、5 个最大池化层以及 3 个全连接层构成。它有 1000 个不同的类别，因此这个网络会有一个 softmax 层，输出 1000 个可能类别中的 1 个。在 VGG16 网络架构的基础上，我们可以去掉最后三个全连接层，创建自定义层，用来输出芯片底盘、焊接球和芯片引脚连接丝这三个类别。我们只需要训练最后三层的权重，把前面这些层的权重都冻结（freez）起来。

　　加载预训练权值，初始计算并存储权值，减少冗余过程，加快训练速度；然后随机初始化三层全连接层的权值，学习数据集图像与芯片图像之间的特征空间迁移；最后的一个全连接层由 ImageNet 的 1000 个输出类调整为芯片底盘、焊接球和芯片引脚连接丝三个输出类。

通过使用其他人预训练的权重，我们很可能得到很好的性能，即使只有一个小的数据集。同时大大减少了训练时间，只需要针对全连接层进行训练，所需时间基本可以忽略。

在迁移学习中，这些预训练的网络对于 ImageNet 数据集外的图片也表现出了很好的泛化性能。通过使用之前在大数据集上经过训练的预训练模型，我们可以直接使用相应的结构和权重，将它们应用到我们正在面对的问题上，如图 10-1 所示。因为预训练模型已经训练得很好，我们就不会在短时间内去修改过多的权重，在迁移学习中用到它的时候，往往只是进行微调。

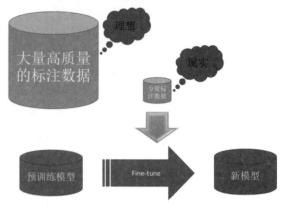

图 10-1

但也要记住一点，在选择预训练模型的时候必须非常仔细，如果我们的问题与预训练模型训练情景有很大的出入，那么模型所得到的预测结果将会非常不准确。举例来说，把一个原本用于语音识别的模型用来做用户识别，那结果肯定是不理想的。

10.3 如何使用预训练模型

采用预训练模型的结构，一种方法先将所有的权重随机化，然后依据自己的数据集进行训练；另一种方法是使用预训练模型的方法对它进行部分训练。具体的做法是：模型起始的一些层的权重保持不变，重新训练后面的层，得到新的权重，在这个过程中，我们可以进行多次尝试，从而能够依据结果找到最佳搭配。

如何使用预训练模型，这是由数据集大小和新旧数据集（预训练的数据集和我们要解决的数据集）之间数据的相似度来决定的。

1. 场景一：数据集小，数据相似度高

在这种情况下，因为数据与预训练模型的训练数据相似度很高，因此我们不需要重新训练模型。只需将输出层改建成符合问题情境下的结构就好。比如说使用在 ImageNet 上训练的模型来辨认一组新照片中的猫和狗。这里，需要被辨认的图片与 ImageNet 库中的图片类似，但是我们的输出结果中只需要两项，即猫或者狗。在这个例子中，我们要做的就是把全连接层和最终 softmax 层的输出从 1000 个类别改为 2 个类别。

2. 场景二：数据集小，数据相似度不高

在这种情况下，我们可以冻结预训练模型中的前 k 个层中的权重，然后重新训练后面的 n-k 个层，当然最后一层也需要根据相应的输出格式来进行修改。因为数据的相似度不高，重新训练的过程就变得非常关键。而新数据集大小的不足，则是通过冻结预训练模型的前 k 层来进行弥补。

3. 场景三：数据集大，数据相似度不高

在这种情况下，因为我们有一个很大的数据集，所以神经网络的训练过程将会比较有效率。然而，因为实际数据与预训练模型的训练数据之间存在很大的差异，采用预训练模型将不会是一种高效的方式。因此，最好的方法还是将预处理模型中的权重全都初始化后在新数据集的基础上从头开始训练。

4. 场景四：数据集大，数据相似度高

这是最理想的情况，采用预训练模型会变得非常高效。最好的运用方式是保持模型原有的结构和初始权重不变，随后在新数据集的基础上重新训练。

10.4 在猫狗识别的任务上使用迁移学习

本节案例，我们将使用预训练的 VGG16 模型，并且使用它在 ImageNet 数据集上预训练过的权值。VGG16 模型是一个简单而又被广泛使用的卷积神经网络架构，其结构如图 10-2 所示。

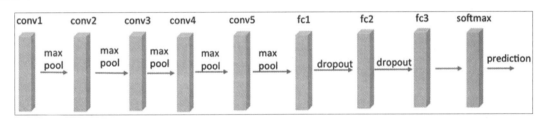

图 10-2

Keras 有一个标准的 VGG16 模型可以作为一个库来使用，预先计算好的权重也会被自动下载。首先导入要用的包，做好数据预处理，加载 ImageNet 数据集上预训练的 VGG16 模型，代码如图 10-3 所示。其中，参数 weights 使用预训练过的权值；参数 include_top 指定模型最后是否包含网络的分类器，默认情况下这个分类器对应于 ImageNet 的 1000 个类别，因为我们打算使用自己的分类器（只有两个类别，cat 和 dog），不需要包含它，所以设置为 False；参数 input_shape 是输入到网络中的图像张量的形状。

```
# 将VGG16卷积基实例化
from keras.applications import VGG16
conv_base = VGG16(weights='imagenet', include_top=False, input_shape=(150, 150, 3))
print(conv_base.summary())
```

图 10-3

查看模型结构，结果如下：

Layer (type)	Output Shape	Param #
input_1 (InputLayer)	(None, 150, 150, 3)	0

block1_conv1 (Conv2D)	(None, 150, 150, 64)	1792
block1_conv2 (Conv2D)	(None, 150, 150, 64)	36928
block1_pool (MaxPooling2D)	(None, 75, 75, 64)	0
block2_conv1 (Conv2D)	(None, 75, 75, 128)	73856
block2_conv2 (Conv2D)	(None, 75, 75, 128)	147584
block2_pool (MaxPooling2D)	(None, 37, 37, 128)	0
block3_conv1 (Conv2D)	(None, 37, 37, 256)	295168
block3_conv2 (Conv2D)	(None, 37, 37, 256)	590080
block3_conv3 (Conv2D)	(None, 37, 37, 256)	590080
block3_pool (MaxPooling2D)	(None, 18, 18, 256)	0
block4_conv1 (Conv2D)	(None, 18, 18, 512)	1180160
block4_conv2 (Conv2D)	(None, 18, 18, 512)	2359808
block4_conv3 (Conv2D)	(None, 18, 18, 512)	2359808
block4_pool (MaxPooling2D)	(None, 9, 9, 512)	0
block5_conv1 (Conv2D)	(None, 9, 9, 512)	2359808
block5_conv2 (Conv2D)	(None, 9, 9, 512)	2359808
block5_conv3 (Conv2D)	(None, 9, 9, 512)	2359808
block5_pool (MaxPooling2D)	(None, 4, 4, 512)	0

```
=================================================================
Total params: 14,714,688
Trainable params: 14,714,688
Non-trainable params: 0
```

None

　　加载预训练的 VGG16 模型，仅加载具有分类作用的卷积部分，不包含主要承担分类作用的全连接层。

　　在编译和训练模型之前，冻结一个或多个层，使其在训练过程中保持权重不变。我们会冻结预训练的 VGG16 模型最前面的 15 层，代码如图 10-4 所示，固定网络中的部分参数，而不是所有的权重参数都会被更新，只重新训练输出层和隐藏层。这么做是因为最初的几层网络捕获的是曲线、边缘这种普遍的特征，这跟我们的问题是相关的。我们想要保证这些权重不变，让网络在学习过程中重点关注数据集特有的一些特征，从而对后面的网络进行调整。

```
# 冻结预训练网络前15层
for layer in conv_base.layers[:15]:
    layer.trainable = False
```

图 10-4

如图 10-5 所示，在顶部添加 Dense 层来扩展已有模型，并在输入数据上端到端地运行整个模型。为了分类，添加一组自定义的顶层：在 VGG16 模型中，输出层是一个拥有 1000 个类别的 softmax 层，我们把这层去掉，换上一层只有 10 个类别的 softmax 层。我们只训练这些层，然后就进行数字识别的尝试。

```
from keras import models
from keras import layers
from keras.layers import Dropout
model = models.Sequential()
model.add(conv_base)
model.add(layers.Flatten())
model.add(layers.Dense(256, activation='relu'))
model.add(Dropout(0.5))    # Dropout概率0.5
model.add(layers.Dense(1, activation='sigmoid'))
print(model.summary())
```

Layer (type)	Output Shape	Param #
vgg16 (Model)	(None, 4, 4, 512)	14714688
flatten_1 (Flatten)	(None, 8192)	0
dense_1 (Dense)	(None, 256)	2097408
dropout_1 (Dropout)	(None, 256)	0
dense_2 (Dense)	(None, 1)	257

```
Total params: 16,812,353
Trainable params: 9,177,089
Non-trainable params: 7,635,264
```

None

图 10-5

数据准备如图 10-6 所示。图像训练集样本只有 3000 幅猫狗图片，验证集有 1000 幅猫狗图片，数据集比较小。

模型编译和训练过程的执行结果如图 10-7 所示。可以看到共执行了 10 个训练周期，同时可以发现误差越来越小，准确率越来越高。原本数据量小会造成神经网络的过拟合，但是通过一个标准的已经在整个 ImageNet 上进行了预训练完成了学习的 VGG16 模型，并且使用了预先计算好的、从网上下载的权值，避免了过拟合现象的发生。VGG16 模型和一个已经被单独训练的定制网络并置在一起。然后并置的网络作为一个整体被重新训练，同时保持 VGG16 模型的 15 个低层的参数不变。这个组合非常有效，它可以节省大量的计算能力。重新利用已经工作的 VGG16 模型进行迁移学习，虽然只训练了 12 轮，但整个模型的准确率达到了 0.94。

```
import os
base_dir = 'cat-and-dog'
#构造路径存储训练数据，校验数据
train_dir = os.path.join(base_dir, 'training_set')
validation_dir = os.path.join(base_dir, 'validation_set')
train_cats_dir = os.path.join(train_dir, 'cats')
train_dogs_dir = os.path.join(train_dir, 'dogs')
validation_cats_dir = os.path.join(validation_dir, 'cats')
validation_dogs_dir = os.path.join(validation_dir, 'dogs')
from keras import optimizers
from keras.preprocessing.image import ImageDataGenerator
train_datagen = ImageDataGenerator(rescale = 1. / 255)
#把像素点的值除以255, 使之在0到1之间
test_datagen = ImageDataGenerator(rescale = 1. / 255)
#generator 实际上是将数据批量读入内存
train_generator = train_datagen.flow_from_directory(train_dir, target_size=(150, 150),
                                                    batch_size=20,
                                                    class_mode = 'binary')
validation_generator = test_datagen.flow_from_directory(validation_dir,
                                                    target_size = (150, 150),
                                                    batch_size = 20,
                                                    class_mode = 'binary')

Found 3000 images belonging to 2 classes.
Found 1000 images belonging to 2 classes.
```

图 10-6

```
model.compile(optimizer=optimizers.RMSprop(lr = 2e-5),
              loss = 'binary_crossentropy', metrics = ['acc'])
history=model.fit_generator(train_generator, epochs=12, steps_per_epoch = 150,
              validation_data=validation_generator,
                    validation_steps=50, verbose=2)

Epoch 1/12
 - 1871s - loss: 0.3889 - acc: 0.8190 - val_loss: 0.2431 - val_acc: 0.8930
Epoch 2/12
 - 1967s - loss: 0.2118 - acc: 0.9137 - val_loss: 0.1864 - val_acc: 0.9210
Epoch 3/12
 - 2033s - loss: 0.1393 - acc: 0.9407 - val_loss: 0.2431 - val_acc: 0.9020
Epoch 4/12
 - 1723s - loss: 0.1025 - acc: 0.9583 - val_loss: 0.1671 - val_acc: 0.9460
Epoch 5/12
 - 1690s - loss: 0.0684 - acc: 0.9780 - val_loss: 0.1570 - val_acc: 0.9540
Epoch 6/12
 - 1695s - loss: 0.0524 - acc: 0.9830 - val_loss: 0.2226 - val_acc: 0.9320
Epoch 7/12
 - 1699s - loss: 0.0331 - acc: 0.9890 - val_loss: 0.2187 - val_acc: 0.9370
Epoch 8/12
 - 1679s - loss: 0.0220 - acc: 0.9913 - val_loss: 0.2081 - val_acc: 0.9440
Epoch 9/12
 - 1675s - loss: 0.0151 - acc: 0.9947 - val_loss: 0.1925 - val_acc: 0.9490
Epoch 10/12
 - 1667s - loss: 0.0199 - acc: 0.9943 - val_loss: 0.2249 - val_acc: 0.9480
Epoch 11/12
 - 1669s - loss: 0.0110 - acc: 0.9967 - val_loss: 0.2709 - val_acc: 0.9400
```

图 10-7

这就是迁移学习的魅力，使用已经训练好的模型，哪怕只有很少量的数据，依然可以创建出一个性能优越的模型。

10.5 在 MNIST 手写体分类上使用迁移学习

本案例中，我们将使用 Keras 的 VGG16 模型，在 MNIST 数据集上进行迁移学习，完成

手写体分类的问题。MNIST 是非常有名的手写体数字识别数据集，它由手写体数字的图片和相对应的标签组成。MNIST 数据集分为训练图像和测试图像。训练图像 60000 幅，测试图像 10000 幅，每一幅图片代表 0~9 中的一个数字，且图片大小均为 28×28。

VGG16 模型的权重由 ImageNet 训练而来，模型的默认输入尺寸是 224×224，最小尺寸是 48×48。首先导入要用的包和数据集，因为 MNIST 数据集是尺寸为 28×28 的灰度图像，VGG16 模型要求输入图像尺寸至少为 48×48，需要保持训练数据在输入尺寸上的一致，这就需要将 MNIST 数据集中的图像尺寸转换过来，代码如图 10-8 所示。

```
import keras
from keras.datasets import mnist
import numpy as np
import cv2
# 输入图像的尺寸
img_width, img_height = 64,64
# the data, shuffled and split between train and test sets
(x_train, y_train), (x_test, y_test) = mnist.load_data()
#转成VGG16需要的格式
x_train = [cv2.cvtColor(cv2.resize(i,(img_width, img_height)),
    cv2.COLOR_GRAY2BGR) for i in x_train]
x_train = np.concatenate([arr[np.newaxis for arr in
    x_train]).astype('float32')
x_test = [cv2.cvtColor(cv2.resize(i,(img_width, img_height)),
    cv2.COLOR_GRAY2BGR) for i in x_test ]
x_test = np.concatenate([arr[np.newaxis for arr in
    x_test]).astype('float32')
print(x_train.shape)
print(x_test.shape)

Using TensorFlow backend.

(60000, 64, 64, 3)
(10000, 64, 64, 3)
```

图 10-8

接下来，对输入数据进行相应的预处理，数字图像的数字标准化可以提高模型的准确率，如图 10-9 所示。因为数字图像的数字是从 0 到 255 的值，所以最简单的标准化方式是除以 255。标签（数字图像真实的值）字段原本是 0~9 的数字，必须以独热编码转换为 10 个 0 或 1 的组合。keras.utils.to_categorical 函数就是将原有的类别向量转换为独热编码的形式。

```
#数据预处理
# 对输入图像归一化
x_train /= 255
x_test /= 255
# 将输入的标签转换成类别值
num_classes = 10
y_train = keras.utils.to_categorical(y_train, num_classes)
y_test = keras.utils.to_categorical(y_test, num_classes)
```

图 10-9

如果要使用 Keras 中的 VGG16 模型，可以使用 applications.VGG16 载入预训练模型，设置 inlude_top=False，包含了 VGG16 模型中所有的卷积模块，而不包含全连接层，设置 weights="imagenet"，使用 imagenet 上预训练模型的权值，代码如图 10-10 所示。

```
from keras.models import Sequential, Model
from keras.layers import Dense, Dropout, Activation, Flatten
from keras.layers import Conv2D, MaxPooling2D, GlobalAveragePooling2D
from keras import applications
# weights = "imagenet": 使用imagenet上预训练模型的权重
# 如果weight = None， 则代表随机初始化
# include_top=False: 不包括顶层的全连接层
# input_shape: 输入图像的维度
conv_base = applications.VGG16(weights = "imagenet", include_top=False,
    input_shape = (img_width, img_height, 3))
```

图 10-10

VGG16 模型是一个训练好的卷积神经网络，可以控制对哪些网络层进行固化，对哪些网络层进行训练，自行添加全连接层，然后通过 Model 将自己添加的层和 VGG 模型组合起来，如图 10-11 所示。通过将所有的层设置为 layer.trainable=False，载入 VGG16 模型中的卷积块参数都被固化住，固定住模型中卷积层和池化层的参数，不让它们进行训练，只训练自己添加的全连接层，从而使得要训练的参数大大减少。

```python
# 我们将已经载入的VGG16的卷积块都固化下来，只训练用于分类的全连接层
for layer in conv_base.layers:
    layer.trainable = False
from keras import models
from keras import layers
from keras.layers import Dropout
model = models.Sequential()
model.add(conv_base)
model.add(layers.Flatten())
model.add(layers.Dense(256, activation='relu'))
model.add(Dropout(0.5))  # Dropout概率0.5
model.add(layers.Dense(10, activation='softmax'))
print(model.summary())
```

Layer (type)	Output Shape	Param #
vgg16 (Model)	(None, 2, 2, 512)	14714688
flatten_1 (Flatten)	(None, 2048)	0
dense_1 (Dense)	(None, 256)	524544
dropout_1 (Dropout)	(None, 256)	0
dense_2 (Dense)	(None, 10)	2570

```
Total params: 15,241,802
Trainable params: 527,114
Non-trainable params: 14,714,688

None
```

图 10-11

执行模型编译和训练，部分结果如图 10-12 所示。

```
model.compile(loss=keras.losses.categorical_crossentropy,
              optimizer=keras.optimizers.Adadelta(),
              metrics=['accuracy'])

model.fit(x_train, y_train,
          batch_size=300,
          epochs=10,
          verbose=2,
          validation_data=(x_test, y_test))

Train on 60000 samples, validate on 10000 samples
Epoch 1/10
 - 5177s - loss: 0.5803 - acc: 0.8377 - val_loss: 0.1811 - val_acc: 0.9550
Epoch 2/10
 - 5114s - loss: 0.1884 - acc: 0.9490 - val_loss: 0.1111 - val_acc: 0.9686
Epoch 3/10
 - 5286s - loss: 0.1275 - acc: 0.9634 - val_loss: 0.0838 - val_acc: 0.9761
Epoch 4/10
```

图 10-12

10.6 迁移学习总结

　　迁移学习就是将网络中每个节点的权重从一个训练好的网络迁移到一个全新的网络中，而不是从头开始为每个特定的任务训练一个神经网络，这就是所谓的"踩在巨人的肩膀上"。使用迁移学习的好处主要有降低资源、降低训练时间和减少大量的训练数据等。使用深度学习去处理实际生活中遇到的问题，如果需要消耗大量的资源，比如显卡、训练时间，就可以通过迁移学习来解决这个问题，显著降低深度学习所需的硬件资源。图像识别中最常见的一个例子是训练一个神经网络来识别不同品种的猫。我们若是从头开始训练，则需要百万级的带标注数据，海量的显卡资源。而若是使用迁移学习，使用 Google 发布的 Inception 或 VGG16 这样成熟的物品分类网络，只训练最后的 softmax 层，此时只需要几千幅图片，使用普通的 CPU 就能完成，而且模型的准确性还不差。

第 11 章
人脸识别实践

人脸识别是基于人的脸部特征信息进行身份识别的一种生物识别技术，是用摄像机或摄像头采集含有人脸的图像或视频流，并自动在图像中检测和跟踪人脸，进而对检测到的人脸进行脸部识别的一系列相关技术，通常也叫作人像识别、面部识别。

11.1 人脸识别

本节主要介绍人脸识别的基础知识，让读者明白什么是人脸识别、人脸识别的步骤有哪些。

11.1.1 什么是人脸识别

人脸识别其实是一种身份验证技术，它与我们所熟知的指纹识别、声纹识别、虹膜识别等均属于生物信息识别领域。它是分析与比较人脸视觉特征信息，进行身份验证或查找的一项计算机视觉技术手段。

作为生物信息识别之一的人脸识别，其具有对采集设备要求不高（设备只需要能够拍照即可）、采集方式简单等特点。在进行人脸身份认证时，不可避免地会经历诸如图像采集、人脸检测、人脸定位、人脸提取、人脸预处理、人脸特征提取、人脸特征对比等步骤，这些都可以认为是人脸识别的范畴。

当我们谈到人脸识别时，会出现两个常见和重要的概念，即 1:1 和 1:N。简单来说，1:1 是一对一的人脸"核对"，解决的是"这个人是不是你"的问题，我们在动车站"刷脸"进站模式就是 1:1；而 1:N 是从众多对象中找出目标人物，解决的是"这个人是谁"的问题。人脸识别考勤、安检时的身份验证等应用，都是 1:1 概念下的人脸识别应用。而 1:N 更多的是用于安防行业，比如在人流密集的场所安装人脸识别防控系统，它和 1:1 最大的区别就是 1:N 采集的是动态的数据，并且会因为地点、环境、光线等因素影响识别的准确性和效果。

人脸识别技术的典型应用场景可以总结为如下几个场景：

（1）身份认证场景：这是人脸识别技术最典型的应用场景之一。门禁系统、手机解锁等都可以归纳为该种类别。这需要系统判断当前被检测人脸是否已经存在于系统内置的人脸数据库中。如果系统内没有该人的信息，则认证失败。

（2）人脸核身场景：这是判断证件中的人脸图像与被识别人的人脸是否相同的场景。在进行人脸与证件之间的对比时，往往会引入活体检测技术，就是我们在使用手机银行时出现的"眨眨眼、摇摇头、点点头、张张嘴"的人脸识别过程，这个过程我们称之为基于动作指令的活体检测。活体检测还可以借由红外线、活体虹膜等方法来实现。不难理解，引入活体检测可以有效地增加判断的准确性，防止攻击者伪造或窃取他人生物特征用于验证，例如使用照片等平面图片对人脸识别系统进行攻击。

（3）人脸检索场景：人脸检索与身份验证类似，二者的区别在于身份验证是对人脸图片"一对一"地对比，而人脸检索是对人脸图片"一对多"地对比。例如，在获取到某人的人脸图片后，可以通过人脸检索方法，在人脸数据库中检索出该人的其他图片，或者查询该人的姓名等相关信息。一个典型的例子是，在重要的交通关卡布置人脸检索探头，将行人的人脸图片在犯罪嫌疑人数据库中进行检索，从而比较高效地识别出犯罪嫌疑人。

（4）社交交互场景：美颜类自拍软件大家或许都很熟悉，该类软件除了能够实现常规的磨皮、美白、滤镜等功能外，还具有"大眼""瘦脸"、添加装饰类贴图等功能。而"大眼""瘦脸"等功能都需要使用人脸识别技术来检测出人眼或面部轮廓，然后根据检测出来的区域对图片进行加工，从而得到我们想要的结果。社交类 App 可以通过用户上传的自拍图片来判断该用户的性别、年龄等特征，从而为用户有针对性地推荐一些可能感兴趣的人。

在研究人脸识别过程中，经常看到 FDDB 和 LFW 这两个缩写简称，但很多人不知道它们到底指的是什么？

（1）FDDB 的全称为 Face Detection Data Set and Benchmark，是由马萨诸塞大学计算机系维护的一套公开数据库，为来自全世界的研究者提供一个标准的人脸检测评测平台。它是全世界最具权威的人脸检测评测平台之一，包含 2845 幅图片，共有 5171 个人脸作为测试集。测试集范围包括：不同姿势、不同分辨率、旋转和遮挡等图片，同时包括灰度图和彩色图，标准的人脸标注区域为椭圆形。值得注意的是，目前 FDDB 所公布的评测集也代表了目前人脸检测的世界最高水平。

（2）LFW 全名 Labeled Faces in the Wild，是由马萨诸塞大学于 2007 年建立，用于评测非约束条件下的人脸识别算法性能，它也是人脸识别领域使用最广泛的评测集合。该数据集由 13000 幅全世界知名人士在自然场景中的具有不同朝向、表情和光照的人脸图片组成，共有 5000 多人，其中有 1680 人有 2 幅或 2 幅以上人脸图片。每幅人脸图片都有其唯一的姓名 ID 和序号加以区分。LFW 测试正确率代表了人脸识别算法在处理不同姿态、光线、角度、遮挡等情况下识别人脸的综合能力。

11.1.2 人脸识别的步骤

人脸识别系统的组成包括人脸捕获（人脸捕获是指在一幅图像或视频流的一帧中检测出人像，将人像从背景中分离出来，并自动地将其保存）、人脸识别计算（人脸识别分核实式和搜索式两种比对计算模式）、人脸的建模与检索（可以将登记入库的人像数据进行建模以提取人脸的特征，并将其生成人脸模板保存到数据库中。在进行人脸搜索时，将指定的人像进行建模，再将其与数据库中的所有人的模板进行比对识别，最终将根据所比对的相似值列出最相似的人员列表），等等。

因此，数据成为提升人脸识别算法性能的关键因素。此外，很多应用更加关注低误报条件下的识别性能，比如人脸支付需要控制错误接收率在 0.00001 之内，因此以后的算法改进也将着重于提升低误报下的识别率。对于安防监控而言，可能需要控制在 0.00000001 之内，因此安防领域的人脸识别技术更具有挑战性。

随着深度学习的演进，基于深度学习的人脸识别将获得突破性的进展。因为它需要的只是越来越多的数据和样本，数据和样本越多、反复训练的次数越多，它越容易捕捉到准确的结果并给出准确的答案。所以，当一套人脸识别系统的设备在全面引入深度学习的算法之后，它几乎是很完美地解决了长期积累下来的各种各样的问题。

一个完整的人脸识别过程的步骤如图 11-1 所示。

下面我们简要介绍一下其中的一些关键步骤。

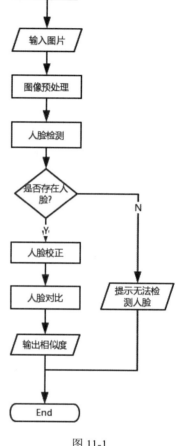

图 11-1

1. 图像预处理

在很多计算机视觉项目中，都需要进行图片的预处理操作。这主要是因为系统获取的原始图像由于受到各种条件的限制和随机干扰，不能直接使用，必须在图像处理的早期阶段对它进行灰度校正、噪声过滤等图像预处理。对于人脸图像而言，其预处理过程主要包括人脸图像的光线补偿、灰度变换、二值化、归一化、滤波等，从而使图片更加符合系统要求。

对于现有的大多数人脸识别 / 认证系统来说，外部光照的变化依然严重制约着其性能。这主要是因为光照变化造成的同一个体的脸部成像差异甚至有可能比不同个体间的差异更大，而在实际应用系统的设计中，由于识别 / 认证和注册时间、环境的不同，外部光照的变化几乎不可避免。因此，需要对光照变化条件下的人脸图像进行归一化处理，以消除和减小其对人脸识别 / 认证系统的影响。

2. 人脸检测

顾名思义，人脸检测就是用来判断一幅图片中是否存在人脸的操作。如果图片中存在人脸，则定位该人脸在图片中的位置；如果图片中不存在人脸，则返回图片中不存在人脸的提示信息。

对于人脸识别应用，人脸检测可以说是必不可少的一个重要环节。人脸检测效果的好坏，将直接影响整个系统的性能优劣。人脸图像中包含的模式特征十分丰富，如直方图特征、颜色特征、模板特征、结构特征及 Haar 特征等。人脸检测就是把其中有用的信息挑出来，并利用这些特征实现人脸检测。

人脸检测算法的输入是一幅图像，输出是人脸框坐标序列，具体结果是 0 个人脸框或 1 个人脸框或多个人脸框。输出的人脸坐标框可以为正方形、矩形等。人脸检测算法的原理简单来说是一个"扫描"加"判定"的过程，即首先在整个图像范围内扫描，再逐个判定候选区域是否是人脸的过程。因此，人脸检测算法的计算速度会跟图像尺寸大小以及图像内容相关。在实现算法时，我们可以通过设置"输入图像尺寸""最小脸尺寸限制""人脸数量上限"等方式来加速算法。

对于人脸识别应用场景，如果图片中根本不存在人脸，那么后续的一切操作都将变得没有意义，甚至会造成错误的结果。而如果识别不到图片中存在的人脸，也会导致整个系统执行的提前终止。因此，人脸检测在人脸识别应用中具有十分重要的作用，甚至可以认为是不可或缺的重要一环。

3. 人脸校正

人脸校正又可以称为人脸矫正、人脸扶正、人脸对齐等。我们知道，图片中的人脸图像往往都不是"正脸"，有的是侧脸，有的是带有倾斜角度的人脸。这种在几何形态上似乎不是很规整的面部图像，可能会对后续的人脸相关操作造成不利影响。于是，就有人提出了人脸校正。人脸校正是对图片中人脸图像的一种几何变换，目的是减少倾斜角度等几何因素给系统带来的影响。

但是，随着深度学习技术的广泛应用，人脸校正并不是被绝对要求存在于系统中。深度学习模型的预测能力相对于传统的人脸识别方法要强得多，因为它以大数据样本训练取胜。也正因如此，有的人脸识别系统中有人脸校正这一步，而有的模型中则没有。

4. 人脸特征点定位

人脸特征点定位是指在检测到图片中人脸的位置之后，在图片中定位能够代表图片中人脸的关键位置的点。常用的人脸特征点是由左右眼、左右嘴角、鼻子这 5 个点组成的 5 点人脸特征点，以及包括人脸及嘴唇等轮廓构成的 68 点人脸特征点等。这些方法都是基于人脸检测的坐标框，按某种事先设定规则将人脸区域抠取出来，缩放到固定尺寸，然后进行关键点位置的计算。对当前检测到的人脸持续跟踪，并动态实时展现人脸上的核心关键点，可用于五官定位、动态贴纸、视频特效等。

定位出人脸上五官关键点坐标，定位到的 68 个人脸特征点，通过对图片中人脸特征点的定位，可以进行人脸校正，也可以应用到某些贴图类应用中，如图 11-2 所示。

5. 人脸特征提取

人脸特征提取（Face Feature Extraction）也称人脸表征，它是对人脸进行特征建模的过程。人脸特征提取是将一幅人脸图像转化为可以表征人脸特点的特征，具体表现形式为一串固定长度的数值。人脸特征提取过程的输入是"一幅人脸图"和"人脸五官关键点坐标"，输出是人脸对应的一个数值串（特征）。人脸特征提取算法实现的过程为：首先将五官关键点坐标进行旋转、缩放等操作来实现人脸对齐，然后再提取特征并计算出数值串。

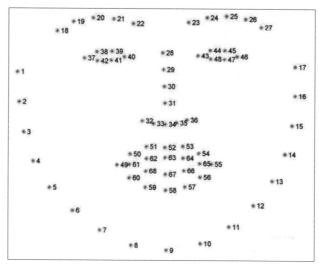

图 11-2

我们可以认为 RGB 形式的彩色图片是一个具有红、绿、蓝三通道的矩阵，而二值图像和灰度图像本身在存储上就是一个矩阵，这些图片中的像素点很多。而提取到的特征往往是以特征向量的形式表示的，向量的元素一般都不会太多（一般在"千"这个数量级）。

因此，从宏观角度来看，特征提取过程可以看作一个数据抽取与压缩的过程。从数学角度看，其实是一个降维的过程。对于很多人脸识别应用来说，人脸特征提取是一个十分关键的步骤。例如，在性别判断、年龄识别、人脸对比等场景中，将已提取到的人脸特征作为主要的判断依据。提取到的人脸特征质量的优劣，将直接影响输出结果的正确与否。

6. 人脸比对

人脸比对（Face Compare）算法实现的目的是衡量两个人脸之间的相似度。人脸比对算法的输入是两个人脸特征（两幅人脸图片），输出是两个特征之间的相似度。将提取的人脸图像的特征数据与数据库中存储的特征模板进行搜索匹配，设定一个阈值，当相似度超过这一阈值，则输出匹配得到的结果。这一过程又分为两类：一类是确认，是一对一进行图像比较的过程；另一类是辨认，是一对多进行图像匹配对比的过程。比如判定两个人脸图是否为同一人，它的输入是两个人脸特征，通过人脸比对获得两个人脸特征的相似度，通过与预设的阈值进行比较来验证这两个人脸特征是否属于同一人。再比如搜索人，它的输入为一个人脸特征，通过和注册在库中 N 个身份对应的特征进行逐个比对，找出"一个"与输入特征相似度最高的特征。将这个最高相似度值和预设的阈值进行比较，如果大于阈值，则返回该特征对应的身份，否则返回"不在库中"。

11.2　人脸检测和关键点定位实战

先说明一下基本概念，人脸检测解决的问题是确定一幅图上有没有人脸，而人脸识别解决的问题是这个脸是谁的。可以说人脸检测是人脸识别的前期工作。本节将要介绍的 Dlib 是个老牌的专做人脸识别的 C++ 库。Dlib 是一个跨平台的 C++ 公共库，同时包含了大量的图形模型算法。Dlib 库提供的功能十分丰富，提供了 Python 接口，里面有人脸检测器，有训练好的人脸关键点检测器，也有训练好的人脸识别模型。

Dlib 实现的人脸检测方法便是基于图像的 HOG（Histogram of Oriented Gradient，方向梯度直方图）特征，核心原理是使用了图像 HOG 特征来表示人脸。HOG 特征是图像的一种特征，图像的特征其实就是图像中某个区域的像素点在经过某种四则运算后所得到的结果。和其他特征提取算子相比，它对图像的几何和光学的形变都能保持了很好的不变形。该特征提取算子通常和支持向量机（SVM）算法搭配使用，用在物体检测场景。比如，HOG 特征描述会从一幅 64×128×3 的图像中提取出长度为 3780 的特征向量。很明显，通过特征向量来浏览图像是没用的，但是在图像识别或者目标检测中，特征向量会变得很有用。在一些图像分类算法中，用特征向量进行分类会达到很好的效果。

这里主要说明人脸检测的实现过程，不分析其细节原理。利用 Dlib 库的正向人脸检测器 get_frontal_face_detector 进行人脸检测，提取人脸外部矩形框，利用训练好的 Dlib 的 68 点特征预测器，进行人脸 68 点面部轮廓特征提取，把所识别出来的人脸轮廓点给标记出来。其代码处理流程如图 11-3 所示。

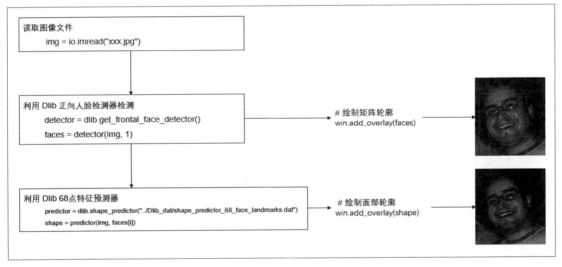

图 11-3

程序代码（含注释）如下：

```
##################################################
import dlib
from skimage import io
# 使用 Dlib 的正面人脸检测器 frontal_face_detector
detector = dlib.get_frontal_face_detector()
# Dlib 的 68 点模型
modelname="d:\\pythoncode\\shape_predictor_68_face_landmarks.dat"
predictor = dlib.shape_predictor(modelname)
```

```
# 图片所在路径，这里是直接在源码指定好图片等参数路径
img = io.imread("d:\\testface\\testface1.jpg")
# 生成 Dlib 的图像窗口
win = dlib.image_window()
# 显示要检测的图像
win.set_image(img)
# 使用 detector 检测器来检测图像中的人脸
faces = detector(img,1)
print(" 人脸数: ", len(faces))
for i, d in enumerate(faces):
    print("第 ", i+1, " 个人脸的矩形框坐标: ",
          "left:", d.left(), "right:", d.right(), "top:", d.top(),
"bottom:", d.bottom())
    # 使用 predictor 来计算面部轮廓
    shape = predictor(img, faces[i])
    # 绘制面部轮廓
    win.add_overlay(shape)
# 绘制矩阵轮廓
win.add_overlay(faces)
# 绘制两个 overlay，人脸外接矩阵框和面部特征框
# 保持图像
dlib.hit_enter_to_continue()
###################################################
```

代码运行结果如图 11-4 所示，红色（参看实际运行结果图）的是绘制的人脸矩形框，蓝色（参看实际运行结果图）的是绘制的人脸面部轮廓。

接下来的例子，我们会使用 OpenCV 中的视频操作，利用笔记本自带的摄像头实现人脸探测。OpenCV 是一个基于 BSD 许可（开源）发行的跨平台计算机视觉库，可以运行在 Linux、Windows、Android 和 Mac OS 操作系统上。它轻量级而且高效，拥有丰富的常用图像处理函数库，能够快速地实现一些图像处理和识别的任务。

图 11-4

安装 OpenCV，可以通过下载 OpenCV 的 whl 文件，使用 pip install opencv_python-3.6.4-cp36- cp36m-win_amd64.whl 命令来安装。如果执行 import cv2 命令时报错 "ImportError: numpy.core.multiarray failed to import"，解决方法是下载最新版本的 NumPy，命令为 pip install numpy-upgrade，结果如图 11-5 所示就表示安装成功。

做实时图像捕获之前，首先需要学习一下 OpenCV 的基础，起码知道如何从摄像头获取当前拍到的图像。使用 OpenCV 其实很简单，以下程序代码有详细注释。

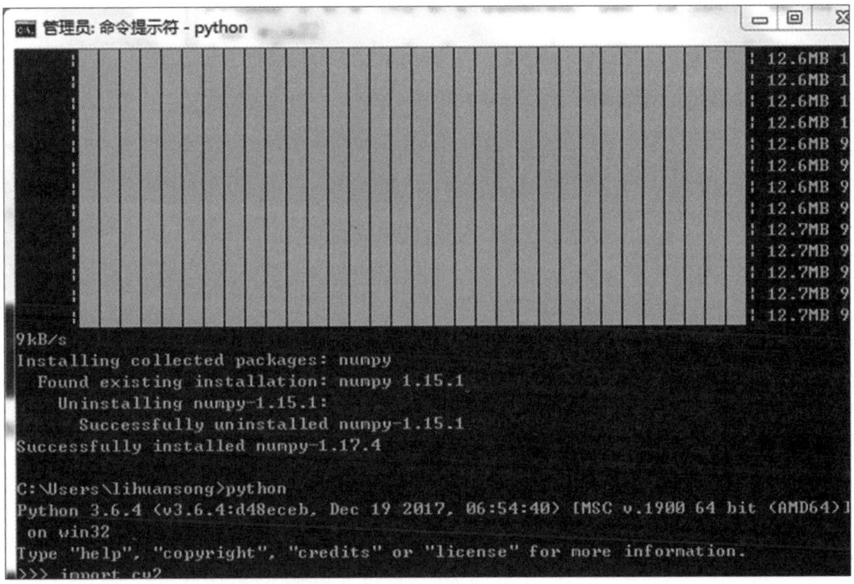

图 11-5

```
########## 实时检测视频中的人脸 #############################
import cv2
import dlib
predictor_path = "d:\\pythoncode\\shape_predictor_68_face_landmarks.dat"
# 使用 dlib 自带的 frontal_face_detector 作为人脸检测器
detector = dlib.get_frontal_face_detector()
# 使用官方提供的模型构建特征提取器
predictor = dlib.shape_predictor(predictor_path)
# 初始化窗口
win = dlib.image_window()
cap = cv2.VideoCapture(0)        # 获取摄像头
while cap.isOpened():            # 读取摄像头的图像，使用 isOpened 函数判断摄像头是否开启
    ok,cv_img = cap.read()
    img = cv2.cvtColor(cv_img, cv2.COLOR_RGB2BGR)   # 转灰度化，简化图像信息
    # 与人脸检测程序相同，使用 detector 进行人脸检测，dets 为返回的结果
    dets = detector(img, 0)
    shapes =[]
    if cv2.waitKey(1) & 0xFF == ord('q'):
        print("q pressed")
        break
    else:
        # 使用 enumerate 函数遍历序列中的元素以及它们的下标
        # 下标 k 即为人脸序号
        for k, d in enumerate(dets):
            # 使用 predictor 进行人脸关键点识别 shape 为返回的结果
            shape = predictor(img, d)
            # 绘制特征点
            for index, pt in enumerate(shape.parts()):
```

```
            pt_pos = (pt.x, pt.y)
            cv2.circle(img, pt_pos, 1, (0,225, 0), 2) # 利用 cv2.putText
```
输出 1 ~ 68
```
            font = cv2.FONT_HERSHEY_SIMPLEX
            cv2.putText(img, str(index+1),pt_pos,font,
                        0.3, (0, 0, 255), 1, cv2.LINE_AA)
        win.clear_overlay()
        win.set_image(img)
        if len(shapes)!= 0 :
            for i in range(len(shapes)):
                win.add_overlay(shapes[i])
        win.add_overlay(dets)
cap.release()
cv2.destroyAllWindows()
############################################################################
```
运行结果如图 11-6 所示。

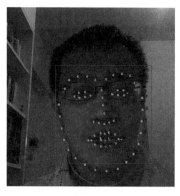

图 11-6

11.3 人脸表情分析情绪识别实战

　　本节主要是利用 OpenCV 和 Dlib 类库检测视频流里的人脸，将眼睛和嘴巴标识出来（利用已经训练好的数据来做）。

　　通过大量人脸面部表情数据分析，一般嘴巴张开距离占面部识别框宽度的比例越大，说明这个人的情绪越激动，可能他很开心，或者他极度愤怒。而眉毛上扬越厉害，表示这个人越惊讶，眉毛的倾斜角度不同，表现出的情绪也是不一样的，开心时眉毛上扬，愤怒时眉毛皱起并且压下来。最后，人的眼睛"会说话"，人在开心大笑的时候不自觉地会眯起眼睛，而在愤怒或者惊讶的时候会瞪大眼睛。

　　当然，通过这些脸部特征，只能大致判断出一个人的情绪是开心、愤怒、惊讶，还是自然等，要做出更加准确的判断，就要捕捉脸部细微的表情变化，加上心率检测、语音检测等进行综合评价。

实施这个案例的第一步是要利用 Dlib 类库来检测和识别人脸，在这个案例里我们使用的是已经训练好的人脸识别检测器 shape_predictor_68_face_landmarks.dat 来标定人脸的特征点。标定的方法是使用 OpenCV 的 circle 方法，在特征点的坐标上面添加水印，内容就是特征点的序号和位置。然后根据这个特征点的位置来计算嘴巴是否张大，眼睛是否眯起来，眉毛是上扬的还是压下来的，根据这些计算判断出这个人的情绪。程序代码如下：

```
######################################################################
import dlib                                      # 人脸识别的库 Dlib
import numpy as np                               # 数据处理的库 NumPy
import cv2                                       # 图像处理的库 Open
class face_emotion():
    def __init__(self):
        # 使用特征提取器 get_frontal_face_detector
        self.detector = dlib.get_frontal_face_detector()
        # Dlib 的 68 点模型，使用笔者训练好的特征预测器
        self.predictor = dlib.shape_predictor\
            ("shape_predictor_68_face_landmarks.dat")
        # 建 cv2 摄像头对象，这里使用计算机自带摄像头
        self.cap = cv2.VideoCapture(0)
        # 设置视频参数，propId 设置的视频参数，value 设置的参数值
        self.cap.set(3, 480)
        # 截图 screenshoot 的计数器
        self.cnt = 0
    def learning_face(self):
        # 眉毛直线拟合数据缓冲
        line_brow_x = []
        line_brow_y = []
        #cap.isOpened() 返回 true/false 检查初始化是否成功
        while(self.cap.isOpened()):
            # cap.read()
            # 返回两个值：一个布尔值 true/false，用来判断读取视频是否成功 / 是否到视频
末尾；一个图像对象，图像的三维矩阵
            flag, im_rd = self.cap.read()
            # 每帧数据延时 1ms，延时为 0 读取的是静态帧
            k = cv2.waitKey(1)
            # 取灰度
            img_gray = cv2.cvtColor(im_rd, cv2.COLOR_RGB2GRAY)
            # 使用人脸检测器检测每一帧图像中的人脸，并返回人脸数 rects
            faces = self.detector(img_gray, 0)
            # 待会要显示在屏幕上的字体
            font = cv2.FONT_HERSHEY_SIMPLEX
            # 如果检测到人脸
            if(len(faces)!=0):
                # 对每个人脸都标出 68 个特征点
                for i in range(len(faces)):
```

```
# enumerate 方法同时返回数据对象的索引和数据，k 为索引，d 为
faces 中的对象
for k, d in enumerate(faces):
    #用红色矩形框出人脸
    cv2.rectangle(im_rd, (d.left(), d.top()),
                 (d.right(),d.bottom()), (0, 0, 255))
    # 计算人脸识别框边长
    self.face_width = d.right() - d.left()
    # 使用预测器得到 68 点数据的坐标
    shape = self.predictor(im_rd, d)
    # 圆圈显示每个特征点
    for i in range(68):
        cv2.circle(im_rd, (shape.part(i).x,  shape.
part(i).y), 2, (0, 255, 0), -1, 8)
    # 分析任意 n 点的位置关系来作为表情识别的依据
    mouth_width = (shape.part(54).x - shape.part(48).x)
/ self.face_width
    # 嘴巴咧开程度
    mouth_higth = (shape.part(66).y - shape.part(62).y)
/ self.face_width
    # 嘴巴张开程度
    # 通过两个眉毛上的 10 个特征点，分析挑眉程度和皱眉程度
    brow_sum = 0         # 高度之和
    frown_sum = 0        # 两边眉毛距离之和
    for j in range(17, 21):
        brow_sum += (shape.part(j).y - d.top()) +
(shape.part(j + 5).y - d.top())
        frown_sum += shape.part(j + 5).x - shape.
part(j).x

        line_brow_x.append(shape.part(j).x)
        line_brow_y.append(shape.part(j).y)
    # 计算眉毛的倾斜程度
    tempx = np.array(line_brow_x)
    tempy = np.array(line_brow_y)
    z1 = np.polyfit(tempx, tempy, 1)
    # 拟合成一条直线
    self.brow_k = -round(z1[0], 3)
    # 拟合出曲线的斜率和实际眉毛的倾斜方向是相反的
    brow_hight = (brow_sum / 10) / self.face_width
    # 眉毛高度占比
    brow_width = (frown_sum / 5) / self.face_width
    # 眉毛距离占比
    # 眼睛睁开程度
    eye_sum = (shape.part(41).y - shape.part(37).y
              + shape.part(40).y - shape.part(38).y
              + shape.part(47).y - shape.part(43).y
```

```
                                        + shape.part(46).y - shape.part(44).y)
                        eye_hight = (eye_sum / 4) / self.face_width
                    # 分情况讨论，张嘴可能是开心或者惊讶
                    if round(mouth_high >= 0.03):
                        if eye_hight >= 0.056:
                            cv2.putText(im_rd, "amazing", (d.left(),
d.bottom() + 20), cv2.FONT_HERSHEY_SIMPLEX, 0.8,
                                                (0, 0, 255), 2, 4)
                        else:
                            cv2.putText(im_rd, "happy", (d.left(),
d.bottom() + 20), cv2.FONT_HERSHEY_SIMPLEX, 0.8,
                                                (0, 0, 255), 2, 4)
                    # 没有张嘴，可能是正常和生气
                    else:
                        if self.brow_k <= -0.3:
                            cv2.putText(im_rd, "angry", (d.left(),
d.bottom() + 20), cv2.FONT_HERSHEY_SIMPLEX, 0.8, (0, 0, 255), 2, 4)
                        else:
                            cv2.putText(im_rd, "nature", (d.left(),
d.bottom() + 20), cv2.FONT_HERSHEY_SIMPLEX, 0.8, (0, 0, 255), 2, 4)
                # 标出人脸数
                cv2.putText(im_rd, "Faces:" +str(len(faces)), (20,50),
font, 1, (0, 0, 255), 1, cv2.LINE_AA)
            else:
                # 没有检测到人脸
                cv2.putText(im_rd, "No Face", (20, 50), font, 1, (0, 0, 255),
                    1, cv2.LINE_AA)
            # 添加说明
            im_rd = cv2.putText(im_rd, "S: screenshot", (20, 400), font, 0.8,
                    (0, 0, 255),1, cv2.LINE_AA)
            im_rd = cv2.putText(im_rd, "Q: quit", (20, 450), font, 0.8,
                    (0, 0, 255), 1, cv2.LINE_AA)
            # 按 s 键截图保存
            if (k == ord('s')):
                self.cnt+=1
                cv2.imwrite("screenshoot"+str(self.cnt)+".jpg", im_rd)
            # 按 q 键退出
            if(k == ord('q')):
                break
            # 窗口显示
            cv2.imshow("camera", im_rd)
        # 释放摄像头
        self.cap.release()
        # 删除建立的窗口
        cv2.destroyAllWindows()
if __name__ == "__main__":
```

```
        my_face = face_emotion()
        my_face.learning_face()
##################################################################
```

程序运行结果如图 11-7 所示。

图 11-7

 11.4 我能认识你——人脸识别实战

本节的实战将使用 Dlib 自带的面部识别模块 face_recognition。想要顺利调用 face_recognition 这个库，首先需要安装好两个依赖库 Dlib 和 OpenCV。

face_recognition 是 GitHub 上主流的人脸识别工具包之一，该软件包使用 Dlib 库中最先进的人脸识别深度学习算法，在 LFW 数据集中有 99.38% 的准确率。

face_recognition 实现人脸识别的思路：

（1）给定想要识别的人脸的图片并对其进行编码（每个人只需要一幅），并将这些不同的人脸编码构建成一个列表。编码其实就是将人脸图片映射成一个 128 维的特征向量。

（2）OpenCV 读取视频并循环每一帧图片，将每一帧图片编码后的 128 维特征向量与前面输入的人脸库编码列表里的每个向量内积来衡量相似度，根据阈值来计算是否是同一个人。

（3）对识别出来的人脸打标签。

人脸识别实现的思路是采用 HOG 方法检测输入图像中的人脸。虽然使用 CNN 或 HOG 方法在量化面部之前（对面部编码）都可以检测输入图像中的人脸，但 CNN 方法更准确（但更慢），而 HOG 方法更快（但不太准确）。虽然 CNN 人脸检测更准确，但在没有使用 GPU 运行的情况下实时检测速度太慢。

人脸识别实际上是对人脸进行编码后再去计算两张人脸的相似度，每张人脸是一个 128 维的特征向量，最后利用两个向量的内积来衡量相似度。

本示例程序代码（包含详细注释）如下：

```
###############################################################
import os
import face_recognition
path = "d:\\facelib"
# 已知人脸照片的文件目录
files=os.listdir(path)
# 从目录读取所有文件到 files 中
known_names=[]  # 已知人名
known_faces=[]  # 已知人脸
for file in files:                          # 从 files 中循环读取每个文件名
    filename=str(file)                      # 得到当前文件的名字
    known_names.append(filename)            # 当前文件名字加入到已知人名清单
    image=face_recognition.load_image_file(path+"\\"+filename)
    encoding=face_recognition.face_encodings(image)[0]
    # 对当前人脸图像进行识别，识别的特征保存在 encoding 中
    known_faces.append(encoding)
    # 把识别到的当前人脸特征保存在已知人脸中
unknown_image=face_recognition.load_image_file("d:\\testface\\testface1.jpg")
# 调入一幅不知人名的人脸照片 testface1.jpg
unknown_face=face_recognition.face_encodings(unknown_image)[0]
# 识别这幅人脸的特征
results=face_recognition.compare_faces(known_faces,unknown_
face,tolerance=0.36)
# 通过未知人脸和已知人脸进行比较
print(" 识别结果如下: ")
for i in range(len(known_names)):      # 显示未知照片人脸与每一幅已知人脸的比较结果
    print(known_names[i]+":",end="")
    if results[i]:
        print(" 相同 ")  # 识别结果是 true，就显示相同
    else:
        print(" 不同 ")
###############################################################
```

上面这个程序代码的逻辑是：首先将已知人脸特征存入变量中，读入未知人脸，识别未知人脸特征，判断未知人脸特征与已知人脸特征是否相符，相符返回 true 值，不相符返回 false 值，输出结果为 "相同" 或 "不同"。注意，需要提前把人脸图片存入文件夹 D 盘的 facelib 文件夹里（这个文件夹路径可以根据你的实际路径修改）。face_recognition.compare_faces() 函数的默认阈值为 0.6，阈值太低容易造成无法成功识别人脸，阈值太高容易造成人脸识别混淆，我们选择的阈值是 0.36，这里需要注意阈值的选取。

调用摄像头实时识别人脸的代码（包含详细注释）如下：

```
################################################################
# -*- coding: UTF-8 -*-
import face_recognition
import cv2
import os
import numpy as np
from PIL import Image, ImageDraw,ImageFont
# 在计算机摄像头上实时运行人脸识别
video_capture = cv2.VideoCapture(0)
# 加载示例图片并学习如何识别它
path ="d:\\facelib\\"# 在同级目录下的 images 文件中存放需要被识别出的人物图
total_image=[]
total_image_name=[]
total_face_encoding=[]
for fn in os.listdir(path):                     # fn 表示的是文件名
    total_face_encoding.append(face_recognition.face_encodings
                            (face_recognition.load_image_file(path+fn))[0])
    fn=fn[:(len(fn)-4)]      # 截取图片名（这里应该把 images 文件中的图片名命名为人物名）
    total_image_name.append(fn)                         # 图片名字列表
while True:
    # 抓取一帧视频
    ret, frame = video_capture.read()               # 捕获一帧图片
    small_frame = cv2.resize(frame, (0, 0), fx=0.25, fy=0.25)
    # 将图片缩小 1/4，为人脸识别提速
    rgb_small_frame = small_frame[:, :, ::-1]   # 将 opencv 的 BGR 格式转为 RGB 格式
    # 发现视频帧中的所有的脸和 face_encodings
    #face_locations = face_recognition.face_locations(frame)
    #face_encodings = face_recognition.face_encodings(frame, face_locations)
    #face_locations = face_recognition.face_locations(rgb_small_frame)
    face_locations = face_recognition.face_locations(rgb_small_frame)
    face_encodings = face_recognition.face_encodings(rgb_small_frame, face_
locations)
    # 在这个视频帧中循环遍历每个人脸
    for (top, right, bottom, left), face_encoding in zip(face_locations,
face_encodings):
        top *= 4                                    # 还原人脸的原始尺寸
        right *= 4
        bottom *= 4
        left *= 4
        # 看看面部是否与已知人脸相匹配
        for i,v in enumerate(total_face_encoding):
            match = face_recognition.compare_faces([v], face_encoding,
tolerance=0.42)
            name = "Unknown"
            if match[0]:
                name = total_image_name[i]
```

```
            break
        # 画出一个框，框住脸
        cv2.rectangle(frame, (left, top), (right, bottom), (0, 0, 255), 2)
        # 画出一个带名字的标签，放在框下
        img_PIL=Image.fromarray(cv2.cvtColor(frame,cv2.COLOR_BGR2RGB))
        # 转换图片格式
        position = (left + 6, bottom - 6)                   # 指定文字输出位置
        draw = ImageDraw.Draw(img_PIL)
        font1 = ImageFont.truetype('simhei.ttf', 20)
        draw.text((20,20),' 按 Q 键退出 ',font=font1,fill=(255,255,255))
        font2 = ImageFont.truetype('simhei.ttf', 40)          # 加载字体
        draw.text(position, name, font=font2, fill=(255, 255, 255))  # 绘制文字
        frame = cv2.cvtColor(np.asarray(img_PIL),cv2.COLOR_RGB2BGR)
        # 将图片转回 OpenCV 格式
    # 显示结果图像
    cv2.imshow('Video', frame)
    # 按 q 键退出
    if cv2.waitKey(1) & 0xFF == ord('q'):
        break
# 释放摄像头中的流
video_capture.release()
cv2.destroyAllWindows()
##############################################################
```

以上就是人脸识别的入门知识，Dlib 库已经替我们做好了绝大部分的工作，我们只需要去调用就行了。Dlib 库里面有人脸检测器，有训练好的人脸关键点检测器，也有训练好的人脸识别模型。face_recognition 是最简单、最容易上手的人脸识别工具和 Python 库，是国外开源的项目，但 face_recognition 对于小孩和亚洲人的人脸识别准确率有待提升，我们可以把容错率调低一些，使识别结果更加严格。

第 12 章
图像风格迁移

风格迁移（Style Transfer）最近几年非常火，是深度学习领域很有创意的研究成果之一。所谓图像风格迁移（Neural Style），是指利用算法学习著名画作的风格，然后再把这种风格应用到另外一幅图片上的技术。著名的图像处理应用 Prisma 就是利用了风格迁移技术，使普通用户的照片自动变换为具有艺术家风格的图片。

12.1 图像风格迁移简介

我们将图像风格迁移定义为改变图像风格同时保留它的内容的过程，即给定一幅输入图像和样式图像，我们就可以得到既有保留图像中原始内容信息，又有新样式的输出图像。

所谓图像风格迁移，是指将一幅内容图 A 的内容和一幅风格图 B 的风格融合在一起，从而生成一幅具有 A 图内容和 B 图风格的图片 C 的技术。

作为非艺术专业的人，我们就不纠结艺术风格是什么了，如图 12-1 所示。每个人都有每个人的见解，有些东西大概在艺术界也没有明确的定义。如何把一种图像风格变成另一种风格更是难以定义的问题。

对于程序员，特别是对于机器学习方面的程序员来说，这种模糊的定义简直就是噩梦。到底怎么把一个说都说不清的东西变成可执行的程序，这是困扰很多图像风格迁移方面的研究者的难题。

所谓的艺术风格是一种抽象的难以定义的概念，因此，如何将一种图像风格转换成另一种图像风格更是一个复杂抽象的问题。尤其是对于机器程序而言，解决一个定义模糊不清的问题几乎不可行。

图像风格迁移这个领域，在 2015 年之前连个合适的名字都没有，因为每种风格的算法都是各管各的，互相之间并没有太多的共同之处。比如油画风格迁移，又比如头像风格迁移，没一个重样的。可以看出这时的图像风格处理的研究基本都是各自为战，通常采用的思路是：分析一种风格的图像，为这种风格建立一个数学统计模型，改变要做迁移的图像，使它的风格符合建立的模型。该种方法可以取得不同的效果，但是有一个较大的缺陷：一个模型只能够实现一种图像风格的迁移。因此，基于传统方法的风格迁移的模型应用十分有限，捣鼓出来的算法也没引起业界的注意。

图 12-1

在实践过程中，人们又发现图像的纹理可以在一定程度上代表图像的风格。这又引入了和风格迁移相关的另一个领域——纹理生成。这个时期，该领域虽然已经有了一些成果，但是通用性也比较差。早期纹理生成的主要思想是：纹理可以用图像局部特征的统计模型来描述。

如图 12-2 所示，这个图片可以称为栗子的纹理，这个纹理有个特征，就是所有的栗子都有个开口，用简单的数学模型表示开口的话，就是两条某个弧度的弧线相交，统计学上来说就是这种纹理有两条这个弧度的弧线相交的概率比较大，这种特征可以称为统计特征。有了这个前提或者思想之后，研究者成功地使用复杂的数学模型和公式来归纳生成了一些纹理，但毕竟手工建模耗时耗力，当时计算机的计算能力还不太强，这方面的研究进展缓慢。

图 12-2

同一时期，计算机领域进展最大的研究之一可以说是计算机图形学了。游戏机从刚诞生开始就伴随着显卡，显卡最大的功能是处理和显示图像。不同于 CPU 的是，CPU 早期是单线程的，也就是一次只能处理一个任务，GPU 可以一次同时处理很多任务，虽然单个任务的处理能力和速度比 CPU 差很多。比如一个 128×128 的超级马里奥游戏，用 CPU 处理的话，每一帧都需要运行 128×128=16384 步，而 GPU 因为可以同时计算所有像素点，时间上只需要 1 步，速度比 CPU 快很多。显卡计算能力的爆炸式增长，直接导致了神经网络的复活和深度学习的崛起，因为神经网络和游戏图形计算的相似之处是两者都需要对大量数据进行重复单一的计算。

随着神经网络的发展，在某些视觉感知的关键领域，比如物体和人脸识别等，基于深度神经网络的机器学习模型——卷积神经网络有着接近于人类甚至超越人类的表现。人们发现，以图像识别为目的而训练出来的卷积神经网络也可以用于图像风格迁移。

当时，卷积神经网络最出名的一个物体识别网络之一叫作 VGG19，结构如图 12-3 所示。

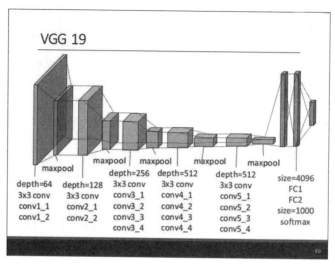

图 12-3

　　每一层神经网络都会利用上一层的输出来进一步提取更加复杂的特征，直到复杂到能被用来识别物体为止，所以每一层都可以看作很多个局部特征的提取器。VGG19 在物体识别方面的精度甩了之前的算法一大截。VGG19 具体内部在做什么其实很难理解，因为每一个神经元内部参数只是一堆数字而已。每个神经元有几百个输入和几百个输出，一个一个去梳理清楚神经元和神经元之间的关系太难了。于是，有人想出来一种办法：虽然我们不知道神经元是怎么工作的，但是如果我们知道了它的激活条件，会不会对理解神经网络更有帮助呢？于是他们编了一个程序（这个程序用的算法就是 Back Propagation 算法即反向传播，和训练神经网络的方法一样，只是倒过来生成图片），把每个神经元所对应的能激活它的图片找了出来，特征图就是这么生成的。特征图蕴含着提取出图像的信息，当卷积神经网络用于物体识别时，随着网络的层次越来越深，网络层产生的物体特征信息越来越清晰。这意味着，沿着网络的层级结构，每一个网络层的输出越来越关注于输入图片的实际内容，而不是它具体的像素值。利用卷积神经网络提取图像内容和风格，通过对特征图进行适当处理，将提取出来的内容表示和风格表示分别用于重建图像的内容和风格。

　　2015 年，德国图宾根大学（University of Tuebingen）的 Leon A. Gatys 撰写了两篇基于神经网络图像风格迁移的论文：在第一篇论文中，Gatys 从各层 CNN 中提取纹理信息，于是就有了一个不用手工建模就能生成纹理的方法；在第二篇论文中，Gatys 更进一步指出，纹理能够描述一个图像的风格。第一篇论文比之前的纹理生成算法的创新点只有一个，它提出了一种用深度学习来给纹理建模的方法。之前说到纹理生成的一个重要的假设是纹理能够通过局部统计模型来描述，而手动建模方法太麻烦。于是 Gatys 看了物体识别论文，发现大名鼎鼎的 VGG19 卷积神经网络模型，其实就是一堆局部特征识别器。他把事先训练好的网络拿过来，发现这些识别器还挺好用。因此，Gatys 使用格拉姆矩阵（Gram Matrix）演算了一下那些不同局部特征的相关性，把它变成了一个统计模型，于是就有了一个不用手工建模就能生成纹理的方法。

从纹理到图片风格其实只差两步。第一步也是比较神奇的，Gatys 发现纹理能够描述一个图像的风格。严格来说纹理只是图片风格的一部分，但是不仔细研究纹理和风格之间的区别的话，乍一看给人感觉是差不多的。第二步是如何只提取图片内容而不包括图片风格。

第一篇论文解决了从图片 B 中提取纹理的任务，但是还有一个关键点就是如何只提取图片内容，而不包括图片风格？这就是 Gatys 的第二篇论文做的事情：Gatys 把物体识别模型再拿出来用了一遍，这次不使用格拉姆矩阵（Gram 矩阵）统计模型了，直接把局部特征看作近似的图片内容，这样就得到了一个把图片内容和图片风格（就是纹理）分开的系统，剩下的就是把一幅图片的内容和另一幅图片的风格合起来，即找到能让合适的特征提取神经元被激活的图片即可。

基于神经网络的图像风格迁移，其背后的每一步都是前人研究的成果。Gatys 所做的改进是把两个不同领域的研究成果有机地结合起来，做出了令人惊艳的结果，其实最让人惊讶的是，纹理竟然能够和人们心目中认识到的图片风格在很大程度上相吻合。

12.2 使用预训练的 VGG16 模型进行风格迁移

本节主要介绍如何使用使用预训练的 VGG16 模型进行风格迁移。

12.2.1 算法思想

卷积是一个有效的局部特征抽取操作。深度学习之所以能"深"，原因之一就是前面的卷积层用少量的参数完成了高效的特征抽取。以图像识别为目的训练出来的卷积神经网络也可以用于图像风格迁移，因为为了完成图像识别的任务，卷积神经网络必须具有抽象和理解图像的能力，即从图像中提取特征。

一般来说，卷积层的特征图蕴含这些特征，对特征图进行处理，就可以提取出图像的内容表示和风格表示，进而进行图像风格迁移。

在卷积神经网络中，通常认为较低层的特征描述了图像的具体视觉特征（即纹理、颜色等），较高层的特征是较为抽象的图像内容描述。当需要比较两幅图像的内容类似性的时候，我们只要比较两幅图像在 CNN 中高层特征的类似性即可。要比较两幅图像的风格类似性，我们需要比较它们在 CNN 中较低层特征的类似性。这意味着，对一幅图像来说，其内容和风格是可分的。

2015 年，Gatys 等人展示了如何从一个预训练的用于图像识别的卷积神经网络模型 VGG 中提取出图像的内容表示和风格表示，并将不同图像的内容和风格融合在一起，生成一幅全新的图像。具体方法是，给定一幅风格图像 a 和一幅普通图像 p，风格图像经过 VGG 的时候在每个卷积层会得到很多特征图，这些特征图组成一个集合 A。同样地，普通图像 p 通过 VGG 的时候也会得到很多特征图，这些特征图组成一个集合 P，然后生成一幅随机噪声图像 x，随机噪声图像 x 通过 VGG 的时候也会生成很多特征图，这些特征图构成集合 G 和 F 分别对应集合 A 和 P，最终的优化函数是希望调整 x，让随机噪声图像 x 最后看起来既保持普通图像 p 的内容，又有一定图像 a 的风格。

为了将风格图的风格和内容图的内容进行融合，所生成的图像在内容上尽可能接近内容图，在风格上尽可能接近风格图，因此需要定义内容损失函数和风格损失函数，经过加权后作为总的损失函数（总体 loss）。

总体 loss 的定义如图 12-4 所示。

```
loss函数如下:
loss = distance(style(reference_image) - style(generated_image)) +
distance(content(original_image) - content(generated_image))

• distance 是一个范数函数:L2 范数
• content 是一个计算图像内容表示的函数
• style 是一个计算图像风格的表示函数

将上面的loss值最小化: 会使得 style(generated_image) 接近于
style(reference_image)、content(generated_image) 接近于
content(generated_image)，从而实现我们定义的
风格迁移。
```

图 12-4

图 12-4 中公式的意思是希望参考图像与生成图像的风格越接近越好，同时原始图像与生成图像的内容也越接近越好，这样总体损失函数越小，则最终的结果越好。

12.2.2 算法细节

这里我们利用 VGGNet 训练好的模型来进行图像风格迁移。我们先来看看称雄于 2014 年 ImageNet（图像分类大赛）的图像识别模型 VGGNet。以 VGG16 为例进行讲解，VGG 结构示意图如图 12-5 所示。VGG 网络非常深，通常有 16 或 19 层，称作 VGG16 或 VGG19，卷积核大小为 3×3，16 和 19 层的区别主要在于后面三个卷积部分卷积层的数量。图中框出来的是 VGG16 示意图。

ConvNet Configuration					
A	A-LRN	B	C	D	E
11 weight layers	11 weight layers	13 weight layers	16 weight layers	16 weight layers	19 weight layers
input (224 × 224 RGB image)					
conv3-64	conv3-64 **LRN**	conv3-64 **conv3-64**	conv3-64 conv3-64	conv3-64 conv3-64	conv3-64 conv3-64
maxpool					
conv3-128	conv3-128	conv3-128 **conv3-128**	conv3-128 conv3-128	conv3-128 conv3-128	conv3-128 conv3-128
maxpool					
conv3-256 conv3-256	conv3-256 conv3-256	conv3-256 conv3-256	conv3-256 conv3-256 **conv1-256**	conv3-256 conv3-256 **conv3-256**	conv3-256 conv3-256 **conv3-256**
maxpool					
conv3-512 conv3-512	conv3-512 conv3-512	conv3-512 conv3-512	conv3-512 conv3-512 **conv1-512**	conv3-512 conv3-512 **conv3-512**	conv3-512 conv3-512 conv3-512 **conv3-512**
maxpool					
conv3-512 conv3-512	conv3-512 conv3-512	conv3-512 conv3-512	conv3-512 conv3-512 **conv1-512**	conv3-512 conv3-512 **conv3-512**	conv3-512 conv3-512 conv3-512 **conv3-512**
maxpool					
FC-4096					
FC-4096					
FC-1000					
soft-max					

图 12-5

VGG16 的网络结构图如图 12-6 所示，VGG16 由 13 个卷积层、5 个池化层和 3 个全连接层组成。

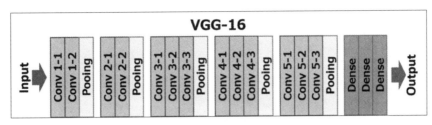

图 12-6

我们要从这个网络结构中提取内容表示与风格表示，并定义对应的内容损失和风格损失。VGG16 中的浅层，提取的特征往往比较简单（如检测点、线、亮度）；VGG16 中的深层，提取的特征往往比较复杂（如有无人脸或某种特定物体）。

VGG16 本意是输入图像，提取特征，并输出图像类别。图像风格迁移正好与其相反，输入的是特征，输出对应这种特征的图像。风格迁移使用卷积层的中间特征还原出对应这种特征的原始图像。比如给出一幅原始图像，经过 VGG 计算后得到各个卷积层的特征。接下来，根据这些卷积层的特征，还原出对应这种特征的原始图像。可以发现浅层的还原效果往往比较好，卷积特征基本保留了所有原始图像中形状、位置、颜色、纹理等信息；深层对应的还原图像丢失了部分颜色和纹理信息，但大体保留了原始图像中物体的形状和位置。

1. 图像的内容表示

要知道两幅图像在内容上是否相似，不能仅仅靠简单的纯像素比较。卷积核能检测并提取图像的特征，卷积层输出的特征图反映了图像的内容。

衡量目标图像和生成图像内容差异的指标，即内容损失函数，可以定义为这两个内容表示之差的平方和，如图 12-7 所示。

$$Lcontent(\vec{p}, \vec{x}, l) = \frac{1}{2} \sum_{i,j} (F_{ij}^{l} - P_{ij}^{l})^2$$

图 12-7

其中，等式左侧表示在卷积层 1 中，原始图像（P）和生成图像（F）的内容表示，等式右侧是对应的最小二乘法表达式（最小二乘法的思想就是要使得观测点和估计点的距离的平方和达到最小，因为观测点和估计点之差可正可负，简单求和可能将很大的误差抵消掉，只有平方和才能反映二者在总体上的接近程度）。F_{ij} 表示生成图像第 i 个特征图的第 j 输出值。

2. 图像的风格表示

卷积神经网络中的特征图可以作为图像的内容表示，但无法直接体现图像的风格。我们除了还原图像原本的"内容"之外，另一方面还希望还原图像的"风格"。那么，图像的"风格"应该怎么表示呢？"风格"本来就是一个比较虚的东西，没有固定的表示方法。一种方法是使用图像的卷积层特征的 Gram 矩阵，如图 12-8 所示。

Gram 矩阵是一组向量的内积的对称矩阵，例如，向量组 $\vec{x_1}, \vec{x_2}, \cdots, \vec{x_n}$ 的 Gram 矩阵为：

$$\begin{bmatrix} (\vec{x_1}, \vec{x_2}) & (\vec{x_1}, \vec{x_2}) & \cdots & (\vec{x_1}, \vec{x_n}) \\ (\vec{x_2}, \vec{x_1}) & (\vec{x_2}, \vec{x_2}) & \cdots & (\vec{x_2}, \vec{x_n}) \\ \cdots & \cdots & \cdots & \cdots \\ (\vec{x_n}, \vec{x_1}) & (\vec{x_n}, \vec{x_2}) & \cdots & (\vec{x_n}, \vec{x_n}) \end{bmatrix}$$

此处的内积通常为欧几里得空间中的标准内积，$(\vec{x_i}, \vec{x_j}) = \vec{x_i}^T \vec{x_j}$：

设卷积层的输出为 F_{ij}^l，则卷积特征对应的 Gram 矩阵为：

$$D_{ij}^l = \sum_k F_{ik}^l F_{jk}^l$$

图 12-8

Gram 矩阵是 Gatys 提出的一个非常神奇的矩阵，从直观上看 Gram 矩阵反映了特征图之间的相关程度。我们将图像在卷积层 L 的风格表示定义为它在卷积层 L 的 Gram 矩阵。Gram 矩阵可以在一定程度上反映原始图像中的"风格"（涉及复杂的数学知识，这里就不做展开，读者可自行查找相关资料学习）。

仿照"内容损失"，还可以定义一个"风格损失"（Style Loss），把每层 Gram 矩阵作为特征，让重建图像的 Gram 矩阵尽量接近原始图像的 Gram 矩阵，这也是个优化问题。卷积层 L 的风格损失公式如图 12-9 所示。

$$L_{style}(\vec{a}, \vec{x}, l) = \frac{1}{4N_l^2 M_l^2} \sum_{i,j} (A_{ij}^l - X_{ij}^l)^2$$

图 12-9

总的风格损失是各卷积层风格损失的加权平均。为了让生成图像拥有原始图像的风格，我们将风格损失函数作为目标函数，从一幅随机生成的图像开始，利用梯度下降最小化风格损失，就可以还原出图像的风格了。

总结一下，到目前为止我们利用内容损失还原图像内容，利用风格损失还原图像风格。那么，可不可以将内容损失和风格损失结合起来，在还原一幅图像的同时还原另一幅图像的风格呢？答案是肯定的，这是图像风格迁移的基本算法。在定义了内容损失和风格损失之后，要生成任务要求的图像，目标就是优化最小化这个总的整体损失函数。

总的损失函数即内容损失函数和风格损失函数的加权，如图 12-10 所示。

$$L_{total}(\vec{p}, \vec{a}, \vec{x}) = a L_{content}(\vec{p}, \vec{x}) + \beta L_{style}(\vec{a}, \vec{x})$$

图 12-10

12.2.3 代码实现

程序代码实现流程如下：

（1）准备输入图像和风格图像，并将它们调整为相同的大小。

（2）加载预训练的卷积神经网络（VGG16）。

（3）区分负责样式的卷积（基本形状、颜色等）和负责内容的卷积（特定于图像的特征），将卷积分开为可以单独地处理的内容和样式。

（4）优化问题，也就是最小化：

● 内容损失（输入和输出图像之间的距离，尽力保留内容）。

● 风格损失（风格和输出图像之间的距离，尽力应用新风格）。

● 总变差损失（正则化，对输出图像进行去噪的空间平滑度）。

（5）最后设置梯度并使用 L-BFGS（Limited-memory BFGS）算法进行优化。L-BFGS 算法是一种解无约束非线性规划问题最常用的方法，具有收敛速度快、内存开销少等优点。

代码实现如下：

首先导入需要的库和函数，如图 12-11 所示，NumPy 用于处理数值计算，预训练的 VGG16 用作图像识别的模型，SciPy 提供 L-BFGS 算法接口。

```python
# 导入需要的库和函数
import numpy as np
from PIL import Image
from io import BytesIO
from keras import backend
from keras.models import Model
from keras.applications.vgg16 import VGG16
from scipy.optimize import fmin_l_bfgs_b
```

图 12-11

代码如图 12-12 所示，设置超参数，如内容损失权重 CONTENT_WEIGHT、风格损失权重 STYLE_WEIGHT、总变化损失各自的权重，设置内容图像和风格图像的路径，最后保存。

```python
# Hyperparams
ITERATIONS = 10
CHANNELS = 3
IMAGE_SIZE = 500
IMAGE_WIDTH = IMAGE_SIZE
IMAGE_HEIGHT = IMAGE_SIZE
IMAGENET_MEAN_RGB_VALUES = [123.68, 116.779, 103.939]
CONTENT_WEIGHT = 0.02
STYLE_WEIGHT = 4.5
TOTAL_VARIATION_WEIGHT = 0.995
TOTAL_VARIATION_LOSS_FACTOR = 1.25


# Paths
input_image_path = "input.png"
style_image_path = "style.png"
output_image_path = "output.jpg"
combined_image_path = "combined.jpg"
# 内容图像
content_image="content.jpg"
# 风格图像
style_image="style.jpg"
```

图 12-12

显示内容图像，如图 12-13 所示，并且设置固定的图像大小。

```
input_image = Image.open(content_image)
input_image = input_image.resize((IMAGE_WIDTH, IMAGE_HEIGHT))
input_image.save(input_image_path)
input_image
```

图 12-13

显示风格图像，如图 12-14 所示，并且设置固定图像大小。

```
style_image = Image.open(style_image)
style_image = style_image.resize((IMAGE_WIDTH, IMAGE_HEIGHT))
style_image.save(style_image_path)
style_image
```

图 12-14

如图 12-15 所示，将 RGB 图像转换为 BGR，加载 VGG16 网络模型。在 Windows 下，不管是摄像头制造者，还是软件开发者，当时流行的都是 BGR 格式的数据结构，后面 RBG 格式才逐渐开始流行。自己训练的时候完全可以使用 RGB，新库也不存在是 RGB 还是 GBR 这个问题。但如果使用的是别人训练好的模型，就要注意一下使用的是 RGB 还是 GBR。

```python
# Data normalization and reshaping from RGB to BGR
input_image_array = np.asarray(input_image, dtype="float32")
input_image_array = np.expand_dims(input_image_array, axis=0)
input_image_array[:, :, :, 0] -= IMAGENET_MEAN_RGB_VALUES[2]
input_image_array[:, :, :, 1] -= IMAGENET_MEAN_RGB_VALUES[1]
input_image_array[:, :, :, 2] -= IMAGENET_MEAN_RGB_VALUES[0]
input_image_array = input_image_array[:, :, :, ::-1]

style_image_array = np.asarray(style_image, dtype="float32")
style_image_array = np.expand_dims(style_image_array, axis=0)
style_image_array[:, :, :, 0] -= IMAGENET_MEAN_RGB_VALUES[2]
style_image_array[:, :, :, 1] -= IMAGENET_MEAN_RGB_VALUES[1]
style_image_array[:, :, :, 2] -= IMAGENET_MEAN_RGB_VALUES[0]
style_image_array = style_image_array[:, :, ::-1]


# Model
input_image = backend.variable(input_image_array)
style_image = backend.variable(style_image_array)
combination_image = backend.placeholder((1, IMAGE_HEIGHT, IMAGE_SIZE, 3))

input_tensor = backend.concatenate([input_image, style_image, combination_image], axis=0)
model = VGG16(input_tensor=input_tensor, include_top=False)
```

图 12-15

使用预训练的 ImageNet 的权重构建 VGG16 网络，参数 include_top=False 表示会载入 VGG16 的模型，不包括加在最后 3 层的全连接层，通常是取得特征通过命令 print(model.summary()) 输出网络模型，结果如下所示：

Layer (type)	Output Shape	Param #
input_2 (InputLayer)	(None, None, None, 3)	0
block1_conv1 (Conv2D)	(None, None, None, 64)	1792
block1_conv2 (Conv2D)	(None, None, None, 64)	36928
block1_pool (MaxPooling2D)	(None, None, None, 64)	0
block2_conv1 (Conv2D)	(None, None, None, 128)	73856
block2_conv2 (Conv2D)	(None, None, None, 128)	147584
block2_pool (MaxPooling2D)	(None, None, None, 128)	0
block3_conv1 (Conv2D)	(None, None, None, 256)	295168
block3_conv2 (Conv2D)	(None, None, None, 256)	590080

block3_conv3 (Conv2D)	(None, None, None, 256)	590080
block3_pool (MaxPooling2D)	(None, None, None, 256)	0
block4_conv1 (Conv2D)	(None, None, None, 512)	1180160
block4_conv2 (Conv2D)	(None, None, None, 512)	2359808
block4_conv3 (Conv2D)	(None, None, None, 512)	2359808
block4_pool (MaxPooling2D)	(None, None, None, 512)	0
block5_conv1 (Conv2D)	(None, None, None, 512)	2359808
block5_conv2 (Conv2D)	(None, None, None, 512)	2359808
block5_conv3 (Conv2D)	(None, None, None, 512)	2359808
block5_pool (MaxPooling2D)	(None, None, None, 512)	0

```
=================================================================
Total params: 14,714,688
Trainable params: 14,714,688
Non-trainable params: 0
_____

None
```

定义内容损失函数的代码如图 12-16 所示，内容损失较为容易计算，只需要使用深度学习神经网络的一个特征层即可，以 VGG16 为例，仅考虑 block2_conv2。

```
def content_loss(content, combination):
    return backend.sum(backend.square(combination - content))

layers = dict([(layer.name, layer.output) for layer in model.layers])

content_layer = "block2_conv2"
layer_features = layers[content_layer]
content_image_features = layer_features[0, :, :, :]
combination_features = layer_features[2, :, :, :]

loss = backend.variable(0.)
loss += CONTENT_WEIGHT * content_loss(content_image_features,
                                      combination_features)
```

图 12-16

计算风格损失的代码如图 12-17 所示，需要使用从浅层到深层的多个神经层的特征图。我们需要做的是，在同一个神经的不同特征图之间寻找相关性，这个相关性的计算需要使用 Gram 矩阵。Gram 矩阵用来表示一个卷积层各个通道的相关性，而这个相关性和风格有关，可以分布计算风格图像与生成图像在各个层上的不同通道之间的 Gram 矩阵，然后计算这两个矩阵之间的距离，在迭代中最小化这个距离，就能使得生成图像与风格图像具有相似的风格。在 block1_conv2、block2_conv2、block3_conv3、block4_conv3、block5_conv3 这几个卷积层上提取风格特征，分别计算风格损失。

```
def gram_matrix(x):
    features = backend.batch_flatten(backend.permute_dimensions(x, (2, 0, 1)))
    gram = backend.dot(features, backend.transpose(features))
    return gram

def compute_style_loss(style, combination):
    style = gram_matrix(style)
    combination = gram_matrix(combination)
    size = IMAGE_HEIGHT * IMAGE_WIDTH
    return backend.sum(backend.square(style - combination)) / (4. * (CHANNELS ** 2) * (size ** 2))

style_layers = ["block1_conv2", "block2_conv2", "block3_conv3", "block4_conv3", "block5_conv3"]
for layer_name in style_layers:
    layer_features = layers[layer_name]
    style_features = layer_features[1, :, :, :]
    combination_features = layer_features[2, :, :, :]
    style_loss = compute_style_loss(style_features, combination_features)
    loss += (STYLE_WEIGHT / len(style_layers)) * style_loss
```

图 12-17

我们希望生成的图像是平缓的，而不希望在某些单独像素上出现异常的波动，因此还需要一个损失函数部分即整体波动损失（Total Variation Loss），代码如图 12-18 所示。如果损失函数中只有内容损失和风格损失，那么生成图像有可能过拟合原图的内容或风格，使得生成图像的相邻像素之间差异较大，看起来不自然。所以为了防止这种现象，引入整体波动损失。

```
def total_variation_loss(x):
    a = backend.square(x[:, :IMAGE_HEIGHT-1, :IMAGE_WIDTH-1, :] - x[:, 1:, :IMAGE_WIDTH-1, :])
    b = backend.square(x[:, :IMAGE_HEIGHT-1, :IMAGE_WIDTH-1, :] - x[:, :IMAGE_HEIGHT-1, 1:, :])
    return backend.sum(backend.pow(a + b, TOTAL_VARIATION_LOSS_FACTOR))

loss += TOTAL_VARIATION_WEIGHT * total_variation_loss(combination_image)
```

图 12-18

因此，总体损失函数是 3 个损失部分的加权和，计算损失函数对于生成图像的梯度，计算损失和梯度使用如图 12-19 所示的代码定义的 Evaluator 形式。

```
outputs = [loss]
outputs += backend.gradients(loss, combination_image)
def evaluate_loss_and_gradients(x):
    x = x.reshape((1, IMAGE_HEIGHT, IMAGE_WIDTH, CHANNELS))
    outs = backend.function([combination_image], outputs)([x])
    loss = outs[0]
    gradients = outs[1].flatten().astype("float64")
    return loss, gradients

class Evaluator:

    def loss(self, x):
        loss, gradients = evaluate_loss_and_gradients(x)
        self._gradients = gradients
        return loss

    def gradients(self, x):
        return self._gradients

evaluator = Evaluator()
```

图 12-19

最后，针对损失与梯度，对生成图像进行优化，使得生成图像最小化损失函数后，即是风格迁移的最终生成图像。把不同迭代次数的结果打印出来，如图 12-20 所示。

```python
x = np.random.uniform(0, 255, (1, IMAGE_HEIGHT, IMAGE_WIDTH, 3)) - 128.
for i in range(ITERATIONS):
    x, loss, info = fmin_l_bfgs_b(evaluator.loss, x.flatten(), fprime=evaluator.gradients, maxfun=20)
    print("Iteration %d completed with loss %d" % (i, loss))

x = x.reshape((IMAGE_HEIGHT, IMAGE_WIDTH, CHANNELS))
x = x[:, :, ::-1]
x[:, :, 0] += IMAGENET_MEAN_RGB_VALUES[2]
x[:, :, 1] += IMAGENET_MEAN_RGB_VALUES[1]
x[:, :, 2] += IMAGENET_MEAN_RGB_VALUES[0]
x = np.clip(x, 0, 255).astype("uint8")
output_image = Image.fromarray(x)
output_image.save(output_image_path)
output_image
```

```
Iteration 0 completed with loss 101006442496
Iteration 1 completed with loss 44319260672
Iteration 2 completed with loss 29371379712
Iteration 3 completed with loss 25034293248
Iteration 4 completed with loss 23127461888
Iteration 5 completed with loss 22220511232
Iteration 6 completed with loss 21692743680
Iteration 7 completed with loss 21391335424
Iteration 8 completed with loss 21195847680
Iteration 9 completed with loss 21055827968
```

图 12-20

迭代到一定次数，展示最后输出的图像，如图 12-21 所示，已经学到了一幅图像的内容和另外一幅图像的风格了，像是大师画作了。

图 12-21

可视化显示这三幅图，代码和结果如图 12-22 所示。

```
# Visualising combined results
combined = Image.new("RGB", (IMAGE_WIDTH*3, IMAGE_HEIGHT))
x_offset = 0
for image in map(Image.open, [input_image_path, style_image_path, output_image_path]):
    combined.paste(image, (x_offset, 0))
    x_offset += IMAGE_WIDTH
combined.save(combined_image_path)
combined
```

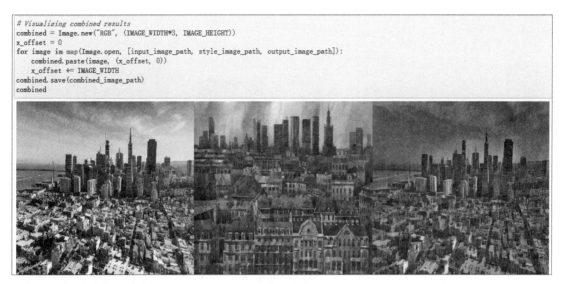

图 12-22

相信很多人都用过 Prisma 这个 App，它可以将普通照片转换为想要的风格。其背后的原理，就是通过卷积神经网络学习某个图像的风格，然后再将这种风格应用到其他图像上。

12.3 图像风格迁移总结

图像的内容和风格是可以分离的，可以通过神经网络的方式将图像的风格进行自由交换。风格的迁移即可转化成这样一个问题：让生成图像的内容与内容来源图像尽可能相似，让图像的风格与风格来源图像尽可能相似。

那么如何才能将图像的风格提取出来呢？纹理能够描述一个图像的风格，也就是说只要提取出图像的纹理就可以了。那么如何提取出图像的纹理呢，VGG 卷积神经网络其实就相当于一堆局部特征识别器，在 VGG 网络的基础上套了一个格拉姆矩阵用来计算不同局部特征的相关性，把它变成一个统计模型，这样就完成了图像纹理的提取。

直接把局部特征看作近似的图像内容，这样就得到了一个将图像内容与纹理分开的系统。而将内容与纹理合成的方法，就是 Google 在 2015 年夏天首次发布的 DeepDream 方法，找到能让合适的特征提取神经元被激活的图像即可。

风格迁移的一般步骤是：①创建一个网络，它能够同时计算风格参考图像、目标图像和生成图像的 VGG 网络层激活；②使用这三幅图像上计算的层激活来定义之前所述的损失函数，为了实现风格迁移，需要将这个损失函数最小化；③设置梯度下降过程来将这个损失函数最小化。

第 13 章
生成对抗网络

生成对抗网络（Generative Adversarial Networks，GAN）是一种深度学习模型，也是近两年深度学习领域的新秀，无监督式学习最具前景的方法之一。GAN 模型通过框架中（至少）两个模块——生成模型（Generative Model）和判别模型（Discriminative Model）的互相博弈学习产生相当好的输出。

13.1 什么是生成对抗网络

有个比喻可以解释 GAN。假设你想买块名表，但是从未买过名表的你很可能难辨别表的真假，而买名表的经验可以避免你被奸商欺骗。当你开始将大多数名表标记为假表（当然是被骗之后），卖家将开始生产更逼真的山寨名表。这个例子形象地解释了 GAN 的基本原理，判别器网络（名表买家）和生成器网络（生产假名表的卖家），两个网络相互博弈。GAN 允许生成逼真的物体（例如图像）。生成器出于压力被迫生成看似真实的样本，而判别器学习怎么分辨生成样本和真实样本。

GAN 的基本原理其实非常简单，这里以生成图片为例进行说明。假设我们有两个网络，G（Generator）和 D（Discriminator）。正如它的名字所暗示的那样，它们的功能分别是：

- G 是一个生成图片的网络，它接收一个随机的噪声 z，通过这个噪声生成图片，记作 G(z)。
- D 是一个判别网络，判别一幅图片是不是"真实的"。它的输入参数是 x，x 代表一幅图片，输出 D（x）代表 x 为真实图片的概率，如果为 1，就代表 100% 是真实的图片，而输出为 0，就代表不可能是真实的图片。

在训练过程中，生成网络 G 的目标就是尽量生成真实的图片去欺骗判别网络 D。而 D 的目标就是尽量把 G 生成的图片和真实的图片区分开来。这样，G 和 D 就构成了一个动态的"博弈过程"。

最后博弈的结果是什么？在最理想的状态下，G 可以生成足以"以假乱真"的图片 G(z)。对于 D 来说，它难以判定 G 生成的图片究竟是不是真实的，因此 D(G(z)) = 0.5。

这样我们的目的就达成了：我们得到了一个生成式的模型 G，它可以用来生成图片。

引申到 GAN 里面就是，GAN 中有两个这样的博弈者，一个博弈者的名字是生成模型（G），另一个博弈者的名字是判别模型（D）。它们各自有各自的功能。

G 与 D 的相同点是：

● 这两个模型都可以看成是一个黑匣子，接收输入然后有一个输出，类似一个函数，一个输入输出映射。

G 与 D 的不同点是：

● 生成模型：比作是一个样本生成器，输入一个噪声 / 样本，然后把它包装成一个逼真的样本，也就是输出。
● 判别模型：比作一个二分类器（如同 0-1 分类器），来判断输入的样本是真是假（就是输出值大于 0.5 还是小于 0.5）。

生成对抗网络的原理图如图 13-1 所示。

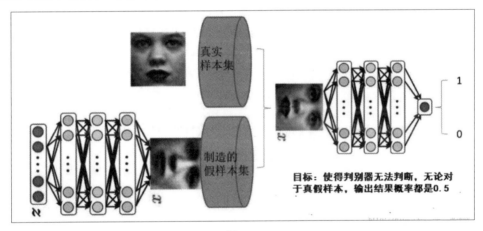

图 13-1

首先判别模型就是图 13-1 中右半部分的网络，直观来看就是一个简单的神经网络结构，输入就是一幅图像，输出就是一个概率值，用于判断真假（概率值大于 0.5 那就是真，小于 0.5 那就是假），真假也不过是人们定义的概率而已。其次是生成模型，生成模型要做什么呢？同样也可以把生成模型看成是一个神经网络模型，输入是一组随机数 Z，输出是一幅图像，不再是一个数值而已。从图中可以看到，存在两个数据集，一个是真实数据集，这个好理解；另一个是假的数据集，这个数据集就是由生成网络造出来的数据集。

根据图 13-1，我们再来理解一下 GAN 的目标是要干什么：

● 判别网络的目的：就是能判别出来输入的一幅图是来自真样本集还是假样本集。假如输入的是真样本，网络输出就接近 1；输入的是假样本，网络输出接近 0。这样很完美，达到了很好的判别目的。
● 生成网络的目的：生成网络是造样本的，它的目的就是使得自己造样本的能力尽可能强，强到什么程度呢？判别网络没法判断样本是真样本还是假样本。

有了这个理解，我们再来看看为什么叫作对抗网络。判别网络说："我很强，来一个样本我就知道它是来自真样本集还是假样本集"。生成网络就不服了，说："我也很强，我生成一个假样本，虽然我生成网络知道是假的，但是你判别网络不知道，我包装得非常逼真，你判别网络无法判断真假。"用输出数值来解释就是，生成网络生成的假样本进了判别网络以后，判别网络给出的结果是一个接近 0.5 的值，极限情况就是 0.5，也就是说判别不出来了。

由这个分析可以发现，生成网络与判别网络的目的正好是相反的，一个说我能判别得好，另一个说我让你判别不好，所以叫作对抗。那么最后的结果到底是谁赢呢？这就要归结到设计者，也就是我们希望谁赢了。作为设计者，我们的目的是要得到以假乱真的样本，那么很自然地我们希望生成样本赢了，也就是希望生成样本很真，让判别网络不能区分出真假样本。

13.2 生成对抗网络算法细节

知道了生成对抗网络大概的目的与设计思路，我们就可以设计生成对抗网络。相比于传统的神经网络模型，GAN 是一种全新的非监督式的架构，如图 13-2 所示。GAN 包括了两套独立的网络，两者之间作为互相对抗的目标。第一套网络是我们需要训练的分类器（图 13-2 中的 D），用来分辨是真实数据还是虚假数据；第二套网络是生成器（图 13-2 中的 G），生成类似于真实样本的随机样本，并将其作为假样本。

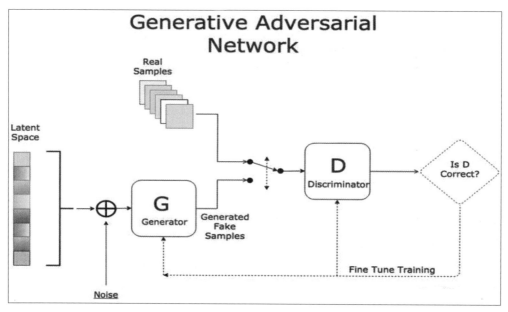

图 13-2

详细说明如下：

D 作为一个图片分类器，对一系列图片区分图片中的不同动物。生成器 G 的目标是绘制出非常接近的伪造图片来欺骗 D，做法是选取训练数据潜在空间中的元素进行组合，并加入随机噪音，例如选取一幅猫的图片，然后给猫加上第三只眼睛，以此作为假数据。

在训练过程中，D 会接收真数据和 G 产生的假数据，它的任务是判断图片属于真数据还是假数据。对于最后输出的结果，可以同时对两方的参数进行调优。如果 D 判断正确，那就需要调整 G 的参数，从而使得生成的假数据更为逼真；如果 D 判断错误，则需要调节 D 的参数，避免下次类似判断出错。训练会一直持续到两者进入到一个均衡和谐的状态。

训练后的产物是一个质量较高的自动生成器和一个判断能力较强的分类器。前者可以用于机器创作（比如自动画出"猫""狗"），而后者则可以用来进行机器分类（比如自动判断"猫""狗"）。

那么一个很自然的问题来了，如何训练这样一个生成对抗网络模型？其步骤如下：

步骤 01 在噪声数据分布中随机采样，输入生成模型，得到一组假数据，记为 D(z)。

步骤 02 在真实数据分布中随机采样，作为真实数据，记做 x；将前两步中某一步产生的数据作为判别网络的输入（因此判别模型的输入为两类数据：真或假），判别网络的输出值为该输入属于真实数据的概率，real 为 1，fake 为 0。

步骤 03 然后根据得到的概率值计算损失函数。

步骤 04 根据判别模型和生成模型的损失函数，可以利用反向传播算法更新模型的参数。（先更新判别模型的参数，然后通过再采样得到的噪声数据来更新生成器的参数。）

 生成模型与对抗模型是完全独立的两个模型，它们之间没有什么联系，训练采用的大原则是单独交替迭代训练。

GAN 的强大之处在于能自动学习原始真实样本集的数据分布，不管这个分布有多么的复杂，只要训练得足够好就可以得到结果。传统的机器学习方法一般会先定义一个模型，再让数据去学习。而 GAN 的生成模型最后可以通过噪声生成一个完整的真实数据（比如人脸），说明生成模型掌握了从随机噪声到人脸数据的分布规律。GAN 一开始并不知道这个规律是什么样，也就是说 GAN 是通过一次次训练后学习到的真实样本集的数据分布。

GAN 的核心原理如何用数学语言来描述呢？这里直接摘录 Ian Goodfellow 的论文 *Generative Adversarial Nets* 中的公式，如图 13-3 所示。

$$\min_{G} \max_{D} {}^{V(D,G)} = \mathbb{E}_{x \sim Pdata(x)}[\log D(x)] + \mathbb{E}_{x \sim px(z)}[\log(1 - D(G(z)))]$$

图 13-3

简单分析一下这个公式：

- 整个公式由两项构成。x 表示真实图片，z 表示输入 G 网络的噪声，而 G(z) 表示 G 网络生成的图片。
- D(x) 表示 D 网络判断真实图片是否真实的概率（因为 x 就是真实的，所以对于 D 来说，这个值越接近 1 越好）。而 D(G(z)) 是 D 网络判断 G 生成的图片是否真实的概率。
- G 的目的：上面提到过，D(G(z)) 是 D 网络判断 G 生成的图片是否真实的概率，G 应该希望自己生成的图片"越接近真实越好"。也就是说，G 希望 D(G(z)) 尽可能的大，这时 V(D, G) 会变小。因此我们看到公式最前面的记号是 min_G。

- D 的目的：D 的能力越强，D(x) 应该越大，D(G(x)) 应该越小，这时 V(D,G) 会变大。因此公式对于 D 来说就是求最大值（max_D）。

所以，我们回过头来看这个最大最小目标函数，里面包含了判别模型的优化，包含了生成模型以假乱真的优化，完美地阐释了这样一个优美的 GAN 算法。

13.3 循环生成对抗网络

循环生成对抗网络（CycleGAN）是传统 GAN 的特殊变体，它也可以创建新的数据样本，但是通过转换输入样本来实现，而不是从头开始创建。换句话说，它学会了从两个数据源转换数据。这些数据可由提供此算法数据集的科学家或开发人员进行选择。在两个数据源是狗的图片和猫的图片的情况下，该算法能够有效地将猫的图像转换为狗的图像，反之亦然。

传统的 GAN 是单向的，网络中由生成器 G 和判别器 D 两部分组成。假设两个数据域分别为 X、Y。G 负责把 X 域中的数据拿过来拼命地模仿成真实数据，并把它们藏在真实数据中让 D 猜不出来，而 D 就拼命地要把伪造数据和真实数据分开。经过二者的博弈以后，G 的伪造技术越来越厉害，D 的判别技术也越来越厉害。直到 D 再也分不出数据是真实的还是 G 生成的，这个时候对抗的过程达到一个动态的平衡。

单向 GAN 需要两个 loss：生成器的重建 loss 和判别器的判别 loss。

- 重建 loss：希望生成的图片与原图尽可能相似。
- 判别 loss：生成的假图片和原始真图片都会输入到判别器中。

而 CycleGAN 本质上是两个镜像对称的 GAN，构成了一个环形网络。两个 GAN 共享两个生成器，并各自带一个判别器，即共有两个判别器和两个生成器。一个单向 GAN 有两个 loss，两个 GAN 即有四个 loss。

CycleGAN 的网络架构有两个比较重要的特点：第一个特点就是双判别器，如图 13-4 所示，两个分布 X 与 Y，生成器 G、F 分别是 X 到 Y 和 Y 到 X 的映射，两个判别器 Dx、Dy 可以对转换后的图片进行判别；第二个特点就是 cycle-consistency loss，用数据集中其他的图来检验生成器，防止 G 和 F 过拟合，比如想把一幅小狗照片转化成梵高风格，如果没有 cycle-consistency loss，生成器可能会生成一幅梵高真实画作来骗过 Dx，而无视输入的小狗照片。

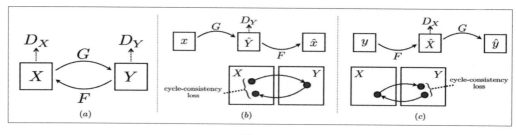

图 13-4

CycleGAN 有许多有趣的应用。下面介绍五类具体的应用,以展示 CycleGAN 这一技术的应用能力。

1. 风格转换

风格转换指学习一个领域的艺术风格并将该艺术风格应用到其他领域,一般是将绘画的艺术风格迁移到照片上。图 13-5 展示了使用 CycleGAN 学习莫奈、梵高、塞尚、浮世绘的绘画风格,并将其迁移到风景照上的结果。

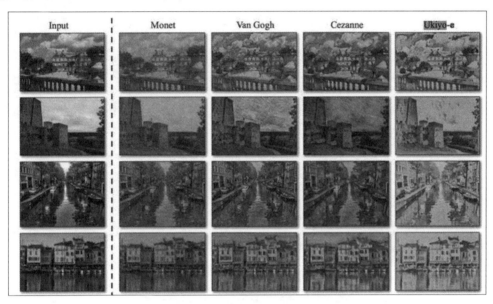

图 13-5

2. 物体变形

物体变形指将物体从一个类别转换到另一个类别,例如将狗转换为猫。CycleGAN 实现了斑马和马的照片之间的相互转换。虽然马和斑马的大小和身体结构很相似,但它们在皮肤颜色上有所差异,因此这种转换是有意义的。

如图 13-6 所示,CycleGAN 将图片中的苹果和橘子进行了相互的转换,苹果和橘子的大小和结构相似但颜色不一样,因此这一转换同样合理。

图 13-6

3. 季节转换

季节转换指将在某一季节拍摄的照片转换为另一个季节的照片，例如将夏季的照片转换为冬季。如图 13-7 所示，CycleGAN 实现了冬天和夏天拍摄的风景照之间的相互转换。

图 13-7

4. 使用绘画生成照片

使用绘画生成照片指使用给定的绘画合成像照片一样逼真的图片，一般使用著名画家的画作或著名的风景画进行生成。如图 13-8 所示，CycleGAN 将莫奈的一些名画合成为类似照片的图片。

图 13-8

5. 图像增强

图像增强指通过某种方式对原图片质量进行提升。如图 13-9 所示，通过增加景深对近距离拍摄的花卉照片进行了增强。

图 13-9

13.4 利用 CycleGAN 进行图像风格迁移

把一幅图像的特征转移到另一幅图像,这是个非常激动人心的想法。把照片瞬间变成梵高、毕加索的画作风格,想想就很酷。利用 CycleGAN 进行风格迁移,可以实现 A 类图片和 B 类图片之间相互的风格迁移。比如 A 类图片为马的图片,B 类图片为斑马的图片,可以实现将马转化成斑马,也可以将斑马转化成马。整体架构使用的是 CycleGAN,即同时训练将 A 转化为 B 风格的 GAN 和将 B 转化为 A 风格的 GAN。训练耗费的时间比较长,但是一旦有了训练好的模型,生成图片的速度就比较快。

本节介绍的案例目的是利用 CycleGAN 对一批梵高油画图像和现实风景图像进行训练,利用现实风景图像生成具有梵高风格的图像。

本案例程序使用 vangogh2photo 数据集,该数据集的下载地址为 https://people.eecs. berkeley.edu/~taesung_park/CycleGAN/datasets/,在该网址的最下面可以找到 vangogh2photo 数据集,其大小为 292MB,下载后解压即可使用。其目录结构如图 13-10 所示。

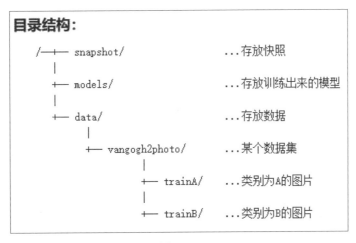

图 13-10

13.4.1 导入必要的库

导入 PIL 图像处理库，其目的为了保存中间的快照。导入 glob 库，用于获取目录下所有文件名，以及获取数据。导入一些神经网络中的层，如 Conv2D（二维卷积层）、BatchNormalization（批标准化层）、Add（加法层）、Conv2D Transpose（反卷积层）、Activation（激活层）。导入一些必要的库，代码如下：

```
from PIL import Image
import numpy as np
import keras.backend as K
from keras.models import Sequential, Model
from keras.layers import Conv2D, BatchNormalization, Input, Dropout, Add
from keras.layers import Conv2DTranspose, Reshape, Activation, Cropping2D,
Flatten
from keras.layers import Concatenate
from keras.optimizers import RMSprop, SGD, Adam
from keras.layers.advanced_activations import LeakyReLU
from keras.activations import relu,tanh
from keras.initializers import RandomNormal
```

13.4.2 数据处理

数据读取的代码如下：

```
def load_image(fn, image_size):
    """
    加载一幅图片
    fn: 图像文件路径
    image_size: 图像大小
    """
    im = Image.open(fn).convert('RGB')
    # 切割图像（截取图像中间的最大正方形，然后将大小调整至输入大小）
    if (im.size[0] >= im.size[1]):
        im = im.crop(((im.size[0] - im.size[1])//2, 0, (im.size[0] +
im.size[1])//2, im.size[1]))
    else:
        im = im.crop((0, (im.size[1] - im.size[0])//2, im.size[0], (im.
size[0] + im.size[1])//2))
    im = im.resize((image_size, image_size), Image.BILINEAR)
    # 将 0 ~ 255 的 RGB 值转换为 [-1,1] 上的值
    arr = np.array(im)/255*2-1
    return arr
import glob
import random
class DataSet(object):
```

```
    """
    用于管理数据的类
    """
    def __init__(self, data_path, image_size = 256):
        self.data_path = data_path
        self.epoch = 0
        self.__init_list()
        self.image_size = image_size
    def __init_list(self):
        self.data_list = glob.glob(self.data_path)
        random.shuffle(self.data_list)
        self.ptr = 0
    def get_batch(self, batchsize):
        """
        取出 batchsize 幅图片
        """
        if (self.ptr + batchsize >= len(self.data_list)):
            batch = [load_image(x, self.image_size) for x in self.data_
list[self.ptr:]]
            rest = self.ptr + batchsize - len(self.data_list)
            self.__init_list()
            batch.extend([load_image(x, self.image_size) for x in self.
data_list[:rest]])
            self.ptr = rest
            self.epoch += 1
        else:
            batch = [load_image(x, self.image_size) for x in self.data_
list[self.ptr:self.ptr + batchsize]]
            self.ptr += batchsize
        return self.epoch, batch
    def get_pics(self, num):
        """
        取出 num 幅图片，用于快照
        不会影响队列
        """
        return np.array([load_image(x, self.image_size) for x in random.
sample(self.data_list, num)])
def arr2image(X):
    """
    将 RGB 值从 [-1,1] 重新转回 [0,255]
    """
    int_X = ((X+1)/2*255).clip(0,255).astype('uint8')
    return Image.fromarray(int_X)
def generate(img, fn):
    """
    将一幅图片 img 送入生成网络 fn 中
```

```
"""
r = fn([np.array([img])])[0]
return arr2image(np.array(r[0]))
```

13.4.3 生成网络

首先定义一些常用的网络结构，以便于后续编写代码。代码如下：

```
# 用于初始化
conv_init = RandomNormal(0, 0.02)
def conv2d(f, *a, **k):
    """
    卷积层
    """
    return Conv2D(f,
                  kernel_initializer = conv_init,
                  *a, **k)
def batchnorm():
    """
    标准化层
    """
    return BatchNormalization(momentum=0.9, epsilon=1.01e-5, axis=-1,)
```

我们的生成网络采用"残差网络"的结构，这种结构可以构建比较深的神经网络。残差网络的基本结构是一个"块（block）"，它的代码如下：

```
def res_block(x, dim):
    """
    残差网络
    [x] --> [卷积] --> [标准化] --> [激活] --> [卷积] --> [标准化] --> [激活]
--> [+] --> [激活]
      |
      |
      +------------------------------------------------------------+
    """
    x1 = conv2d(dim, 3, padding="same", use_bias=True)(x)
    x1 = batchnorm()(x1, training=1)
    x1 = Activation('relu')(x1)
    x1 = conv2d(dim, 3, padding="same", use_bias=True)(x1)
    x1 = batchnorm()(x1, training=1)
    x1 = Activation("relu")(Add()([x,x1]))
    return x1
```

之所以采用这样的结构，是因为神经网络的深度不是越深越好，56 层的神经网络产生的误差反而比 18 层的要大，这是和我们常识相违背的。直觉告诉我们，模型的深度加深，学习能力增强，因此更深的模型不应当比它更浅的模型产生更高的错误率。假设深层网络后面的几层网络都将输入原样输出，那么最坏的情况也应该和浅层网络误差一样。从这个想法出发，我们把网络设定为着重于训练偏离输入的小变化，这就是残差网络。假设网络的输出是 H(x)=F(x)+x，那么残差网络着重学习的就是 F(x)。如图 13-11 所示，表示残差网络的一个块。

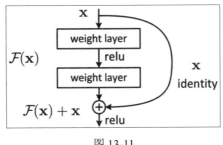

图 13-11

使用残差网络可以大大加深网络的深度，提升训练效果。在生成网络中，也是使用残差网络。

生成网络是按照 3 个卷积层、9 个残差网络块和 3 个反卷积层的结构堆叠而成。而反卷积运算可以帮助我们从小尺寸的特征图中生成大尺寸的图像。

这里的反卷积，顾名思义是卷积操作的逆向操作。为了方便理解，假设卷积前为图片，卷积后为图片的特征。卷积，输入图片，输出图片的特征，这些操作的理论依据是统计不变性中的平移不变性（Translation Invariance），起到降维的作用。反卷积，输入图片的特征，输出图片，这些操作起到还原的作用。

有了残差网络和反卷积的知识，就比较容易理解生成网络的结构，以下是生成网络的代码：

```
def NET_G(ngf=64, block_n=6, downsampling_n=2, upsampling_n=2, image_size
= 256):
    """
    生成网络
    采用 resnet 结构
    block_n 为残差网络叠加的数量
    论文中采用的参数为 若图片大小为 128，采用 6；若图片大小为 256，采用 9
    [第一层] 大小为 7 的卷积核 通道数量 3->ngf
    [下采样] 大小为 3 的卷积核 步长为 2 每层通道数量倍增
    [残差网络] 九个 block 叠加
    [上采样]
    [最后一层] 通道数量变回 3
    """
    input_t = Input(shape=(image_size, image_size, 3))
    # 输入层
    x = input_t
    dim = ngf
    x = conv2d(dim, 7, padding="same")(x)
    x = batchnorm()(x, training = 1)
    x = Activation("relu")(x)
    # 第一层
```

```
        for i in range(downsampling_n):
            dim *= 2
            x = conv2d(dim, 3, strides = 2, padding="same")(x)
            x = batchnorm()(x, training = 1)
            x = Activation('relu')(x)
    # 下采样部分
    for i in range(block_n):
        x = res_block(x, dim)
    # 残差网络部分
    for i in range(upsampling_n):
        dim = dim // 2
        x = Conv2DTranspose(dim, 3, strides = 2, kernel_initializer = conv_
init, padding="same")(x)
        x = batchnorm()(x, training = 1)
        x = Activation('relu')(x)
    # 上采样
    dim = 3
    x = conv2d(dim, 7, padding="same")(x)
    x = Activation("tanh")(x)
    # 最后一层
    return Model(inputs=input_t, outputs=x)
```

13.4.4 判别网络

判别网络的结构由几层卷积叠加而成，它比生成网络更简单，其代码如下：

```
def NET_D(ndf=64, max_layers = 3, image_size = 256):
    """
    判别网络
    """
    input_t = Input(shape=(image_size, image_size, 3))
    x = input_t
    x = conv2d(ndf, 4, padding="same", strides=2)(x)
    x = LeakyReLU(alpha = 0.2)(x)
    dim = ndf
    for i in range(1, max_layers):
        dim *= 2
        x = conv2d(dim, 4, padding="same", strides=2, use_bias=False)(x)
        x = batchnorm()(x, training=1)
        x = LeakyReLU(alpha = 0.2)(x)
    x = conv2d(dim, 4, padding="same")(x)
    x = batchnorm()(x, training=1)
    x = LeakyReLU(alpha = 0.2)(x)
    x = conv2d(1, 4, padding="same", activation = "sigmoid")(x)
    return Model(inputs=input_t, outputs=x)
```

这里注意，判别网络最后的输出并不是一个数，而是一个矩阵。我们只要把损失函数中的 0 和 1 看作是和判别网络具有相同尺寸的矩阵即可。

13.4.5 整体网络结构的搭建

采用"类"的概念组织 CycleGAN 的网络结构，代码如下：

```
def loss_func(output, target):
    """
    损失函数
    提到使用平方损失更好
    """
    return K.mean(K.abs(K.square(output-target)))
##### 网络结构的搭建
# 我们采用"类"的概念来组织 GAN 的网络结构:
class CycleGAN(object):
    def __init__(self, image_size=256, lambda_cyc=10, lrD = 2e-4, lrG =
2e-4, ndf = 64, ngf = 64, resnet_blocks = 9):
        """
        构建网络结构
                        cyc loss
        +--------------------------------+
        |              (CycleA)          |
        v                                |
        realA -> [GB] -> fakeB -> [GA] -> recA
        |                |
        |                +---------------+
        |                |               |
        v                                v
        [DA]          <CycleGAN>         [DB]
        ^                                ^
        |                                |
        +----------------+               |
                         |               |
        recB <- [GB] <- fakeA <- [GA] <- realB
        |                                ^
        |              (CycleB)          |
        +--------------------------------+
                        cyc loss
        """
        # 创建生成网络
        self.GA = NET_G(image_size = image_size, ngf = ngf, block_n = resnet_
blocks)
        self.GB = NET_G(image_size = image_size, ngf = ngf, block_n = resnet_
blocks)
        # 创建判别网络
```

```
        self.DA = NET_D(image_size = image_size, ndf = ndf)
        self.DB = NET_D(image_size = image_size, ndf = ndf)
        # 获取真实、伪造和复原的 A 类图和 B 类图变量
        realA, realB = self.GB.inputs[0],  self.GA.inputs[0]
        fakeB, fakeA = self.GB.outputs[0], self.GA.outputs[0]
        recA,  recB  = self.GA([fakeB]),   self.GB([fakeA])
        # 获取由真实图片生成伪造图片和复原图片的函数
        self.cycleA = K.function([realA], [fakeB,recA])
        self.cycleB = K.function([realB], [fakeA,recB])
        # 获得判别网络判别真实图片和伪造图片的结果
        DrealA, DrealB = self.DA([realA]), self.DB([realB])
        DfakeA, DfakeB = self.DA([fakeA]), self.DB([fakeB])
        # 用生成网络和判别网络的结果计算损失函数
        lossDA, lossGA, lossCycA = self.get_loss(DrealA, DfakeA, realA,
recA)
        lossDB, lossGB, lossCycB = self.get_loss(DrealB, DfakeB, realB,
recB)
        lossG = lossGA + lossGB + lambda_cyc * (lossCycA + lossCycB)
        lossD = lossDA + lossDB
        # 获取参数更新器
        updaterG = Adam(lr = lrG, beta_1=0.5).get_updates (self.
GA.trainable_weights + self.GB.trainable_weights, [], lossG)
        updaterD = Adam(lr = lrD, beta_1=0.5).get_updates (self.
DA.trainable_weights + self.DB.trainable_weights, [], lossD)
        # 创建训练函数，可以通过调用这两个函数来训练网络
        self.trainG = K.function([realA, realB], [lossGA, lossGB, lossCycA,
lossCycB], updaterG)
        self.trainD = K.function([realA, realB], [lossDA, lossDB],
updaterD)
    def get_loss(self, Dreal, Dfake, real , rec):
        """
        获取网络中的损失函数
        """
        lossD = loss_func(Dreal, K.ones_like(Dreal)) + loss_func(Dfake,
K.zeros_like(Dfake))
        lossG = loss_func(Dfake, K.ones_like(Dfake))
        lossCyc = K.mean(K.abs(real - rec))
        return lossD, lossG, lossCyc
    def save(self, path="./models/model"):
        self.GA.save("{}-GA.h5".format(path))
        self.GB.save("{}-GB.h5".format(path))
        self.DA.save("{}-DA.h5".format(path))
        self.DB.save("{}-DB.h5".format(path))
    def train(self, A, B):
        errDA, errDB = self.trainD([A, B])
        errGA, errGB, errCycA, errCycB = self.trainG([A, B])
```

```
    return errDA, errDB, errGA, errGB, errCycA, errCycB
```

13.4.6 训练代码

训练代码，这里使用 snapshot 函数，用于在训练的过程中生成预览效果，代码如下：

```python
# 输入神经网络的图片尺寸
IMG_SIZE = 128
# 数据集名称
DATASET = "vangogh2photo"
# 数据集路径
dataset_path = "./data/{}/".format(DATASET)
trainA_path = dataset_path + "trainA/*.jpg"
trainB_path = dataset_path + "trainB/*.jpg"
train_A = DataSet(trainA_path, image_size = IMG_SIZE)
train_B = DataSet(trainB_path, image_size = IMG_SIZE)
def train_batch(batchsize):
    """
    从数据集中取出一个 Batch
    """
    epa, a = train_A.get_batch(batchsize)
    epb, b = train_B.get_batch(batchsize)
    return max(epa, epb), a, b
def gen(generator, X):
    # 用于生成效果图
    r = np.array([generator([np.array([x])]) for x in X])
    g = r[:,0,0]
    rec = r[:,1,0]
    return g, rec
def snapshot(cycleA, cycleB, A, B):
    """
    产生一个快照
    A、B 是两个图片列表
    cycleA 是 A->B->A 的一个循环
    cycleB 是 B->A->B 的一个循环

    输出一幅图片：
    +----------+    +----------+
    | X (in A) | ...| Y (in B) | ...
    +----------+    +----------+
    |  GB(X)   | ...|  GA(Y)   | ...
    +----------+    +----------+
    | GA(GB(X))| ...| GB(GA(Y))| ...
    +----------+    +----------+
    """
    gA, recA = gen(cycleA, A)
```

```
        gB, recB = gen(cycleB, B)
        lines = [
            np.concatenate(A.tolist()+B.tolist(), axis = 1),
            np.concatenate(gA.tolist()+gB.tolist(), axis = 1),
            np.concatenate(recA.tolist()+recB.tolist(), axis = 1)
        ]
        arr = np.concatenate(lines)
        return arr2image(arr)
# 创建模型
model = CycleGAN(image_size = IMG_SIZE)
# 先记下时间
import time
start_t = time.time()
# 训练轮数
EPOCH_NUM = 100
# 已经训练的轮数
epoch = 0
# 迭代几次输出一次训练信息（误差）
DISPLAY_INTERVAL = 5
# 迭代几次保存一个快照
SNAPSHOT_INTERVAL = 50
# 迭代几次保存一次模型
SAVE_INTERVAL = 200
# 批大小
BATCH_SIZE = 1
# 已经迭代的次数
iter_cnt = 0
# 用于记录误差的变量
err_sum = np.zeros(6)
while epoch < EPOCH_NUM:
    # 获取数据
    epoch, A, B = train_batch(BATCH_SIZE)
    # 训练
    err  = model.train(A, B)
    # 累计误差
    err_sum += np.array(err)
    iter_cnt += 1
    # 输出训练信息
    if (iter_cnt % DISPLAY_INTERVAL == 0):
        err_avg = err_sum / DISPLAY_INTERVAL
        print('[迭代 %d] 判别损失：A %f B %f 生成损失：A %f B %f 循环损失：A
%f B %f'
        % (iter_cnt,
        err_avg[0], err_avg[1], err_avg[2], err_avg[3], err_avg[4], err_
avg[5]),
        )
```

```
    err_sum = np.zeros_like(err_sum)
# 产生快照
if (iter_cnt % SNAPSHOT_INTERVAL == 0):
    A = train_A.get_pics(4)
    B = train_B.get_pics(4)
    display(snapshot(model.cycleA, model.cycleB, A, B))
# 保存模型
if (iter_cnt % SAVE_INTERVAL == 0):
    model.save(path = "./models/model-{}".format(iter_cnt))
```

▋ 13.4.7 结果展示 ▋

训练过程中主要用到 trainA 和 trainB 文件夹,其中,trainA 一共有 400 幅彩色图像,trainB 一共有 6287 幅彩色图像,所有图像的尺寸大小均为 256×256,如图 13-12 所示。

图 13-12

以梵高的画为 A 类图像,以真实的照片为 B 类图像进行训练。当训练第 1 个 epoch 时,训练结果基本是噪声。当训练 5 个 epoch 时,已经能够生成具有简单色彩的影像。当训练 15 个 epoch 时,已经可以看到一些纹理,比如 45°的纹理线。当训练 30 个 epoch 时,能够生成更加浓郁的色彩。当训练 60 个 epoch 时,生成图像的效果更为细腻一些。当训练 100 个 epoch 时,对比原作,我们会发现 AI 绘制出来的图像确实具有梵高的神韵。

后记
进一步深入学习

看完了本书，恭喜大家进入了深度学习的大门。我们在入门学习的过程中一个重要方法就是学习别人的代码，通过把高手的代码 debug 一遍，就能真正弄懂一个技术的原理。更重要的一点是，我们入门这个领域肯定不会自己动手一步一步地去实现所有需要的技术代码，最直接的学习方法就是结合开源的框架，善用这些开源框架是我们入门学习的一个最基本的手段。

接下来如何继续提升自己呢？笔者给大家几条建议：

1. 打好线性代数及矩阵知识的高数基础

高等数学是学习人工智能的基础，因为人工智能领域会涉及很多数据、算法的问题，而这些算法又是数学推导出来的，所以要理解算法，就需要先学习一部分高数知识。那为什么不建议一开始先学数学呢，主要是为了让我们保持兴趣和动力，不会一开始就被数学打击得没了学习 AI 的信心。当我们从案例实操中领悟了其背后运行的原理和真相后，再回头补一下高等数学的知识，这样信心能积累起来。深度学习是什么呢？它就是一个复杂的人工神经网络，这个神经网络的原理其实就包括了两部分：前向传播和反向传播。这两部分一个最核心的要点就是矩阵计算和梯度求导运算，所以说我们要能入门这个领域，线性代数及矩阵基础还是要有的。这样才会层层积累，避免没有逻辑性地看一块学一块。

2. 不断实战，增强自己的实际经验

当我们掌握了基本的技术理论，就要开始多实践，不断验证自己学到的理论，更新自己的技术栈。找一个开源框架，自己多动手训练深度神经网络，多动手写写代码，多做一些与人工智能相关的项目。如果有条件的话，可以从一个项目的前期数据挖掘，到中间模型训练，并做出一个有意思的原型，把一整套的流程操作熟练。我们在学习过程中，可以经常去逛逛技术博客，看看有没有一些适合我们学习的项目可以拿来练手。

3. 找到自己的兴趣方向，专研下去

人工智能有很多方向，比如自然语言处理、语音识别、计算机视觉等，生命有限，必须选一个方向深入地专研下去，这样才能成为人工智能领域的大牛，从而有所成就。有的读者可能会说我都想去研究个究竟，其实只要有时间这些都不是事。但是笔者觉得还是选择一个

方向去深入比较好，无论对于研究还是工作，我们不可能同一阶段去深入几件事，所以确定好一个深度学习的方向还是很重要的。

对于选择好的方向怎样专研？最好的办法就是结合一个实际的项目边学边做。有的读者可能比较发愁，哪有实际项目去结合啊，其实 GitHub 网站上的每一位大神的代码都可以当成一个实际项目，比如人脸检测、物体识别等，这些公开的代码就是我们练手的利器。另外，从笔者自身学习的经验来说，最有价值的做法就是，在一些高端会议上找到一篇开源的而且做的事是我们感兴趣的论文，首先通读论文，然后对应开源的代码开始大干一场（就是把代码和论文对应上，确保自己完全理解）。

就说这么多，大家放手去干吧！勇敢的少年，快去创造奇迹！

深度学习图书推荐

《深度学习案例精粹：基于TensorFlow与Keras》

本书由13个深度学习案例组成，所有案例都基于Python+TensorFlow 2.5+Keras技术，可用于深度学习的实战训练，拓宽解决实际问题的思路和方法。

《TensorFlow知识图谱实战》

大数据时代的到来，为人工智能的飞速发展带来前所未有的数据红利。在大数据背景下，大量知识不断涌现，如何有效地发掘这些知识呢？知识图谱横空出世。本书教会读者使用TensorFlow 2深度学习构建知识图谱，引导读者掌握知识图谱的构建理论和方法。

《TensorFlow人脸识别实战》

深度学习方法的主要优势是可以用非常大型的数据集进行训练，学习到表征这些数据的最佳特征，从而在要求的准确度下实现人脸识别的目标。本书教会读者如何运用TensorFlow 2深度学习框架实现人脸识别。

《TensorFlow语音识别实战》

本书使用TensorFlow 2作为语音识别的基本框架，引导读者入门并掌握基于深度学习的语音识别基本理论、概念以及实现实际项目。全书内容循序渐进，从搭建环境开始，逐步深入理论、代码及应用实践，是学习语音识别技术的首选。

《TensorFlow 2.0深度学习从零开始学》

本书系统讲解TensorFlow 2.0的新框架设计思想和模型的编写，详细介绍TensorFlow 2.0的安装、使用以及Keras编程方法与技巧，剖析卷积神经网络原理及其实战应用。

《深度学习的数学原理与实现》

本书主要讲解深度学习中的数学知识、算法原理和实现方法。内容包括深度学习概述、梯度下降算法、卷积函数、损失函数、线性回归和逻辑回归、时间序列模型和生成对抗网络、TensorFlow框架、推荐算法、标准化正则化和初始化、人脸识别案例、词嵌入向量案例。